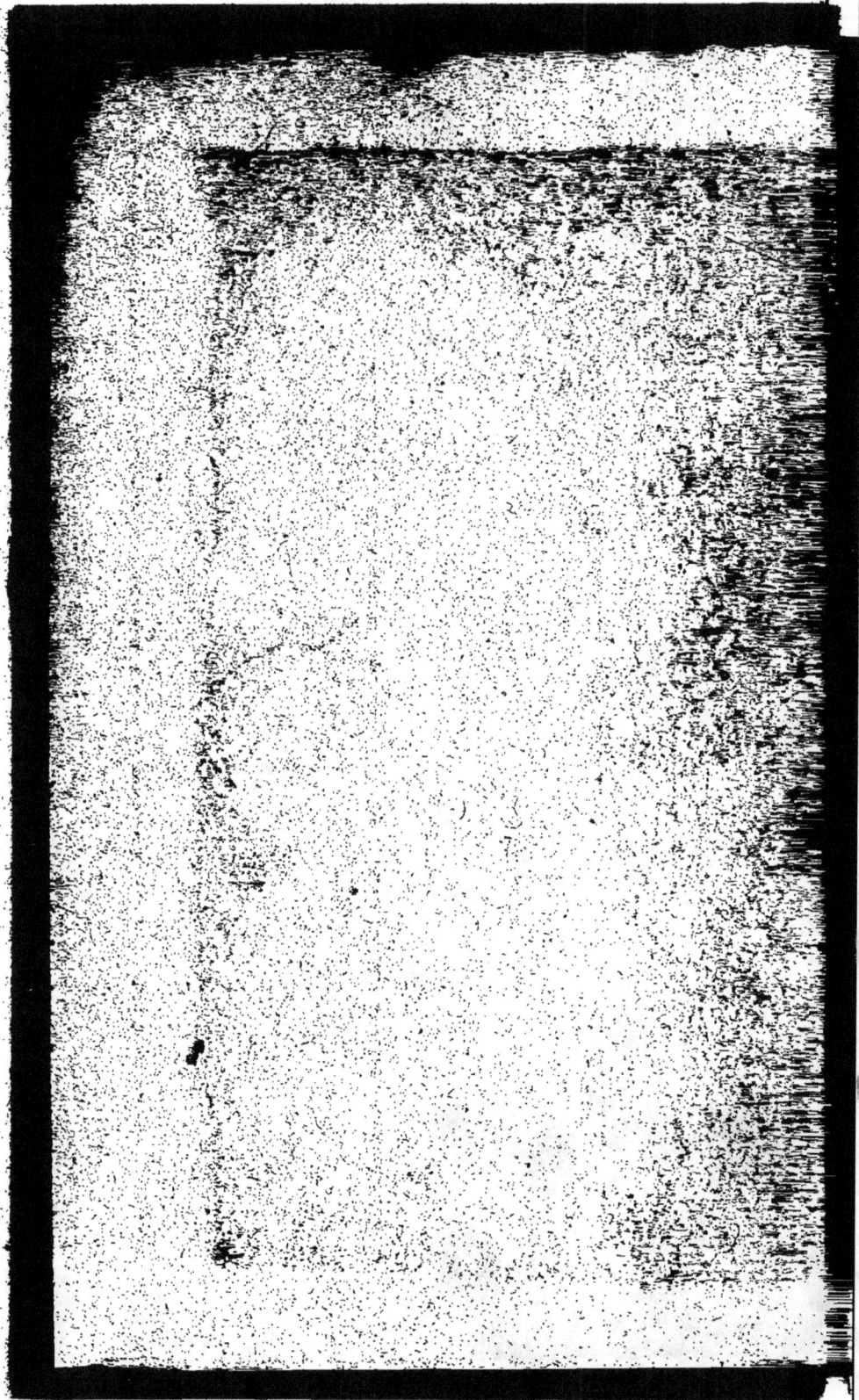

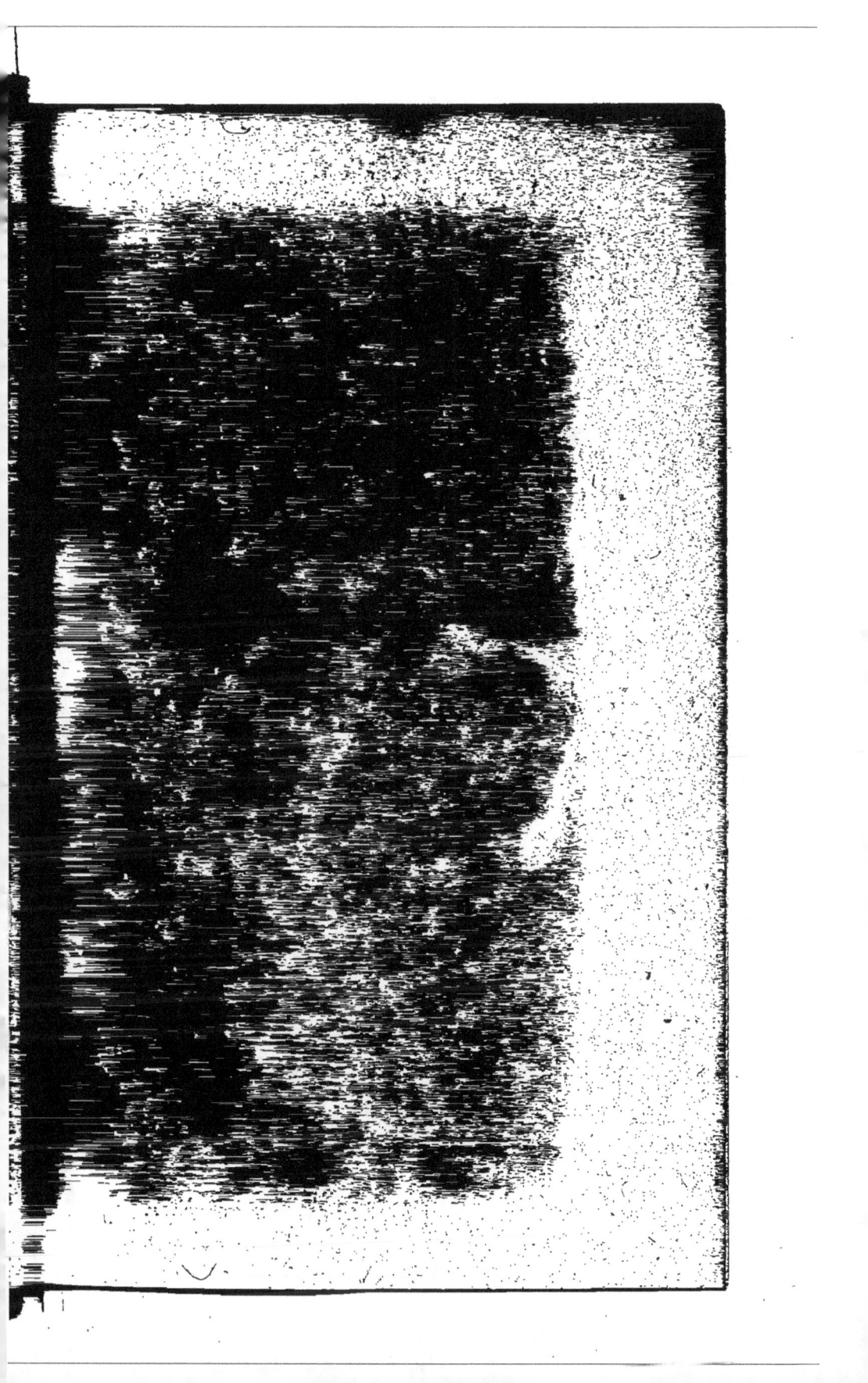

V 2753.
Meigler &

C.

ENCYCLOPÉDIE-RORET.

HYDRAULIQUE,

Par M. JANVIER.

MANUELS-RORET.

NOUVEAU MANUEL

DE

MÉCANIQUE

APPLIQUÉE A L'INDUSTRIE.

SECONDE PARTIE.

HYDRAULIQUE

D'après

TREDGOLD, SMÉATON, VENTURI, EYTELWEIN, ETC.

Par M. Janvier,

Ingénieur civil.

Ouvrage faisant suite au Mécanicien-Fontainier, Pompier, Plombier, de MM. JANVIER et BISTON.

PARIS,

A LA LIBRAIRIE ENCYCLOPÉDIQUE DE RORET,

RUE HAUTEFEUILLE, N° 10 BIS.

1838.

RECHERCHES EXPÉRIMENTALES

SUR L'EAU,

DANS SON APPLICATION COMME FORCE MOTRICE.

Les expériences qui suivent ont été faites avec des machines-modèles construites sur une petite échelle, et quoique l'auteur *Sméaton* fasse observer que ce moyen soit le meilleur pour obtenir des résultats mécaniques applicables à la pratique, il observe également qu'il faut distinguer les circonstances dans lesquelles un modèle diffère d'une machine construite en grand; car autrement un modèle serait plus propre à égarer qu'à conduire à la vérité. De là, l'observation commune qu'on peut obtenir de bons résultats en petit, qui ne sont plus confirmés dans des essais en grand. Tous les soins qu'on apportera à des essais en petit ne sauraient équivaloir à des épreuves faites sur une grande machine. C'est pour cette raison que l'auteur a différé de rendre compte des expériences suivantes, qui furent faites en 1752 et 1753, jusqu'à ce qu'elles lui eussent été confirmées par la pratique dans un grand nombre de cas.

PREMIÈRE PARTIE

CONCERNANT LES ROUES A AUBES.

Fig. 1re Vue perspective d'une machine pour les expériences relatives aux roues à aubes.

A B C D est la citerne basse ou le réservoir qui reçoit l'eau après qu'elle a frappé la roue à aubes.

D E est le réservoir supérieur où le niveau de l'eau est maintenu à la hauteur requise, au moyen d'une pompe.

F G, petite tige divisée en pouces et parties de pouce. Elle est munie d'un flotteur qui la fait mouvoir en haut et en bas, selon que le niveau de l'eau monte ou descend.

H I est la tige d'une vanne qui est susceptible d'être arrêtée ou fixée à la hauteur requise, au moyen du rochet K. Ce rochet appuie contre des adents pratiqués à la diagonale de l'échelle sur le côté de la tige H I.

G L est la partie supérieure de la tige de la pompe. C'est sur elle qu'on agit pour remonter l'eau de la citerne d'en bas dans la capacité D E, et maintenir son niveau à la hauteur requise. Elle pourvoit à la consommation d'eau qui s'échappe par l'écluse.

M M est la bringuebale de la pompe. Sa course est limitée d'un côté par la pièce N, et de l'autre par le piston qui ne peut s'abaisser au-dessous du fond du corps de pompe.

O est un cylindre sur lequel s'enveloppe un cordon. Ce cordon, en passant sur les poulies P et Q, élève ou abaisse le plateau de balance R, destiné à recevoir des poids qui doivent mesurer la puissance de l'eau.

S T sont les deux appuis qui supportent la roue, ils sont fabriqués de manière à pouvoir glisser et à permettre ainsi de rapprocher le plus possible la roue du fond du conduit.

W, madrier qui supporte le plateau et les poulies. Dans la planche, on a placé le madrier à une petite distance de l'appareil, afin de restreindre le dessin ; mais en réalité il est placé à 15 ou 16 pieds au-dessus de la roue.

Fig. 2. Section de la même machine, dans laquelle les mêmes lettres sont affectées aux mêmes parties.

XX, corps de pompe de 5 pouces de diamètre et de 11 de longueur.

Y, piston.

Z, soupape fixe.

G V est un cylindre de bois fixé sur la tige de la pompe et qui s'élève au-dessus de la surface de l'eau : le calibre de ce cylindre est tel que sa section est la moitié de celle du corps de pompe. Il résulte de cette construction que, par suite du mouvement alternatif du piston, le niveau d'eau sera constamment à la même hauteur, ainsi que le flotteur de la jauge F G.

(1) Le levier M M et son secteur sont représentés ici différemment que dans la figure 1re, afin d'en mieux montrer les dimensions.

a a indique un des deux guides qui servent à diriger le flotteur et la jauge F G perpendiculairement. La pièce W sert au même objet, elle est percée d'un trou au travers duquel passe la jauge. *b* est l'ouverture de l'écluse.

cc, cloison inclinée en planche pour conduire plus directement l'eau au travers de l'ouverture *cd* dans la citerne inférieure.

ee, seconde planche inclinée qui sert à ramener l'eau soulevée par les aubes.

Dans la *fig.* 3, une des extrémités de l'axe a été dessinée avec une section du cylindre mobile désigné par *v* dans les figures précédentes.

A B C D est le bout de l'axe dont les parties B et D sont entourées de viroles de laiton.

E, cylindre de métal; F, tourillon ou pivot.

ee est la section d'un cylindre de bois creux. Son diamètre intérieur est un peu plus grand que celui de la virole B.

a a est la section d'un anneau de laiton, qui garnit intérieurement l'extrémité du cylindre creux et qui est ajusté avec la virole B, de manière à ce qu'ils puissent tourner librement et sans trop de jeu, l'un dans l'autre.

bb, *dd*, *gg* représentent des coupes de viroles plates en cuivre, et d'étuis fixés sur les autres extrémités du cylindre creux de bois. L'étui *dd* est ajusté de manière à tourner librement sur le cylindre E, de la même manière que la virole *a a* tourne sur le cylindre B.

L'autre extrémité de l'étui en *gg* a la forme d'un bouton qui donne les moyens de pousser en avant ou en arrière le cylindre, ou de le faire tourner à volonté sur les parties cylindriques de l'axe B et E.

ee, *ii*, *oo* représentent des sections d'une virole de cuivre également fixée sur le cylindre de bois creux. La partie *ee* de cette virole est dentée, et l'autre *oo* porte aussi une denture à rochet.

En conséquence, quand la pièce *bddb* est poussée contre la virole D, les dents du cercle *ee* s'engagent avec la cheville G fixée à l'axe. Par ce moyen, le cylindre en bois est entraîné à tourner avec la roue et l'axe. Mais quand, par suite d'un mouvement de recul obtenu sur le bouton *gg*, le cylindre creux désempare la cheville G, il cesse de tourner. (1)

(1) On a pourvu à la chute du poids placé dans le bassin R par la roue à rochet *oo*.

Par ces moyens, le tambour ou cylindre creux sur lequel s'enroule le cordon et qui élève le poids, est mis en action et arrêté instantanément sans que la roue cesse de continuer son mouvement. On est ainsi parvenu à rendre faciles et suffisamment exactes, des expériences de l'espèce de celles dont il est question.

L'usage de l'appareil que nous venons de décrire sera plus intelligible en donnant une idée générale de l'objet qu'on a en vue. Mais comme nous serons obligé d'employer un terme dont la valeur a été jusqu'à présent l'objet de discussions, nous croyons nécessaire d'assigner le sens dans lequel nous l'entendons, et qui, nous le pensons, est le même que celui qui est adopté par les mécaniciens-praticiens.

Le mot de puissance, tel que l'emploient les mécaniciens-praticiens et comme nous l'entendons, signifie l'action d'une force de pesanteur, d'impulsion ou de pression, destinée à produire un mouvement; et cette force, cette pesanteur, cette impulsion ou pression, produisant un mouvement, produit aussi un effet. Aucun effet n'est donc, à proprement parler, mécanique, mais il exige le concours d'une force semblable pour être produit.

Le poids, la hauteur relative à laquelle il est soulevé dans un temps donné, sont donc la mesure la plus exacte d'une puissance; en d'autres termes, si le poids soulevé est multiplié par la hauteur à laquelle il peut être soulevé dans un temps donné, le produit est la mesure de la puissance qui l'élève; et conséquemment toutes les puissances sont égales, quand les produits d'une semblable multiplication sont égaux. Ainsi donc, si une puissance peut élever un poids double à la même hauteur, ou si le même poids est élevé à une hauteur double dans des temps égaux, cette puissance est double de la première. De même, si la puissance peut élever la moitié du poids à une hauteur double, ou le double du poids à une hauteur moitié, dans le même temps, les deux puissances sont égales.

Toutefois cette règle n'est applicable que dans le cas d'un mouvement uniforme; car, dans le cas d'un mouvement accéléré ou retardé, la force d'inertie de la matière en mouvement doit apporter quelques modifications (1).

_____

(1) Quand la vitesse d'une force motrice est uniforme, l'espace décrit est dans le rapport de la vitesse; ainsi la puissance est proportion-

En comparant les effets produits par les roues à aubes avec les puissances génératrices, ou, en d'autres termes, pour connaître la portion de puissance primitive qui se perd dans l'application, nous devons d'abord rechercher quelle quantité de la puissance est employée à vaincre le frottement du mécanisme et la résistance dans l'air ambiant. Il importe aussi de reconnaître la vitesse réelle de l'eau à l'instant où elle choque les aubes, et la quantité d'eau dépensée dans un temps donné.

La vitesse de l'eau, à l'instant où elle choque la roue, étant donnée, la hauteur de la colonne qui produit cette vitesse peut être déduite des principes connus de l'hydrostatique. Si donc on multiplie la quantité ou le poids de l'eau, réellement dépensée dans un temps déterminé, par la hauteur de la charge ainsi obtenue, qui peut être considérée comme celle de laquelle le poids de l'eau est descendu dans ce même temps, nous aurons un produit égal à la force primitive de l'eau, et ce résultat ne sera point affecté des circonstances de frottement qui accompagnent le passage de l'eau au travers de petits orifices, ni des doutes élevés par divers auteurs sur la mesure des eaux courantes. D'un autre côté, la somme des poids élevés par l'action de l'eau, et des poids nécessaires pour vaincre le frottement et la résistance du mécanisme, multipliée par la hauteur à laquelle le poids peut être soulevé dans un temps donné, donnera un produit égal à l'effet de cette puissance. Le rapport des deux produits donnera celui de la puissance à l'effet; ainsi donc, en chargeant successivement la roue de différens poids, nous serons à même de déterminer à quelle charge particulière et à quelle vitesse de roue l'effet atteint le maximum.

Les manières de trouver, avec une exactitude convenable, la vitesse réelle de l'eau à l'instant où elle choque la roue, de déterminer la valeur des frottemens et de la résistance, etc., dans des cas déterminés, et les manières de trouver la dépense réelle d'eau sans avoir recours à la théorie, devant

nelle, soit à la force multipliée par la vitesse, soit à la force multipliée par l'espace parcouru. De là, la lenteur ou la rapidité du mouvement sont indifférentes, pourvu qu'il soit uniforme; et le mot de puissance est employé par l'auteur pour exprimer la force agissant avec une intensité et une vitesse uniformes.

être les bases sur lesquelles s'appuieront nos expériences, il est nécessaire de les expliquer.

Détermination de la Vitesse de l'Eau quand elle choque les Roues à Aubes.

En expliquant les figures contenues dans la planche, nous avons déjà observé que les poids sont élevés au moyen d'une corde qui s'enveloppe autour d'une partie cylindrique de l'arbre. Admettons d'abord que la roue soit mise en mouvement par l'eau, et qu'il n'y ait aucun poids dans le plateau de balance, admettons aussi que le nombre de révolutions soit de 60 par minute ; il est bien évident que si la roue n'éprouvait aucun frottement ni aucune résistance, 60 fois le développement de la circonférence de la roue serait l'espace parcouru par l'eau dans une minute ; c'est avec une pareille vitesse que la roue serait choquée. Mais la roue étant soumise à un frottement et à une résistance dans son mouvement de 60 tours par minute, il est évident que la vitesse de l'eau, avant de choquer la roue, doit être plus grande. Admettons maintenant que la corde s'enroule sur l'arbre dans un sens contraire, et qu'on place un poids dans le plateau de la balance, de telle manière que ce poids, à la façon d'un contre-poids, aide au mouvement de la roue produit par le courant d'eau ; admettons également que, sans le concours du choc de l'eau, le mouvement de cette roue, obéissant au contre-poids, soit un peu plus grand que 60 révolutions par minute, de 63 par exemple ; soumettons maintenant la roue au choc de l'eau et à l'effet du poids, il est évident qu'elle fournira plus de 60 tours, admettons 64 : nous en conclurons que l'eau exerce encore une puissance quelconque, qui ajoute au mouvement de la roue. Maintenant augmentons le poids de manière à obtenir 64 1/2 tours par minute, et sans le concours de l'eau. Soumettons de nouveau la roue à l'impulsion de l'eau, et supposons qu'elle fournisse encore la même quantité de tours ; alors il est évident que le mouvement de la roue sera le même que si elle n'avait aucun frottement ni aucune résistance à vaincre ; dans ce cas, le contre-

poids leur fait équilibre; car s'il était trop faible, l'eau accé-
lèrerait le mouvement, et s'il était trop grand, elle le retarderait. Ainsi donc l'eau est le régulateur du mouvement
de la roue, et la vitesse de sa circonférence devient la mesure de celle de l'eau.

On cherchera de la même manière le plus grand produit
ou le maximum d'effet; ayant trouvé, par des essais, quel
poids donne le plus grand produit, et cela en multipliant
le poids de la balance par le nombre de tours de roues, on
trouvera ensuite quel est le poids dans la balance, qui, lorsque la corde est enveloppée en sens contraire sur le cylindre,
fournira à la roue, sans le concours de l'eau, le même
nombre de tours. Il est évident que ce poids sera, à peu de
chose près, égal au frottement et à la résistance pris ensemble;
ainsi donc, si on ajoute à la charge de la balance le contre-
poids en question et deux fois le poids de la balance même (1),
on aura l'expression de la charge élevée, en supposant que
l'appareil n'ait supporté ni frottement ni résistance. En multipliant cette charge par la hauteur à laquelle elle a été soulevée, on aura l'expression du plus grand effet de puissance (2).

Recherches de la quantité d'Eau dépensée.

La pompe qui servait à maintenir le niveau d'eau fut fa-
briquée avec tant de soins, qu'elle ne perdait point d'eau par
les garnitures du cuir du piston, et que la quantité fournie à
chaque course était exactement la même, soit que le mouvement fût rapide ou lent. Et comme la longueur de la course
était limitée, la valeur d'une course, ou, plus exactement, celle
de 12 coups de piston, était connue par la hauteur du niveau auquel l'eau était élevée dans le bassin, dont la forme

(1) Le poids du plateau fait partie de la charge dans les deux cas.

(2) Cette méthode de trouver le frottement ne donne pas la résistance
effective quand le maximum de puissance et de charge est appliqué à la
roue, mais seulement le frottement dû à la charge de l'appareil, quand il
se meut avec une vitesse correspondante au maximum. Conséquemment
l'effet est dans tous les cas estimé à une valeur moindre que la vraie.
Cette circonstance imprévue ne peut être corrigée.

régulière rendait la mesure facile à estimer. La vanne de l'é-
cluse par où l'eau était projetée sur la roue, était susceptible
d'être arrêtée à diverses hauteurs, au moyen d'un cliquet, si
bien que, quand il était placé au même adent, l'ouverture de
la porte d'affluent restait la même. On pouvait ainsi mesurer
la quantité d'eau dépensée, sous une charge déterminée, et
une ouverture d'écluse également déterminée. Pour cela on
observait la quantité de coups de pistons en une minute qu'il
était nécessaire de donner pour élever l'eau à une hauteur
déterminée, et on multipliait leur nombre par le volume
d'eau élevé à chaque coup de piston.

Ce qui précède sera mieux compris en donnant le calcul
d'une série d'expériences.

Exemple d'une série d'expériences.

La vanne de l'écluse étant fixée au premier adent. La hauteur de l'eau au-dessus du seuil de l'écluse était de 30 pouces.

Coups de pistons en une minute,   39 ½
Hauteur de l'eau élevée par 12 coups de pistons 21

La roue avec son plateau vide faisait en une
    minute,   80 tours.
Avec un contre-poids de une livre 8 onces,   85
Avec le concours de l'eau et du contre-poids, 86

Numéros des expériences.	Poids.	Nombre de tours en une minute.	Produits.
1	4	45	180
2	5	42	210
3	6	36 ¼	217 ½
4	7	33 ¾	236 ¼
5	8	30	240 maximum.
6	9	26 ½	238 ½
7	10	22	220
8	11	16 ½	181 ½
9	12	le mouvement s'arrête. (1)	

(1) Quand la roue se meut assez lentement pour ne pas laisser pas-

Le contre-poids, pour 30 tours sans eau, est de 2 onces dans la balance (1).

Résumé des expériences précédentes.

La circonférence de la roue, de 75 pouces, multipliée par le nombre de tours, ou 86, donne 6,450 pouces pour la vitesse de l'eau en une minute ; 1/60 de cette quantité sera la vitesse en une seconde, égale à 107,5 pouces ou 8,96 pieds, laquelle est due à une charge de 15 pouces ; et que nous appellerons la charge virtuelle ou effective (2).

L'aire de la section du réservoir étant de 105,8 pouces, si on multiplie ce chiffre par le poids d'un pouce cube d'eau, c'est-à-dire par 0, 579 d'once, avoir du poids, nous aurons 61, 26 onces pour le poids d'une tranche d'eau correspondante à un pouce d'épaisseur, dont le 1/16 donnera 3,83 livres. Si on multiplie ensuite par la hauteur totale, 21 pouces, nous aurons 80,43 pour la valeur relative à 12 coups de pistons. Enfin, multipliant par 39 1/2, qui est le nombre de coups de pistons en une minute, on aura 264,7 livres pour le poids de l'eau dépensée dans ce même temps.

ser l'eau à mesure qu'elle est fournie par l'écluse, l'eau recule contre l'ouverture, et le mouvement de la roue s'arrête immédiatement.

(1) L'aire de la colonne d'eau était de 105,8 pouces carrés ; le poids de la balance vide et de la poulie, de 10 onces. La circonférence du cylindre était de 9 pouces, et celle de la roue à eau de 75.

(2) Ceci est basé sur la règle ordinaire de l'hydrostatique, que la vitesse de l'eau qui s'élève en jet est égale à la vitesse qu'un corps grave acquerrait en tombant de la hauteur du réservoir ; règle qui se trouve confirmée par les jets d'eau qui s'élèvent presque entièrement à la hauteur de leur source.

La charge effective diffère de la charge réelle par la vitesse que perd le liquide en passant au travers de la vanne, et par le frottement dans le coursier. La comparaison de la charge effective et de la charge réelle doit nous fournir la mesure de la dépense par une même ouverture ; ce n'est pas le mouvement de la pompe qui paraît avoir affecté les résultats.

Maintenant, comme 264,7 livres d'eau peuvent être considérées comme ayant descendu d'une hauteur de 15 pouces en une minute, le produit de ces deux nombres, ou 3970, sera l'expression de la puissance de l'eau qui a déterminé l'effet mécanique suivant :

La vitesse de roue qui a produit l'effet maximum était de 30 tours par minute; si on multiplie ce nombre par 9 pouces, circonférence du cylindre, on aura 270 pouces : mais comme le plateau était suspendu par une poulie et deux cordons, la hauteur relative n'était que moitié, ou 135 pouces.

	8 liv.	0 onc.
Le poids dans la balance au maximum était de	8 liv.	0 onc.
Le poids de la balance et de la poulie de	0	10
Le contre-poids la balance et la poulie de	0	12
Somme des résistances,	9	6

ou 9, liv. 375

Maintenant, comme 9,375 livres ont été soulevées à 135 pouces, ces deux nombres multipliés l'un par l'autre donneront pour l'expression du produit maximum, 1266. Le rapport de la puissance à l'effet sera donc comme 3970 à 1266, ou comme 10 à 3,18.

Mais bien que ce soit le plus grand effet simple que la puissance en question ait produit par l'impulsion de l'eau sur la roue, cependant, comme la puissance totale de l'eau n'a pas été utilisée, ceci ne donne pas le vrai rapport entre la puissance de l'eau et la somme des effets qu'elle peut produire; car puisque l'eau doit nécessairement quitter la roue avec la même vitesse que la circonférence, il est évident qu'une portion de la puissance de l'eau est perdue après qu'elle a abandonné la roue.

La vitesse de la roue au maximum d'effet est de 30 tours par minute : par conséquent la circonférence se meut avec une vitesse de 3,125 pieds par seconde, qui répond à une charge de 1,82 pouces; si on la multiplie par la dépense d'eau en une minute, savoir 264,7 livres, nous aurons 481 pour la puissance que conserve l'eau après qu'elle a quitté la roue. Ce résultat étant déduit de la puissance primitive 3970, il restera 3489 pour la portion de puissance qui a été employée à produire l'effet 1266. Et en conséquence la portion de puissance dépensée à produire l'effet, est au plus grand effet dont elle est capable, comme 3489 : 1266 : : 10 : 3,62, ou comme 11 est à 4.

La vitesse de l'eau qui choque la roue a été déterminée égale à 86 circonférences de la roue par minute, et la vitesse de la roue à l'époque du maximum, de 30 ; la vitesse de l'eau sera donc à celle de la roue comme 86 à 30, ou comme 10 à 3,5, ou comme 20 à 7.

La charge au maximum a été trouvée être égale à 9 livres 6 onces ; et celle à laquelle la roue s'est arrêtée, à 12 livres ; si on ajoute à ces nombres le poids du plateau, qui est de 10 onces, le rapport de 3 à 4 qui en résultera sera celui qui existera entre la charge maximum et celle par laquelle la roue s'arrête.

Il est remarquable que quoique la vitesse de la roue, relativement à celle de l'eau, soit plus grande que le tiers de la vitesse de l'eau, cependant l'impulsion de l'eau dans le cas du maximum est plus que le double de celle assignée par la théorie ; c'est-à-dire qu'au lieu de correspondre à une colonne d'eau de $4/9$, elle est égale, environ à la colonne entière (1).

_____

(1) Une courte analyse de la théorie des roues à aubes peut asseoir la question telle qu'elle doit être. Toutefois elle est le résultat d'une méthode indirecte.

La puissance de l'eau est égale à la vitesse et à la pression due à la hauteur de la colonne.

La résistance réduite à la circonférence de la roue est égale au poids soulevé, ajouté au frottement de la machine quand elle soulève ce poids, multiplié par la vitesse de la roue.

Le maximum d'effet utile a lieu quand le plus grand poids est élevé avec la plus grande vitesse.

Soit P la pression due à la hauteur de la colonne d'eau, V la vitesse relative à cette même hauteur, et v la vitesse de la roue.

Supposons aussi que la vitesse avec laquelle l'eau abandonne la roue soit n fois la vitesse de la roue, ou nv ; car il est facile de prouver, soit par la théorie, soit par l'expérience, qu'elle doit s'échapper avec une vitesse plus grande que celle de la roue, si elle n'est pas retenue sur elle pendant une portion déterminée

On doit se rappeler d'ailleurs que, dans le cas présent, la roue n'est point placée dans une rivière ouverte, où le courant naturel, après avoir communiqué son impulsion aux aubes, a la faculté de s'échapper par tous les côtés, ainsi que l'admet la théorie. Tandis que dans un coursier de même

de sa révolution. Il est évident en outre qu'elle ne saurait s'échapper avec une vitesse moindre que celle de la roue; et aussi que le plus grand effet du courant se produit seulement quand l'eau s'échappe avec la même vitesse que la roue. Nous ne pensons pas que la détermination de la portion de révolution pendant laquelle la roue agit, puisse entrer dans notre analyse, mais seulement le maximum d'effet, comme dépendant de la relation qui existe entre la vitesse de la roue et celle du courant libre.

Dans le cas du mouvement uniforme, la pression effective est dans le rapport du carré des vitesses; ainsi :

$$V^2 : n^2 v^2 :: P : \frac{n^2 v^2 P}{V^2} = \text{à la force du courant quand}$$

il abandonne la roue; de là on obtient pour la force communiquée à la roue

$$P - \frac{P n^2 v^2}{V^2}$$

Cette expression étant multipliée par la vitesse de la roue et le coefficient a, comme une mesure approximative de l'accroissement dû au mouvement ralenti de la roue, nous aurons

$$a P \left(V - \frac{n^2 v^3}{V^2} \right)$$

pour la puissance de l'eau sur la roue.

Si R est la résistance active, et fR le frottement, tous deux réduits à l'effet exercé sur la circonférence de la roue, en négligeant le frottement dû au poids de la machine, nous aurons pour résistance totale,

$$(R + fR) v = R v (1 + f)$$

Dont Rv est le plus grand effet possible.

calibre que celui des aubes, l'eau ne peut s'échapper qu'en accompagnant les aubes. Il faut observer aussi que dans une roue fonctionnant de cette manière, aussitôt que les aubes sont rencontrées par l'eau, elles en reçoivent un choc spontané, et l'eau s'élève contre elles, de même qu'une vague

Ainsi donc $\dfrac{Pa}{1+f}\left(v - \dfrac{n^2 v^3}{V^2}\right) =$ le maximum,

Ou $V^2 v - n^2 v^3 =$ le maximum dont la fluxion est

$$Vv - 3 n^2 v^2 v = 0$$

Et conséquemment, $V^2 = 3 n^2 v^2$, ou $vn = \dfrac{V}{\sqrt{3}} = 0,5774\,V$

Enfin $\quad V = \dfrac{0,5774\,V}{n}$

L'effet d'une roue à aubes est par conséquent un maximum quand le courant s'échappe avec 0,5774 fois la vitesse avec laquelle l'eau choque primitivement la roue.

De plus, la pression utile ou effective communiquée à la roue, est $\dfrac{Pa}{1+f}\left(\dfrac{V^2 - n^2 v^2}{V^2}\right)$; en substituant à la place de v^2

sa valeur $\dfrac{V^2}{3n^2}$ nous aurons $\dfrac{Pa}{1+f}\left(1 - \dfrac{1}{3}\right) = \dfrac{2Pa}{3(1+f)}$ et

quand il n'y a pas de réduction par suite du frottement, $\dfrac{2}{3}\,Pa$.

La résistance au maximum est à celle qui peut arrêter la roue, comme 2 a : 3; d'où l'on déduit par la théorie, que la force est plus grande que les deux tiers de la charge, et la vitesse plus grande que le tiers de celle de l'eau.

De même, si le frottement était une fraction constante de la pression, la charge au maximum serait à celle qui peut arrêter la roue, comme 2 à : 3; mais le frottement ne peut être une fraction constante dans la même machine, parce qu'il dépend de la charge de la roue et de l'appareil, ainsi que de la pression et de la résistance, dont une partie est invariable, tandis que l'autre ne l'est pas.

Mécanique industrielle, 2me *part.*   2

contre un obstacle immuable. Il résulte de là que quand l'eau, avant de rencontrer l'aube, n'a pas un quart de pouce d'épaisseur, cependant elle ne tarde pas à agir sur toute sa surface, dont la hauteur est de trois pouces. Par conséquent, si l'aube n'avait pas plus de hauteur que la tranche d'eau, ainsi que la théorie le suppose, une grande partie de la force serait perdue, parce que l'eau passerait au-dessus de l'aube (1).

Ayant trouvé que la vitesse de la roue doit être $\dfrac{0,5774\,V}{n}$ et la pression $\dfrac{2\,P\,a}{3}$, l'effet total sera

$$\frac{2 \times 0,5774\,P\,V\,a}{3\,n} = \frac{0,3849\,P\,V\,a}{n};$$

c'est-à-dire le rapport de la puissance de l'eau est à l'effet total, y compris le frottement, comme 10 : 3,849, quand l'eau s'échappe de la roue avec la même vitesse.

Si on suppose qu'un sixième de l'effort est dépensé pour le frottement et la tension du cordage, le moins qu'on puisse admettre dans l'appareil, le rapport de la puissance à l'effet, ainsi qu'il est donné dans la table, sera de 10 à 3,2, la partie constante du frottement y étant comprise.

Ce résultat ne diffère pas plus des expériences que ces dernières ne diffèrent entr'elles.

La théorie admise dans le texte est fondée sur la supposition que l'eau choque simplement contre les aubes, et qu'elle ne les suit pas. Mais cette supposition n'est pas réelle, et par conséquent le calcul ne doit pas concorder avec l'expérience.

Un autre mode de calcul a été proposé par *don George Juan*, et suivi par M. de Prony; mais le désaccord qui existe avec quelques résultats de l'observation, rend nécessaire d'examiner de nouveau cette question.

(1) Depuis que nous avons écrit ce qui précède, nous avons trouvé que le professeur Euler avait inséré dans les actes de Berlin, pour l'année 1748, un mémoire intitulé : « Maximes pour arranger le plus avantageusement les machines destinées à élever de l'eau par le moyen des pompes. » Page 192, § 9, lequel contient le passage suivant, qui nous a paru d'autant plus remarquable que nous ne voyons pas que l'auteur ait donné aucune démonstration du principe, soit par la

Pour une plus ample confirmation de ce que nous venons d'exposer, nous avons composé la Table suivante, contenant les résultats de 27 séries d'expériences faites et réduites de la même manière que ci-dessus. Ce qui restera à dire des roues à eau découlera naturellement de la comparaison des différentes expériences suivantes.

(La Table 1re est d'autre part, page 16.)

théorie, soit par l'expérience. Il n'en a pas même fait usage dans ses calculs à ce sujet. « Cependant dans ce cas, puisque l'eau est réfléchie et qu'elle découle sur les aubes vers les côtés, elle y exerce encore une force particulière dont l'effet de l'impulsion sera augmenté, et l'expérience, jointe à la théorie, a fait voir que dans ce cas la force est presque double, de sorte qu'il faut prendre le double de la section du fil de l'eau pour ce qui répond dans ce cas à la surface des aubes, pourvu qu'elles soient assez larges pour recevoir ce supplément de force ; car si les aubes n'étaient pas plus larges que le fil ou trait d'eau, on ne devrait prendre qu'une simple section, tout comme dans le premier cas où l'aube tout entière est frappée par l'eau. »

	1	2	3	4	5	6	7	8	9	10	11	12	13
Au 2me adent.													
	11	24	84	14,2	30,75	13.10	10.14	342.	4890	1505	10:3,075	10:4,55	10:7,9
	12	21	81	13,5	29.	11.10	9.6	297.	4009	1225	10:3,62	10:4,1	10:8,08
	13	18	72	10,5	26.	9.10	8.7	285.	2995	973	10:3,6	10:3,97	10:8,75
	14	12	69	9,6	25.	7.10	6.14	277.	2659	774	10:2,92	10:4,22	10:9
	15	9	63	8,0	25.	5.10	4.14	234.	1872	549	10:2,94	10:4,05	10:8,7
	16	9	56	6,37	23.	4.0	3.13	201.	1280	390	10:3,05	10:4,02	10:9,5
	17	6	46	4,26	21.	2.8	2.4	167.5	712	212	10:2,98	10:4,9	10:9.
3e adent.													
	18	15	68	10,5	29.00	11.10	9.6	357.	3748	1210	10:3,02	10:3,97	10:9,17
	19	12	66	8,75	26.75	8.10	7.6	330.	2887	878	10:3,04	10:4,05	10:8,1
	20	9	58	6,8	24.5	5.8	5.0	255.	1734	541	10:3,01	10:4,22	10:9,1
	21	6	48	4,7	23.5	3.2	3.0	228.	1064	317	10:2,99	10:4,9	10:9,6
4e adent.													
	22	18	72	9,5	27.	9,2	8.6	359.	3338	1006	10:3,02	10:3,97	10:9,45
	23	9	58	6,8	26.25	6,2	5.13	332.	2257	686	10:3,04	10:4,52	10:9,8
	24	6	48	4,7	24.5	3,12	3.8	262.	1251	385	10:3,13	10:5,1	10:9,35
5me.													
	25	9	60	7,29	27,	6,12	6.6	335.	2388	785	10:3,05	10:4,55	10:9,45
	26	6	50	5,03	24,	4,6	4.4	307.	1544	450	10:2,92	10:4,9	10:9,3
6me.													
	27	6	50	5,03	26	4,15	4.9	360.	1811	534	10:2,95	10:5,2	10:9,25

TABLE 1.

Numéros des expériences.	1	2	3	4	5	6	7	8	9	10
Hauteur de l'eau dans le réservoir, en pouces.	33	30	27	24	21	18	15	12	9	6
Nombre de tours de la roue.	88	86	82	78	75	70	65	60	52	43
Charge virtuelle, déduction faite des nombres de la colonne précédente, en pouces.	15,85	15,0	13,7	12,3	11,4	9,95	8,54	7,29	5,47	3,55
Nombre de tours à l'époque du maximum d'effet.	30.	30.	28.	27,7	25,9	25,5	25,4	22.	19.	16.
Charge sous laquelle le mouvement s'arrête, en livres et onces. (l. onc.)	13.10	12.10	11.2	9.10	8.10	6.10	5.2	3.10	2.12	1.12
Charge au maximum d'effet, en livres et onces. (l. onc.)	10.9	9.6	8.6	7.5	6.5	5.5	4.4	3.5	2.8	1.10
Dépense d'eau en une minute.	275,0	264,7	245,0	255,0	214,0	199,0	178,5	161,0	134,0	144,0
Puissance.	4358	3970	3529	2890	2439	1970	1524	1175	733	404,7
Effet.	1411	1266	1044	901,4	735,7	561,8	442,5	328.	213,7	417.
Rapport entre la puissance et l'effet.	10:3,24	10:3,2	10:3,4	10:3,15	10:3,12	10:3,02	10:2,85	10:2,9	10:2,8	10:2,82
Rapport de la vitesse de l'eau et de la roue.	10:3,4	10:3,5	10:3,4	10:3,55	10:3,45	10:3,56	10:3,6	10:3,77	10:3,65	10:3,8
Rapport entre la charge qui équilibre le mouvement et la charge au maximum.	10:7,75	10:7,4	10:7,5	10:7,65	10:7,32	10:8,02	10:8,3	10:9,1	10:9,3	10:9,33
Ouvertures de la vanne de l'écluse.	Le cliquet d'arrêt au 1er cran de la vanne de l'écluse.									

Règles et Observations déduites du Tableau précédent.

Règle 1re. La charge virtuelle ou effective étant la même, l'effet produit sera à-peu-près comme la quantité d'eau dépensée (1).

Ceci résulte de la comparaison des nombres contenus dans les colonnes 4, 8 et 10 de la Table d'expériences précédentes.

1er Exemple. Nos 8 et 25.

Numéros.	Charge virtuelle.	Eau dépensée.	Effet.
8	77. 29	161	328
25	77. 29	355	785

Les charges étant égales, si les effets sont proportionnels à la dépense d'eau, nous aurons, par suite de la règle 1re, 161 : 355 : : 328 : 723; mais 723 est plus petit que 785 de 62; ainsi donc, en comparant l'effet du numéro 25 avec celui du numéro 8, on verra qu'il est plus grand qu'il ne devrait l'être d'après la règle, dans le rapport de 14 à 13.

Dans le Tableau suivant, nous montrons cet exemple avec quatre autres semblables.

---

(1) Quand P est la pression de la charge effective, et V la vitesse, nous avons vu dans une des notes précédentes, que l'effet au maximum est 0,3849 PV. Maintenant quand P est constant, l'effet varie comme la vitesse V, et la quantité d'eau qui s'écoule dans un temps donné, étant comme la vitesse, il en résulte que l'effet doit être en rapport de la quantité d'eau dépensée, toutes circonstances étant d'ailleurs les mêmes.

Exemples.	Numéros de la table 1.	Charges virtuelles.	Dépense d'eau.	Effet.	COMPARAISON.	Différence.	Différence proportionnelle.
1er	8 25	7, 29	161 353	328 795	461 : 388 :: 328 : 793	62 +	14 : 15
2me	15 18	10, 5 / 10, 5	285 357	975 1310	285 : 357 :: 975 : 1221	11 —	121 : 122
3me	20 23	6, 8 / 6, 9	285 332	541 686	285 : 332 :: 541 : 704	18 —	38 : 39
4me	21 24	4, 7 / 4, 7	228 262	317 388	228 : 262 :: 317 : 364	24 +	19 : 17
5me	26 27	5, 03 / 5, 03	307 360	450 534	307 : 360 :: 450 : 531	3 +	178 : 177

Par la comparaison des expériences précédentes, on voit que dans quelques-unes les résultats sont plus faibles, dans d'autres plus forts, que le maximum d'effet. Ils s'accordent toutefois avec ce maximum, autant qu'on peut s'y attendre dans des essais soumis à l'influence de tant de circonstances différentes ; nous pouvons donc conclure, en raisonnant par induction, que cette règle est vraie, savoir que l'effet est à-peu-près dans le rapport de la quantité d'eau dépensée.

Règle 2me. La dépense d'eau étant la même, l'effet sera à peu-près comme la hauteur de la charge virtuelle on effective (1).

Cette règle résulte encore de la comparaison des nombres contenus dans les colonnes 4, 8 et 10 de quelques-unes des séries d'expériences précédentes.

Exemple 1er. Nos 2 et 24 du Tableau 1.

Numéros.	Charge virtuelle.	Dépense d'eau.	Effet.
2	15.	264,7	1266
24	4,7	262	385

Les dépenses d'eau n'étant pas tout-à-fait égales, nous devons proportionner les effets en conséquence. Ainsi :

On a, par la 1re règle,   262 : 264,7 : : 385 : 389
Et par la seconde,   15 : 4,7 : : 1266 : 397

La différence est   8

L'effet du numéro 24, comparé à celui du nº 2, est donc moindre qu'il ne le serait suivant la deuxième règle, dans le rapport de 49 à 50.

L'exemple précédent et deux autres semblables sont exposés dans le Tableau suivant :

(1) La pression de la charge effective est comme la hauteur de la charge et l'aire de l'ouverture de la vanne, c'est-à-dire comme P : h a, a étant l'aire de l'ouverture, et h la hauteur de la charge ; de là le rapport P V : h a V. Ainsi donc l'effet est directement comme la charge de l'eau, l'aire de l'ouverture et la vitesse. Mais quand la dépense est la même, le produit de l'aire de l'ouverture par la vitesse est constant ; ainsi donc, dans ce cas, l'effet est simplement comme la charge effective.

Exemples.	Nos. Table 1.	Charge virtuelle.	Dépense d'eau.	Effet.	COMPARAISON.	Différence.	Différence proportionnelle.
1er.	2	13,	264,7	1266	Règle 1re 262:264,7::385:319	8.—	49:50
	4	4,7	262,0	385	Règle 2me 15:4,7::1266:397		
2me.	1	13,85	275	1411	Règle 1re 114:275::117:282	54—	8::9
	10	3,55	114	117	Règle 2me 13,85:3,55::1411:316		
3me.	11	14,2	342	1505	Règle 1re 167,5:342::242:455	17—	25:26
	17	4,25	167,5	212	Règle 2me 14,2:42,25::1505:450		

Règle 3me. La quantité d'eau dépensée étant la même, l'effet est presque comme le carré des vitesses (1).

Ceci résulte de la comparaison de quelques-unes des expériences contenues dans les colonnes 3, 8 et 10.

Exemple 1er. Nos 2 et 24.

Numéros.	Révolutions en une minute.	Dépense d'eau.	Effet.
2	86	264, 7	1266
24	48	262	385

La vitesse étant relative au nombre de révolutions, nous aurons,

Par la règle 1re, $\qquad$ $262 : 264, 7 :: 385 : 389$

Et par la 5e, $\begin{cases} 86^2 : 48^2 \\ 7396 : 2304 \end{cases} :: 1266 : \underline{394}$

Différence, $\hspace{6cm} 5$

L'effet de l'expérience n° 24, comparé à celui du n° 2, est moindre que par la présente règle, dans le rapport de 78 : 79.

Cet exemple et trois autres semblables sont compris dans la Table suivante :

---

(1) Nous avons vu que la dépense d'eau étant la même, l'effet est comme la charge virtuelle ; mais le carré de la vitesse de l'eau coulant par un orifice, varie aussi comme la charge effective ou virtuelle ; conséquemment l'effet variera comme le carré de la vitesse quand sa dépense d'eau sera la même.

Exemples.	Numéros. – Table 1.	Nombre de tours en une minute.	Dépense d'eau.	Effet.	COMPARAISON.	Différence.	Différence proportionnelle.
1er	2	86	262	385	Règle 3me { 7396 : 86² :: 2304 :: 1266 : 394 }	5—	78:79
	24	48	264,7	1266	Règle 1re { 262 :: 264,7 :: 385 : 389 }		
2me	10	42	114	117	Règle 3me { 774 : 88² :: 1764 :: 1411 : 321 }	59—	7:8
	1	88	275	1411	Règle 1re { 114 :: 275 :: 117 : 232 }		
3me	11	84	342	1505	Règle 3me { 7056 : 84² :: 2116 :: 1505 : 451 }	18—	14:25
	17	46	167,5	212	Règle 1re { 167,5 :: 342 :: 212 : 433 }		
4me	18	72	337	1210	Règle 3me { 5184 : 72² :: 2501 :: 1210 : 558 }	42—	12:15
	21	48	228	517	Règle 1re { 228 :: 387 :: 517 : 496 }		

Règle 4me. L'ouverture de la vanne étant la même, l'effet sera presque comme le cube de la vitesse de l'eau (1).

Cette règle résulte de la comparaison des nombres contenus dans les colonnes 3, 8 et 10 du tableau 1er.

Exemple 1er *des* nos 1 *et* 10.

Numéros.	Tours de roues.	Dépense.	Effet.
1	88	275	1411
10	42	114	117

Lemme.

Il faut observer ici que si l'eau passe au travers de la même ouverture de la vanne avec des vitesse différentes, la dépense sera proportionnelle à la vitesse. Et par conséquent, réciproquement, que si la dépense n'est pas proportionnelle à la vitesse, que le degré d'ouverture de la vanne n'est pas le même.

Maintenant, en comparant l'eau dépensée avec les révolutions de la roue nos 1 et 10, nous aurons la proportion 88 : 42 : : 775 : 131,2 ; mais l'eau dépensée n° 10 est seulement de 114 livres ; ainsi, par conséquent, quoique la vanne soit soulevée à la même hauteur dans le n° 10 comme dans le n° 1, la section d'eau qui s'écoule est moindre dans le n° 10 que dans le n° 1, dans la proportion de 114 à 131,2 ; ainsi donc, si l'ouverture ou la section d'eau avait été la même dans le n° 10 comme dans le n° 1, de telle façon que 131,2 livres d'eau eussent été dépensées au lieu de 114, l'effet aurait augmenté dans le même rapport. C'est-à-dire,

Par le lemme, $\qquad$ 88 : 42 : : 275 : 131, 2

Par la 1re règle, $\qquad$ 114 : 131,2 : : 117 : 134, 5

Et par la 4me règle, $\left\{ \begin{array}{cc} 83^2 & : & 42^2 \\ 681472 & : & 74088 \end{array} \right\}$: : 1411 : 153,5

Différence, $\qquad\qquad\qquad\qquad\qquad\qquad$ 19

(1) Nous avons vu dans la note de la première règle, que l'effet était comme la charge de l'eau multipliée par l'aire de l'ouverture de la vanne

Ainsi donc, l'effet du n° 10, comparé à celui du n° 1, est moindre qu'il ne devrait être par la présente règle, dans le rapport de 7 à 8.

L'exemple précédent et trois autres semblables sont contenus dans le Tableau suivant.

(*Le Tableau est d'autre part, page 26.*)

et par la vitesse ; or le carré de la vitesse étant proportionnel à la charge de l'eau, l'effet variera dans le rapport de l'aire de l'ouverture et du cube de la vitesse, ou l'ouverture étant constante comme le cube de la vitesse.

Mécanique industrielle, 2me part.   3

Exemples.	NUMÉROS. Table 1re.	Tours dans 1 minute.	Dépense d'eau.	Effet.	COMPARAISON.	Différence.	Différence proportionnelle.
1er	1 10	88 42	275 114	1411 117	Lemme. 88 : 42 :: 275 : 131,2 Règle 1re 114 : 131,2 :: 117 : 134,5 Règle 4e 88³ : 42³ :: 1411 : 133,5	19—	7:8
2me	11 17	84 46	342 167,5	1505 212	Lemme. 84 : 46 :: 342 : 187,5 Règle 1re 167,5 : 187,3 :: 212 : 237 Règle 4e 84³ : 46³ :: 1505 : 247	10—	23:24
3me	18 21	72 48	337 228	1210 317	Lemme. 72 : 48 :: 337 : 238 Règle 1re 228 : 238 :: 317 : 331 Règle 4e 72³ : 48³ :: 1210 : 355	24—	14:15
4me	22 24	68 48	359 262	1006 385	Lemme. 68 : 48 :: 359 : 253,4 Règle 1re 262 : 253,4 :: 385 : 372 Règle 4e 68³ : 48³ :: 1006 : 354	18+	20:19

Observations.

1re. En comparant la 2me et 4me colonne de la table 1re, il est évident que la charge virtuelle n'est pas en proportion exacte avec la colonne d'eau; mais quand l'ouverture de la vanne est plus grande, ou que la vitesse de l'eau qui s'en échappe est moindre, elles approchent de la coïncidence. Ainsi donc, dans les grandes ouvertures de vannes de moulins, où on dépense une grande masse d'eau provenant d'une hauteur modérée, la colonne d'eau et sa charge virtuelle, déterminée par la vitesse, s'accorderont ainsi que l'expérience le démontre (1).

2me *Observation*. Il résulte de la comparaison des rapports entre la puissance et l'effet, colonne 11, que le plus ordinaire est celui de 10 à 3; les rapports extrêmes sont de 10 à 3,2 et 10 à 2,8. Mais il est à remarquer que, dans le cas où la quantité d'eau, ou la vitesse, c'est-à-dire la puissance, est la plus grande, le second terme du rapport est également plus grand. On peut donc admettre pour un appareil en grand, le rapport de 3 à 1.

3me *Observation*. Le rapport des vitesses entre l'eau et la roue, colonne 12, est contenu dans les limites de 3 à 1 et de 2 à 1; mais comme les plus grandes vitesses approchent la limite de 3 à 1 et la plus grande quantité d'eau, celle de 2 à 1, la meilleure proportion générale, sera celle de 5 à 2 (2).

4me *Observation*. En comparant les nombres de la 13me colonne, on trouvera qu'il n'y a pas un rapport régulier entre la charge que la roue peut élever à son maximum, et celle qui peut l'arrêter complètement; mais qu'il est compris en-

(1) Nous avons dit dans une note précédente, que bien que le mouvement de la pompe puisse influencer le mouvement de l'eau au travers de la vanne, cependant, en pratique, les résultats n'en sont point affectés. Mais la contraction de l'eau, avant qu'elle choque la roue, peut, dans les cas dont il est question, apporter quelques modifications.

(2) Le rapport était compris entre les limites de 3 à 1 et 1,92 à 1. En théorie on peut avoir 3 à 1 et 1,732 à 1 : ce dernier rapport aura toujours lieu quand l'eau sera retenue à la roue, jusqu'à ce qu'elle l'abandonne avec la vitesse de cette même roue.

tre les limites de 20 à 19 et de 20 à 15; mais comme l'effet approche beaucoup plus près du rapport de 20 à 15, ou de 4 à 3, quand la puissance est plus grande, soit par un accroissement de vitesse, ou par la quantité d'eau, il semble le plus applicable aux grandes machines. En outre, comme la charge qui peut être affectée à la roue, en vue d'en obtenir le travail le plus avantageux, peut être déterminée par la connaissance de l'effet qu'elle doit produire, et la vitesse relative qu'elle doit avoir, la connaissance exacte du plus grand poids qu'elle poura soulever, est d'une moindre conséquence dans la pratique.

Il est à noter que dans tous les exemples des trois ou quatre dernières règles précédentes, l'effet de la plus petite puissance tombe au-dessous de ce qu'il devrait être, relativement à la plus grande quand on lui applique la règle, excepté dans le dernier exemple de la 4ᵐᵉ règle : on peut en conclure que si les expériences sont faites rigoureusement, l'effet accroîtra ou diminuera dans un rapport plus élevé que celui que la règle suppose : mais comme la différence n'est pas considérable, la plus grande n'étant que 1/8 de la quantité en question, et comme il n'est pas facile de faire des expériences d'une nature aussi complexe, avec une précision absolue, nous pouvons supposer de nouveau que la plus faible puissance est influencée de quelque frottement, ou fonctionne sous quelques circonstances désavantageuses, dont il n'a pas été tenu compte. Ainsi donc, nous pouvons conclure que ces règles peuvent s'appliquer, avec une approximation suffisante, aux travaux en grand.

Après que les expériences ci-dessus exposées eurent été faites, la roue qui, primitivement était munie de 24 aubes, fut réduite à 12; il en résulta une diminution dans l'effet en raison de ce qu'une plus grande quantité d'eau s'échappait entre les aubes et le fond du coursier; mais une surface circulaire ayant été adaptée au fond du coursier, de telle façon qu'une aube entrait dans la courbe avant que la précédente ne l'eût quittée, l'effet devint tellement semblable à ceux qu'on avait déjà obtenus, qu'on perdit entièrement l'espoir d'obtenir de plus grands résultats en augmentant le nombre d'aubes au-dessus de 24.

Expériences sur les Roues à eau.

Les expériences de Bossut sur les roues hydrauliques sont intéressantes, en ce sens que, non-seulement elles confirment les résultats obtenus par Sméaton, mais encore qu'elles renferment des circonstances qui n'ont pas été essayées par ce dernier. Bossut fit des essais dans un coursier et dans un courant libre, et dans les deux cas il fit varier le nombre d'aubes.

Les expériences, dans un canal clos, furent faites au moyen d'une roue dont le diamètre extérieur était (en mesures françaises) de 3 pieds 1 5/6 pouces; sa largeur était de 5 pouces, et la hauteur des aubes était de 4 à 5 pouces; l'axe de la roue sur lequel la corde s'enveloppait, avait 2 pouces de diamètre, les tourillons 2 1/2 lignes; le diamètre des poulies était de 3 2/3 pouces, et de leurs axes 2 2/3. La corde avait 2 lignes de diamètre. La roue était librement suspendue sur son axe et passait à une demi-ligne du fond du canal. La vanne fut élevée d'un pouce, la vitesse du courant était de 300 pieds par 33 secondes.

Nombre d'aubes.	Poids soulevés en livres.	Nombre de tours de roues en une minute.	Produit du nombre de tours par les poids élevés.
48	12	33 ¼	399
48	16	28 ½	456
24	12	29	348
24	16	25 ½	408
12	12	25 ½	306
12	16	19 ¼	308
La vanne élevée d'un pouce. Courant, 300 pieds en 30 secondes.			
48	12	42 ½	510
48	16	39	624
24	12	38	556
24	16	35 ½	568
12	12	31 ¼	375
12	16	28 ¾	345

Il résulte de ces expériences, que, dans un canal clos, l'effet avec 48 aubes sur une roue de 3 pieds 1 ⁵/₆ pouces de diamètre, est plus grand que quand le nombre d'aubes est plus petit. L'arc plongé était d'environ la seizième partie de la circonférence de la roue.

Bossut observa que les roues employées sur les rivières avaient un moins grand nombre d'aubes. Et l'objet des expériences suivantes fut de déterminer si quelques circonstances pratiques pouvaient justifier cette différence. La roue employée à ces expériences avait trois pieds de diamètre extérieur, sa largeur était de 6 pouces, et la profondeur des aubes

était de 6 pouces. Le diamètre du tambour sur lequel s'enveloppait la corde était de 2 1/2 pouces, celui des tourillons de
4/4 de pouce. La poulie et la corde étaient les mêmes que ci-
dessus. Le poids total de l'appareil mobile était de 44 livres.

Les expériences furent faites dans un courant ouvert de
12 à 13 pieds de largeur, et 7 ou 8 pouces de profondeur,
et la machine fut suspendue au-dessus, de manière à ne pas
influencer le mouvement du courant. Les aubes plongeaient
à la profondeur de 4 pouces.

Nombre d'aubes.	Poids soulevés.	Nombre de tours de roue.	Produit du nombre de tours par le poids élevé.
	livres.		
48	24	27 19/48	657 1/2
24	24	27 7/48	651 1/2
24	40	23 5/8	935
12	40	19 23/48	779

Il résulte de ces expériences, que la roue produisait moins
d'effet avec 48 aubes qu'avec 24, et que la différence entre
l'effet de 24 aubes et de douze était très-considérable, le
premier de ces deux nombres étant décidément le meilleur :
en conséquence, un nombre d'aubes moindre que 24, quand
la roue a les deux neuvièmes de sa circonférence plongés, ne
doit pas être employé.

L'objet des expériences suivantes de Bossut, fut de déterminer la relation entre la vitesse du courant et celle de la
roue dans chacun de ces cas, et quand le maximum d'effet
utile est obtenu. Il fit ces expériences avec la même roue
dernièrement décrite. Les résultats qu'il obtint sont indiqués dans la Table suivante.

Expériences dans un Canal clos.

La vanne élevée de 2 pouces, la vitesse du courant de 300 pieds en 27 secondes. La roue munie de 48 aubes.

Poids soulevés.	nombre de tours de roue en 40 secondes.	produit du poids soulevé par le nombre de tours.
30 1/2	22 1/4	678 1/2
31	22 1/2	684 1/2
31 1/2	21 7/8	689
32	21 2/3	693
32 1/2	21 5/12	696
33	21 1/6	698 1/2
33 1/2	20 11/12	700 3/4
34	20 2/3	703
34 1/2	20 3/16	704 1/2 maximum.
35	19 11/12	697
35 1/2	19 5/16	685
36	18 7/12	669

La vitesse du courant est à la vitesse de la circonférence extérieure de la roue, comme 10 : 4, 32 quand la puissance est un maximum. Mais la vitesse du centre de percussion doit être considérée comme celle de la roue, et alors le rapport devient comme 10 à 4, 1.

Expériences dans un courant libre.

La vitesse du courant était de 68 1/2 pouces par seconde; les autres plongeaient de 4 pouces dans l'eau, la roue était fournie de 24 aubes.

Poids soulevés.	Nombre de tours de roue en 40 secondes.		Produit des poids par le nombre de tours.	
30	17	11/24	523	3/4
35	16	25/48	578	1/4
40	15	7/12	623	1/4
45	14	31/48	659	
50	13	17/24	685	1/2
55	12	37/48	702	1/2
56	12	7/12	704	1/2
57	12	19/48	706	1/2
58	12	5/24	703	
59	12	1/48	709	1/4
60	11	5/6	710	maximum.
61	11	5/8	709	
62	11	19/48	706	1/2
63	11	7/48	702	
64	10	41/48	695	
65	10	25/48	684	
66	10	1/16	664	

La vitesse du courant est à celle du bord extérieur des aubes au maximum, comme 10 : 4, 9 environ, et à la vitesse du centre de percussion, comme 10 : 4', 35. Il paraît de là que la relation entre la vitesse du courant et celle de la roue est à-peu-près la même dans un courant ouvert comme dans un courant limité.

4.

Le faible changement d'effet, quand la relation de la vitesse est peu différente de celle du maximum, démontre qu'en pratique on peut se contenter des approximations précédentes.

On a assez généralement supposé que l'inclinaison des aubes pouvait ajouter à la puissance de la roue. Voici une expérience faite avec beaucoup de soin à ce sujet par Bossut.

12 aubes plongeant de 4 pouces dans le courant.	Poids soulevés.	Nombre de tours en 40 secondes.	Produit du nombre de tours par les poids soulevés.
Sans inclinaison.	40	$13 \frac{17}{48}$	534
Inclinés à 15°	40	$14 \frac{21}{48}$	577 ½
id. à 30°	40	$14 \frac{22}{48}$	578 ⅓ m.
id. à 37°	40	$14 \frac{15}{48}$	572 ½

Il résulte de ces expériences que le plus grand effet se produisait quand l'inclinaison des aubes, par rapport au rayon, variait de 15 à 30 degrés.

DEUXIEME PARTIE.

Dans la première partie de ces recherches, nous avons considéré l'impulsion de l'eau agissant par-dessous les roues hydrauliques quand elle est resserrée dans un canal borné, autrement dit dans un coursier. Nous allons maintenant examiner la puissance et l'application de l'eau quand elle agit par sa masse au-dessus des roues.

En raisonnant sans expérience, on peut s'imaginer que, quel que soit le mode d'application, quand la même quantité d'eau descend de la même hauteur perpendiculaire, on doit en obtenir une égale puissance effective, en supposant toutefois que la machine n'éprouve aucun frottement; qu'elle soit calculée ou disposée de la même manière pour recevoir tout l'effet de la puissance et pour produire le plus grand travail; car si nous supposons que la hauteur de la colonne d'eau soit de 30 pouces, qu'elle soit supportée sur une base ou une ouverture d'un pouce carré, chaque pouce cube d'eau qui s'en échappe doit acquérir la même vitesse, ou le même moment, que celui qui résulterait d'une pression supérieure et uniforme de 30 pouces cubes, et d'une chute égale à cette hauteur. Cette vitesse serait la même que celle qui transporterait le même pouce cube dans une direction contraire, du terme de la chute au niveau supérieur (1). On peut ainsi supposer qu'un pouce cube d'eau tombant d'une hauteur de trente pouces sur un corps quelconque, est capable de produire un égal effet par la collision, que si le même pouce cube descendait de la même hauteur avec une vitesse moindre et en produisant graduellement son effet; car, dans les deux cas, la gravité agit sur une égale quantité de matière au travers d'un espace égal (2). On peut ainsi croire que, quel que soit

---

(1) Ceci résulte de ce que l'eau qui s'élève en jet atteint, à peu de chose près, la hauteur de la source ou des réservoirs.

(2) La gravité, il est vrai, agit pendant plus de temps sur un corps qui descend lentement, que sur un autre qui descend avec rapidité.

le rapport entre le pouvoir et l'effet d'une roue à aubes frappée par dessous, il sera le même pour une roue choquée en dessus et pour toutes les autres roues hydrauliques. Quelque conclusif que paraisse ce raisonnement, on verra, dans ce qui va suivre, que l'effet de la gravité dans la chute des corps est très-différent chez ceux qui ne sont pas élastiques, malgré qu'ils soient engendrés par une puissance mécanique égale.

Pour adapter le mécanisme que nous avons déjà décrit, aux expériences suivantes, on y fit les changemens que nous allons indiquer.

Fig. 2. La vanne étant abaissée, on dévissa et enleva la tige H I.

La roue à aubes fut séparée et enlevée de son axe, et on la remplaça par une roue à augets d'un même diamètre (1).

Les appuis S et T, *fig.* 1re, furent soulevés d'un demi-pouce, de telle manière que le bord de la roue fut élevé par rapport à l'eau stagnante.

Un coursier pour conduire l'eau sur la roue fut installé à la place indiquée par les lignes ponctuées *f,g*, *fig.* 2. Le canal était muni d'une vanne *h,i*, susceptible de s'abaisser quand il était nécessaire d'arrêter l'eau.

La roue à rochets *oo* n'étant point de la même pièce de métal que la virole *ee*, *ii* (bien qu'elle ait été ainsi décrite pour prévenir une distinction inutile), fut retournée dans une situation inverse ainsi que son cliquet; en conséquence, le cylindre mobile remplissait son office de la même manière, bien que la roue, dans ses fonctions, se mût en sens contraire.

Mais ceci ne peut occasionner de différence dans l'effet : car un corps élastique tombant d'une hauteur égale dans le même temps sur un autre corps également élastique, rebondira en remontant à-peu-près à la hauteur de la chute; ou bien, par le mouvement communiqué, il obligera le même corps à remonter à cette même hauteur.

(1) Cette roue était munie de 36 augets, dont la profondeur était de deux pouces.

Exemple d'une série d'expériences.

Hauteur, 6 pouces.

Produit de 14 1/2 coups de piston de la pompe en une minute, celui de 12 étant 80 livres (1),   96 livres.
Poids de la balance vide,   10 1/2 onces.
Contre-poids pour 20 tours, en sus du poids précédent,   3 onces.

Numéros.	Poids dans la balance.	Tours.	Produits.	Observations.
1	0	50		La plus grande partie de l'eau s'échappe de la roue.
2	1	56		
3	2	52		
4	3	49	147	L'eau est reçue plus doucement par les augets.
5	4	47	188	
6	5	45	225	
7	6	42 1/2	255	
8	7	41	287	
9	8	38 1/2	308	
10	9	36 1/2	328 1/2	
11	10	35 1/2	355	
12	11	32 3/4	360 1/2	
13	12	31 1/4	375	
14	13	28 1/2	370 1/2	
15	14	27 1/2	385	
16	15	26	390	
17	16	24 1/2	392	
18	17	22 3/4	386 3/4	
19	18	21 3/4	391 1/2	
20	19	20 3/4	394 1/4	Maximum.
21	20	19 3/4	395	
22	21	18 1/4	388 1/4	
23	22	18	396	La machine travaille irrégulièrement.
24	23			Le mouvement se renverse par l'effet de la charge.

(1) La petite différence de ce produit avec celui des expériences précédentes, provient de la différence dans la longueur de la course occasionnée par la flexion du bois.

Conclusions des Expériences précédentes.

Dans ces expériences, la charge étant de 6 pouces, et la hauteur de la roue de 24 pouces, la chute totale sera de 30 pouces ; la dépense relative à 14 1/2 coups de piston par minute, sera de 96 2/3, puisque 12 coups de piston fournissent 80 livres dans le même temps. 96 2/3 multipliés par 30 donnent pour puissance 2900.

Si nous prenons la 20me expérience pour le maximum, nous aurons 20 3/4 tours en une minute, chacun desquels élève le poids à 4 1/2 pouces, ce qui fait 93, 37 pouces par minute. La charge dans le plateau de balance était de 19 livres, le poids du plateau de 10 1/2 onces ; le contre-poids 3 onces, auquel ajoutant encore le poids du plateau, 10 1/2 onces, nous aurons en somme 20 1/2 livres qui forment la charge totale ou la résistance. En multipliant cette charge par 93, 37 pouces, on a pour effet total 1914.

Le rapport de la puissance à l'effet sera donc comme 2900 à 1914, ou comme 10 : 6, 6, ou comme 3 : 2 environ.

Mais si nous comptons la puissance par la hauteur de la roue seulement, nous aurons 96 2/3 livres multipliées par 24 pouces = 2320 pour la puissance, et cette dernière sera à l'effet produit comme 2320 : 1914, ou comme 10 : 8,2, ou comme 5 : 4 environ.

Le resumé de cette expérience est compris sous le numéro 9 de la Table suivante ; les autres nombres résultent d'expériences semblables réduites de la même manière.

(La Table est d'autre part, page 40.)

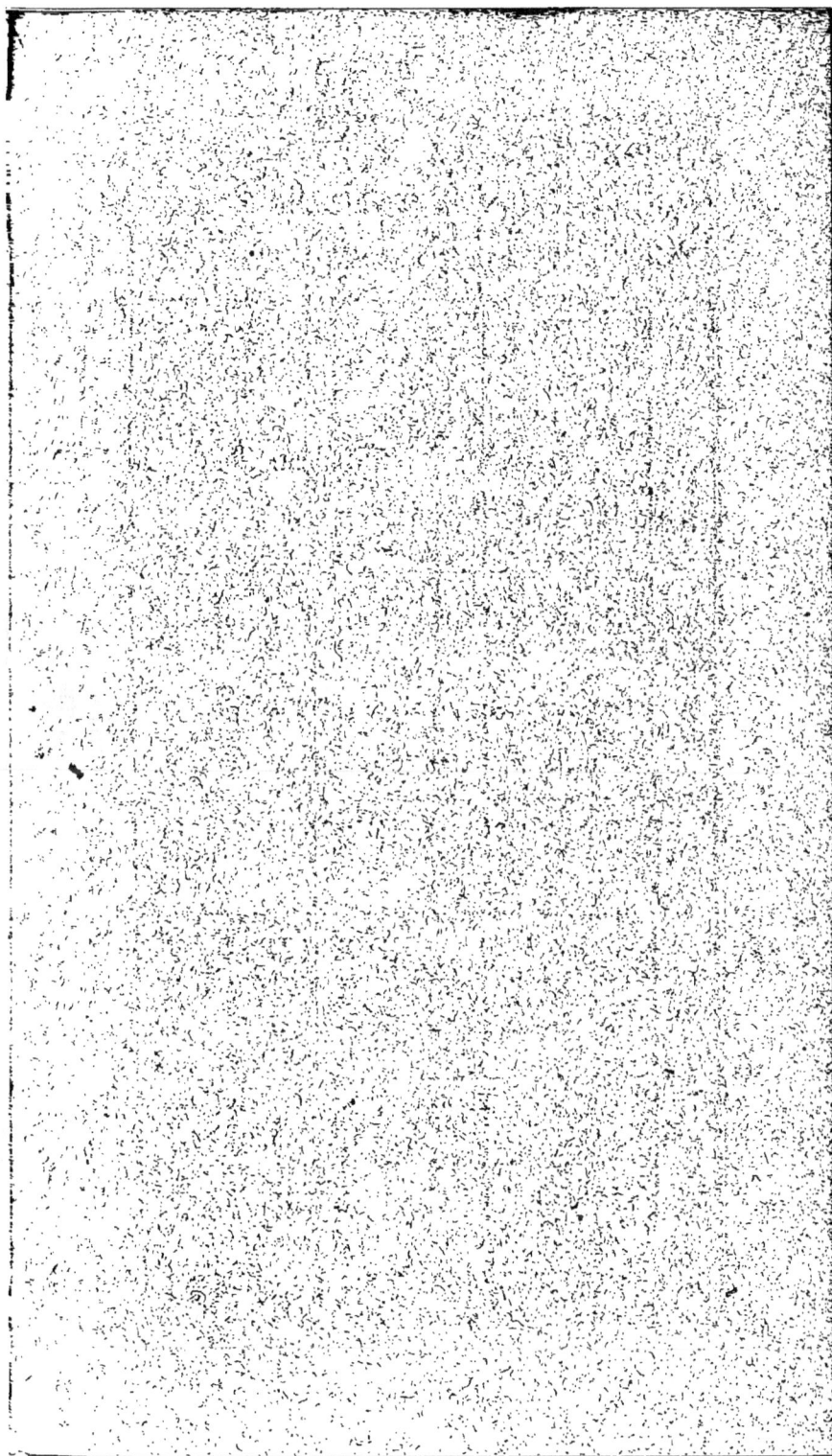

TABLE II,

Contenant le Résultat de seize séries d'Expériences faites sur les Roues à Augets.

Numéros.	Chute totale.	Dépense d'eau en une minute.	Tours au maximum en une minute.	Poids élevés au maximum.	Puissance de la chute entière.	Puissance de la roue.	Effet.	Rapport de la puissance entière à l'effet.	Rapport de la puissance de la roue à l'effet.	Rapport moyen.
	Pouces.	Livres.		Livres.						
1	27	30	19	6 ½	810	720	556	10 : 6,9	10 : 7,7	10 : 8,1
2	27	56 $\frac{2}{3}$	16 ¼	14 ½	1530	1360	1060	10 : 6,9	10 : 7,8	
3	27	56 $\frac{2}{3}$	20 ¾	12 ½	1530	1360	1167	10 : 7,6	10 : 8,4	
4	27	63 $\frac{1}{3}$	20 ½	15 ½	1710	1524	1248	10 : 7,3	10 : 8,2	
5	27	76 $\frac{2}{3}$	21 ½	15 ½	2070	1840	1500	10 : 7,3	10 : 8,2	
6	28 ½	73 ⅓	18 ¾	17 ½	2090	1764	1476	10 : 7	10 : 8,4	10 : 8,2
7	28 ½	96 ⅔	20 ¼	20 ½	2755	2320	1868	10 : 6,8	10 : 8	
8	30	90	20	19 ½	2700	2160	1755	10 : 6,5	10 : 8,1	10 : 8,2
9	30	96 ⅔	20 ¾	20 ½	2900	2320	1914	10 : 6,6	10 : 8,2	
10	30	113 ⅓	21	23 ½	3400	2720	2221	10 : 6,5	10 : 8,2	
11	33	56 ⅔	20 ¼	13 ½	1870	1360	1230	10 : 6,6	10 : 9	10 : 8,5
12	33	106 ⅔	22 ¼	21 ½	3520	2560	2153	10 : 6,1	10 : 8,4	
13	33	146 ⅔	23	27 ½	4840	3520	2846	10 : 5,9	10 : 8,1	
14	35	65	19 ¾	16 ½	2275	1560	1466	10 : 6,5	10 : 9,4	10 : 8,5
15	35	120	21 ½	23 ½	4200	2880	2467	10 : 5,9	10 : 8,6	
16	35	163 ½	25	26 ½	5728	3924	2981	10 : 5,2	10 : 7,6	
1	2	3	4	5	6	7	8	9	10	11

Observations et conclusions des Expériences précédentes.

1° touchant le rapport entre la puissance et l'effet des roues à augets.

La puissance effective de l'eau doit être estimée par sa chute entière ; en effet il faudrait l'élever à cette hauteur pour qu'elle fût à même de produire une seconde fois le même effet.

Les rapports entre les puissances ainsi estimées, et les effets au maximum déduits des différentes séries d'expériences, sont exposés dans la colonne 9 de la table 2. On y voit que les rapports diffèrent de celui de 10 : 7,6 à 10 : 5,2, c'est-à-dire environ de 4 : 3 à 4 : 2. Dans celles de ces expériences où la charge et la quantité d'eau dépensée étaient petites, le rapport était d'environ 4 à 3 ; mais quand la charge et les quantités d'eau dépensée étaient les plus grandes, le rapport approchait de celui de 4 : 2. La moyenne de ces deux rapports nous donne 3 : 2 environ.

Nous avons vu plus haut, dans nos observations sur les effets des roues à aubes, que le rapport général de la puissance à l'effet au maximum était de 3 à 1 ; ainsi donc l'effet des roues à augets, sous les mêmes circonstances de quantité d'eau et de chute, est moyennement double de celui des roues à aubes. D'où l'on tire la conséquence que les corps non élastiques, quand ils agissent par impulsion ou collision, communiquent seulement une partie de leur puissance primitive, l'autre portion étant dépensée dans l'altération de forme qu'ils éprouvent par suite du choc.

La puissance de l'eau, estimée par la hauteur de la roue seulement, comparée avec les effets, comme dans la colonne 10, paraît observer un rapport plus constant ; car si nous prenons la moyenne de chaque classe d'expériences données dans la 11° colonne, nous trouverons que les rapports extrêmes ne diffèrent pas davantage entre eux que de 10 : 8, 1 à 10 : 8, 5, et comme le second terme du rapport s'accroît graduellement de 8, 1 à 8, 5 par suite d'une augmentation de chute de 3 pouces à 11, l'excès de 8, 5 sur 8, 1 doit être imputé à l'impulsion plus grande d'une colonne d'eau de 11 pouces sur celle de 3. De telle sorte que si nous réduisons 8, 1 à 8 relativement à l'impulsion de la charge de 3 pouces, nous trouverons que le rapport de la puissance, calculée sur la hauteur seule de la roue à l'effet maximum, est comme 10 : 8 ou environ, comme 5 : 4; et comme l'égalité de rapport entre la puissance et l'effet subsiste dans des constructions semblables, nous pouvons en conclure que les effets, aussi bien que les puissances, sont comme les quantités d'eau et les hauteurs perpendiculaires, multipliés respectivement ensemble.

2° *Observation* concernant la hauteur la plus convenable de roue, proportionnellement à la chute totale.

Nous avons déjà vu, par la précédente observation, que l'effet de la même quantité d'eau tombant d'une même hauteur perpendiculaire, est double, quand elle agit par sa masse sur une roue à augets, de celui qu'elle produit quand elle agit par son impulsion sur une roue à aubes. Il paraît aussi que par un accroissement de charge de 3 pouces à 11, ou de chute totale de 27 à 35, c'est-à-dire dans le rapport de 7 à 9 à-peu-près, l'effet ne s'augmente pas davantage que dans le rapport de 8, 1 à 8, 4, c'est-à-dire comme 7 : 7,26; ainsi donc l'augmentation d'effet n'est pas le 1/7 de l'augmentation perpendiculaire de la charge. Il s'ensuit que plus la roue est haute en proportion de la chute totale, plus l'effet est grand; parce que cela dépend moins de l'impulsion de la charge d'eau que de la masse qui agit dans les augets : et si nous considérons combien l'eau qui sort du réservoir choque obliquement les augets, nous ne serons pas étonné du peu d'avantage qui en résultera, et combien cet effet est de peu de conséquence pour une roue à augets.

Toutefois comme il y a une limite à toutes choses, il paraît convenable que l'eau ait une vitesse un peu plus grande que celle de la circonférence de la roue; autrement la roue serait retardée par le choc des augets contre l'eau, et de plus une portion de cette eau s'épanchant en dehors serait perdue pour la puissance.

La vitesse que la circonférence de la roue doit avoir étant connue, par suite des conclusions suivantes, la charge requise pour donner à l'eau sa vitesse convenable peut se calculer aisément par les règles ordinaires de l'hydrostatique; on la trouvera beaucoup moindre que celle qui est généralement adoptée dans la pratique.

3º *Observation* concernant la vitesse de la circonférence de
de la roue, capable de produire le plus grand effet.

Si un corps tombe librement d'une hauteur égale à celle de la
colonne d'eau, il emploiera un certain temps à parcourir cet
espace; et dans ce cas toute l'action de sa masse est employée
à donner au corps une certaine vitesse; mais si un corps, en
tombant, tombe sur un autre corps, de manière à produire un
effet mécanique, le mouvement du premier corps sera retardé,
parce qu'une portion de sa masse en action est employée à
produire l'effet, et l'autre à donner le mouvement au corps.
Ainsi donc plus la chute d'un corps est lente, plus la portion
active de la masse, employée à produire un effet mécanique
sera grande; en conséquence plus l'effet sera grand.

Si un courant d'eau tombe dans d'auget supérieur d'une
roue, il y est retenu jusqu'à ce que, en achevant sa révolution,
la roue la laisse échapper par en bas; en conséquence, plus la
roue se meut lentement, plus chaque auget reçoit d'eau.
Si bien que ce qui est perdu en vitesse est gagné par la pression d'une plus grande quantité d'eau agissant dans chaque
auget; et si on considère seulement sous ce point de vue la
puissance mécanique d'une roue choquée en dessus, l'effet sera
le même, soit qu'elle se meuve lentement, soit qu'elle se
meuve avec rapidité. Mais si nous faisons attention à ce qui
a été observé relativement à la chute des graves, on verra
qu'une partie de la masse employée à donner à la roue une
plus grande vitesse, doit être retranchée de la pression qui
s'exerce dans les augets; de sorte que, quoique le produit obtenu en multipliant les nombres de pouces cubes d'eau agissant sur la roue, par la vitesse, soit le même dans tous les
cas; cependant comme chaque pouce cube, quand la vitesse
est plus grande, ne presse pas autant sur l'auget que quand
elle est plus petite, la puissance de l'eau, pour produire les
effets, sera plus grande, avec une moindre vitesse qu'avec
une plus grande; nous sommes conduit de là à cette règle
générale, que, tout égal d'ailleurs, moins la vitesse de la roue
sera grande, plus l'effet sera grand. La confirmation de cette
règle, ainsi que les limites-pratiques auxquelles elle est su-
jette, peuvent être déduites du tableau précédent, contenant
plusieurs séries d'expériences.

Il résulte de ces expériences, que quand la roue faisait environ 20 tours par minute, on obtenait presque le plus grand effet. Quand elle en fournissait 30, l'effet diminuait de la 20° partie; il diminuait du 1/4 quand elle en développait 40; à 18 1/4 tours, son mouvement était irrégulier; enfin quand la roue était chargée de poids de manière à ne produire que 18 tours, son mouvement se renversait.

Il est avantageux en pratique que la vitesse de la roue ne soit pas non plus trop diminuée, parce que, toutes choses étant égales d'ailleurs, puisque le mouvement est plus lent, les augets doivent être faits plus larges; et la roue étant plus chargée d'eau, chaque partie de l'appareil supportera un plus grand effort relatif. La meilleure vitesse pour la pratique est donc celle que possédait la roue quand elle fournissait 30 tours par minute; c'est-à-dire quand la vitesse de sa circonférence est un peu moindre que de 3 pieds par seconde.

L'expérience confirme que cette même vitesse de 3 pieds par seconde est applicable au plus grandes comme aux plus petites roues à augets; quand toutes les autres parties de la machine sont convenablement confectionnées, elle produit le plus grand effet possible. Toutefois l'expérience démontre aussi que les grandes roues, avant d'avoir perdu une partie de leur puissance, peuvent s'écarter plutôt de cette règle que les petites. Car une roue de 24 pieds de hauteur peut se mouvoir avec une vitesse de 6 pieds par seconde, sans perdre une partie considérable de sa puissance (1), et, d'un autre côté, j'ai vu une roue de 33 pieds, qui se mouvait très-régulièrement avec une vitesse qui n'excédait pas 2 pieds (2).

(1) La roue de 24 pieds marchant avec une vitesse de 6 pieds par seconde, semble se rapporter à la petite proportion de la charge, relativement à la hauteur totale de la chute.

(2) Dans tout ce raisonnement on recommande évidemment que le mouvement, la puissance et l'effet correspondent à une vitesse uniforme; il en résulte que l'avantage d'un mouvement lent de la roue doit être perdu au point d'application de la puissance; le vrai principe pour connaître la vitesse consiste à déterminer les conditions qui donnent le moins d'effort sur la machine, sur ses plus petites parties mobiles, et par conséquent le moins de frottement, sans perte d'effet, par la quantité de chute nécessaire pour donner à l'eau la même vitesse que la roue.

Il y a encore une autre circonstance qui a beaucoup d'importance en pratique; la roue à eau qui possède un mouvement rapide, agit

4me *Observation* relative à la charge d'une roue à augets capable de produire un maximum.

Le maximum de charge pour une roue à augets est celui qui donne à la circonférence de la roue sa propre vitesse. On connaîtra cette charge en divisant l'effet qui doit être produit dans un temps donné, par l'espace que parcourra la circonférence de la roue dans le même temps; le quotient sera la résistance supportée à la circonférence de la roue; elle est égale à la charge requise, plus le frottement et la résistance de l'appareil.

5me *Observation* concernant la plus grande vitesse possible d'une roue à augets.

La plus grande vitesse dont la circonférence d'une roue à augets est capable, dépend de son diamètre, ou de sa hauteur, et de la vitesse de chute des graves. Car il est évident que la vitesse de la circonférence ne saurait jamais être plus grande que celle relative à la demi-circonférence décrite pendant qu'un corps grave tomberait du sommet de la circonférence et parcourrait le diamètre. Elle ne peut pas non plus être aussi grande en raison de ce qu'un corps grave parcourant ce même espace demi-circulaire, ne peut l'achever dans un temps aussi court que s'il était développé en ligne droite. Ainsi donc, si une roue a 16 pieds 1 pouce de hauteur, un corps grave parcourra le diamètre en une seconde. Mais la roue ne saura jamais acquérir une vitesse capable de lui faire faire un tour en deux secondes; et en réalité, une roue à augets ne peut pas approcher de cette vitesse, car quand elle acquiert une certaine vitesse, la plus grande partie de l'eau n'entre pas dans les augets, et le reste, à une certaine époque de la révolution, s'échappe par la tangente, en vertu de la force centrifuge. Ceci paraît avoir eu lieu dans les trois premières expériences du tableau précédent; mais comme la vitesse à la—

comme un volant pour régler le mouvement de la machine, au lieu que si elle se meut lentement, elle requiert un appareil qui remplisse le même but. Cette vérité semble avoir été reconnue par *Sméaton* à une dernière époque; car en 1796, nous le voyons qui indique qu'une roue à augets appliquée à un moulin à huile à *hull*, de 27 pieds de diamètre, se mouvait avec une vitesse de 8 1/2 par seconde, et il observe que, avec la vitesse de 3 pieds par seconde, elle ne pouvait se mouvoir également ni régulièrement.

quelle cet échappement a lieu, dépend aussi de la forme des augets, aussi bien que d'autres circonstances, on ne peut déterminer les règles générales pour la plus grande vitesse à donner aux roues à augets; et, du reste, ceci est moins nécessaire en pratique, puisque dans cette circonstance la roue serait incapable de produire quelque effet mécanique, pour les raisons que nous avons déjà données.

6e *Observation* relative à la plus grande charge qu'une roue à augets peut soulever.

La plus grande charge qu'une roue à augets est capable de surmonter, considérée abstractivement, est illimitée ou infinie; car comme les augets peuvent avoir une capacité quelconque, plus la roue sera chargée, plus son mouvement sera lent; mais plus son mouvement est lent, plus les augets se rempliront d'eau. Ainsi donc, quoique le diamètre de la roue et la quantité d'eau dépensée soient limités, on ne peut encore assigner aucune résistance qu'elle ne soit capable de surmonter; mais en pratique nous cherchons à éviter tout ce qui est indéterminé. Ainsi donc, quand il est question de construire une roue à augets, la capacité des augets est fixée, et dès-lors la même résistance qui arrêtera la roue sera égale à l'effort de tous les augets remplis d'eau sur la demi-circonférence de la roue.

La figure des augets étant donnée, la quantité d'effort peut être assignée; mais cela n'est pas d'une grande importance en pratique, puisque l'effort de la roue peut être annihilé en adaptant un contre-poids qui puisse faire équilibre à l'action de la gravité d'une certaine quantité d'eau. Toutefois, en réalité, une roue à augets cesse généralement d'être utile avant d'être chargée jusqu'à ce point; car quand elle supporte une résistance capable de diminuer sa vitesse jusqu'à un certain degré, son mouvement commence à devenir irrégulier; mais cela n'a pas lieu tant que la vitesse de la circonférence est au-dessus de deux pieds par seconde, vitesse à laquelle la résistance est égale. Ceci résulte non-seulement des tableaux précédens, mais encore d'expériences faites plus en grand.

Scholie.

Nous avons examiné les différens effets de la puissance de l'eau, quand elle agit par son impulsion et par son poids, soit sur des roues à aubes, soit sur des roues à augets; nous pouvons maintenant procéder à l'examen des effets qui peuvent résulter de l'impulsion et des poids combinés ensemble, comme, par exemple, dans les roues à ailes obliques; mais, d'après ce que nous avons dit, l'application des mêmes principes, dans ce cas mixte, devient facile, et réduit à peu de choses ce que nous avons à en dire. Car on peut ranger dans les roues à augets toutes celles que l'eau fait mouvoir en descendant d'une hauteur quelconque; celles qui reçoivent l'impulsion de l'eau, soit dans un sens horizontal, perpendiculaire ou oblique, peuvent être considérées comme des roues à aubes. Et par conséquent, l'effet d'une roue que l'eau choque d'abord à un certain point au-dessous de son niveau, et que celle-ci accompagne ensuite dans l'arc de cercle qu'elle décrit en agissant sur elle par sa masse, sera égal à l'effet d'une roue à aubes dont la charge est égale à la différence des niveaux, entre la surface du réservoir et le point où l'eau choque la roue, plus l'effet d'une roue à augets, dont la hauteur serait égale à la différence de niveau comprise entre le point où l'eau rencontre la roue et le niveau du coursier inférieur. On suppose ici que le choc s'opère perpendiculairement au rayon de la roue, et que la vitesse de la circonférence est convenable pour recevoir tous les avantages dus à ces deux puissances; autrement il faudrait faire une réduction proportionnelle.

Les règles que nous avons exposées donnent les moyens de perfectionner les appareils dont nous avons parlé, ainsi que de redresser plusieurs erreurs populaires. Nous avons eu particulièrement en vue d'établir des règles générales qui puissent s'adapter à la pratique. Nous laissons les applications particulières à l'intelligence des artistes et des personnes curieuses d'approfondir la matière (1).

(1) Les expériences de *Bossut* sur les roues à augets furent faites avec des roues dont le diamètre extérieur avait trois pieds; la lar-

geur des augets était de cinq pouces, leur profondeur de trois pouces, et il y en avait 48. Le tambour sur lequel s'entourait la corde avait 2 7/12 pouces de diamètre, et les tourillons avaient 2 1/2. Le canal alimentaire était horizontal et de la même largeur que la roue. Il fournissait 1194 pouces cubes d'eau par minute au sommet de la roue.

Poids soulevés en livres.	Nombres de tours de roues en 1 minute.	Produit des tours par les poids.
Sans charge.	40 ¼	0
11	11 $\frac{46}{48}$	131 ½
12	11 $\frac{11}{48}$	134 ¾
13	10 $\frac{25}{48}$	136 ¾
14	9 $\frac{40}{48}$	137 ¾
15	9 $\frac{10}{48}$	138
16	8 $\frac{34}{48}$	138 ¾
17	8 $\frac{9}{48}$	139 1/5 maximum.
18	7 $\frac{32}{48}$	138
20	» »	La roue s'arrête.

En comparant la puissance à l'effet, le rapport est de 10 à 7,65 quand la hauteur de la roue est prise d'après la quantité de chute, la nature de l'expérience ne fournit pas les moyens de connaître avec exactitude la hauteur totale. Ce rapport s'accorde très-bien avec les résultats des essais de *Sméaton*.

Il résulte des expériences de *Sméaton* et de l'abbé *Bossut*, que la charge correspondante au maximum est les 6/7 de celle qui arrête la roue.

Mécanique industrielle, 2ᵐᵉ part.   5

DE LA CONSTRUCTION

ET DES EFFETS DES MOULINS A VENT.

—

Pour faire des expériences sur les moulins à vent, les vents naturels sont trop variables, et il a fallu recourir à des vents artificiels.

Pour cet objet deux moyens peuvent être employés, on peut faire souffler un vent artificiel contre les ailes d'un moulin en repos, ou faire agir ces mêmes ailes déployées dans l'air ambiant et en repos. La première de ces méthodes offre des difficultés en pratique, il n'est point facile de produire assez de vent et de lui donner une vitesse suffisante et déterminée.

Il était également difficile de disposer d'un espace assez étendu pour faire mouvoir des surfaces en droites lignes contre l'air ; j'ai donc dû m'arrêter au moyen qui consiste à faire tourner et à faire décrire des circonférences de grands cercles à des ailes de moulin agissant sur un axe de rotation. La machine suivante a été construite d'après cette idée. (1)

(1) Il y a quelques années, M. Rouge de *Harborough*, dans le comté de *Leicester*, s'occupa d'expériences sur la vitesse et la force du vent agissant sur des surfaces planes et sur des ailes de moulins à vent. A-peu-près en même temps, M. *Ellicot* construisit une machine avec laquelle M. *Robins* fit des expériences sur la résistance qu'éprouvent les surfaces planes à se mouvoir dans l'air. Les machines employées par ces messieurs se ressemblent beaucoup dans leur construction, bien que chacun d'eux ignorât ses recherches particulières. Mais il n'est point rare que deux personnes s'occupant du même objet se rencontrent dans leurs expériences.

L'appareil dont j'ai fait usage a été construit sur de semblables principes, avec cette différence qu'au lieu d'emprunter le mouvement d'un poids, ce qui était plus convenable, l'impulsion du vent, ou la résistance des ailes, était mesurée par un régulateur à pendule, et le mouvement était obtenu avec la main. L'application du pendule était avantageuse aux expériences en question, parce que les ailes de moulin, en changeant de position, choquent l'air sous différentes vitesses, bien qu'elles soient sollicitées par la même force.

Description de la planche.

(*Fig. 4.*) A B C est un bâtis pyramidal destiné à supporter les parties mobiles de l'appareil.

D E, axe droit, sur lequel s'établit la pièce F G, qui porte, à une distance convenable de l'axe, les ailes de l'appareil.

H est un cylindre établi sur l'axe sur lequel s'enveloppe un cordon. Ce cordon étant tiré par la main donne un mouvement circulaire à l'axe et au bras F G, et entraîne l'axe des ailes dans une circonférence de grand cercle dont le rayon est D I. Les ailes en choquant l'air tournent autour de leur axe particulier.

En I est fixée l'extrémité d'une ficelle qui, après avoir passé sur les poulies M, N, O, va s'attacher sur un petit cylindre ou baril adapté à l'axe des ailes. L'air, par son impulsion, faisant tourner les ailes, cette ficelle s'enveloppe d'elle-même sur le petit cylindre.

P, plateau dans lequel se placent les poids qui servent à mesurer la puissance des ailes. Ce plateau se mouvant de bas en haut, ne reçoit aucune influence du mouvement circulaire de l'axe inférieur qui se trouve dans sa direction perpendiculaire.

Q R, deux piliers parallèles établis sur le bras F G pour supporter le plateau P.

S et T, deux petites chaînes bouclées qui embrassent les piliers pour empêcher les oscillations du plateau.

W, contre-poids destiné à rétablir le centre de gravité du système mobile sur le centre de mouvement de l'axe D E.

V X est un pendule composé de deux balles de plomb, qui sont mobiles sur une verge de bois, et qui peuvent ainsi être ajustées de manière à vibrer dans un temps donné. Ce pendule est soutenu par un petit axe en métal cylindrique sur lequel il vibre comme sur un arbre roulant.

Y est une table fendue destinée à supporter l'axe du pendule.

(*Note.*) Le pendule est disposé de manière à donner deux vibrations dans le temps que le bras F G doit parcourir une circonférence. Le pendule étant mis en mouvement, on tire sur la corde Z avec une force suffisante pour que chaque demi-tour du bras F G corresponde, autant que possible, à chaque vibration, et cela pendant tout le temps que dure l'expérience. Avec un peu de pratique il est facile de régulariser, autant qu'il est nécessaire, le mouvement.

Exemple d'une série d'expériences.

Rayon des ailes,	21 pouces.
Étendue des ailes,	18
Largeur des ailes,	5, 6
(1) { Angle à l'extrémité,	10 degrés.
{ Plus grande inclinaison,	25 degrés.
20 tours des ailes élèvent le poids de	11, 3 p.
Vitesse du centre des voiles par seconde, dans la circonférence du grand cercle décrit,	6 p. 9 p.
Durée de l'expérience,	52 sec.

Numéros.	Poids dans le plateau.	Nombre de tours.	Produit.
1	0 livres	108	0
2	6	85	510
3	6 1/2	81	526 1/2
4	7	78	546
5	7 1/2	73	547 1/2 max.
6	8	65	520
7	9	0	0

N. B. Le poids du plateau et de la poulie était de 3 onces; le poids d'une once, suspendu à un rayon à 12 1/2 pouces du centre de l'axe, faisait justement équilibre au frottement, au plateau et à 7 1/2 livres de poids qu'il contenait;

(1) Dans toutes les expériences suivantes, l'angle des voiles ou ailes, est mesuré sur celui qu'elles forment avec le plan de leur mouvement, c'est-à-dire qu'il est de 0° quand l'angle qu'elles forment avec l'axe est droit. Ceci s'accorde avec le langage des praticiens qui désignent cet angle sous le nom d'air de l'aile; grand ou petit airage, selon l'ouverture de cet angle.

et placé à 14 ^{19}/20 pouces de distance, il faisait équilibre à la même résistance avec un poids de 9 livres dans le plateau.

Résultat des expériences précédentes.

Dans le numéro 5 qui donne le maximum, le poids dans le plateau était de 7 l. 8°, qui, avec le poids du plateau et de la poulie, c'est-à-dire 3 onces, faisait 7 l. 11°, égal à 123 onces ; ce poids étant ajouté au frottement de l'appareil donnera la résistance totale (1).

On peut ainsi déduire le frottement de l'appareil : puisque 20 tours des ailes élèvent le poids de 11 pouces 3, avec un double cordon, le rayon du cylindre sera de 0, pouces, 18. Mais si le poids eût été soulevé par un simple cordon, le rayon du cylindre n'étant que moitié, c'est-à-dire égal à 0,09 pouces, la résistance eût été la même. Nous aurons donc ainsi cette analogie : la moitié du rayon du cylindre est à la longueur du bras où le petit poids est appliqué, comme le poids appliqué à ce bras est à un quatrième poids qui est équivalent à la somme de toutes les résistances ; c'est-à-dire

$$0, 09 : 12,5 :: 1 \text{ once} : 139 \text{ onces}.$$

Ce dernier poids est plus grand que 123 onces, poids dans la balance, de 16 onces ou une livre. C'est l'équivalent du frottement, qui, ajouté au poids précédent de 7 liv. 11 onces, donne 8 l. 11 ° = 8, 69 livres pour la somme de toutes les résistances ; en multipliant par 75 tours on aura 654, chiffre qui peut représenter l'effet produit.

De la même manière, si le poids de 9 livres, qui produit l'arrêt des ailes, est augmenté du poids du plateau et du frottement relatif, il deviendra égal à 10,37 livres. Le résultat de cet exemple est spécifié dans le numéro 12 de la table 3 : et les résultats de chacune des autres séries d'expériences qu'elle contient ont été obtenus et réduits de la même manière.

(1) On n'a pas égard ici à la résistance de l'air, parce qu'elle est inséparable de l'application de la puissance.

TABLE II.

Contenant dix-neuf séries d'Expériences faites sur des ailes de moulins à vent, de différentes structures et surfaces, et sous diverse positions.

ESPÈCE D'AILES employées.	Numéros des expériences.	Angle aux extrémités.	Plus grand angle.	Tours des ailes sans charge.	Tours des ailes au maximum.	Charge au maximum.	Plus grande charge.	Produits.	Quantité de surfaces, pouces carrés.	Rapport de la plus grande vitesse à la vitesse du maximum.	Rapport de la plus grande charge à la charge au maximum.	Rapport de la surface au produit.
	1	2	3	4	5	6 (livres)	7 (livres)	8	9	10	11	12
Ailes planes faisant un angle de 55°. avec l'axe.	1.	55	55	66.	42	7.86	42.59	318	404	10:7	10:8	10:7,9
Ailes planes inclinée comme dans la pratique ordinaire.	2.	12	12	70.	66	7.0	7.86	441	404	10:6,6	10:8,5	10:10,1
	4.	15	15	106.	90.	6.75	8.13	464	404	10:6,8	10:8,3	10:10,6
	5.	15	15	90.	70.	6.5	7.86	464	404	10:6,6	10:8,5	10:11,7
	6.	18	18	66.	66	7.0	9.84	403	404	10:7	10:9,4	10:15,1
Ailes inclinées selon le théorème de Maclaurin.	6.	12	29/2	74 1/2	7.55	9.84	518	404	10:8,6	10:12,8	
	7.	15	29/2	63 1/2	8.5	8.5	517	404	10:7,9	10:11,4	
Ailes inclinées selon la méthode hollandaise, et dans diverses positions.	8.	0.	18.	130.	93	4.75	5.31	462	404		10:8,9	10:15,8
	9.	5.	13.	120.	78	7.0	553	406	10:8,6	10:13,7	
	10.	5.	30.		79	7.5	8.12	585	406	10:8,1	10:13,7	
	11.	7 1/2	22 1/2	145	72	8.5	9.84	639	404	10:9,3	10:13,7	
	12.	10	45	108.	73	10.37	634	404	10:8,5	10:15,7	
	13.	12	27	100.	66	8.41	580	404	10:7,7	10:14,4	
Ailes inclinées d'après la méthode hollandaise, mais élargies à leur extrémité.	14.	7 1/2	22 1/2	125	78	10.63	12.89	798	500	10:8	10:15,6	
	15.	10	10	117.	75	11.08	13.09	820	505	10:8,1	10:14,8	
	16.	12	37	114.	66	12.09	14.23	790	505	10:8,4	10:13,8	
	17.	15	30.	96.	63	12.00	14.78	762	608	10:8,9	10:15,1	
8 ailes en secteurs d'ellipse, dans leur meilleure position.	18.	16	13.	105	64 1/2	16.42	17.87	1089	884	10:6,1	10:12,4	
	19.	19	22	64 1/2	18.06	18,06	1165	1146	10:5,9	10:10,1	

Observations et conclusions déduites des expériences précédentes.

1º De la meilleure forme et position des Ailes de Moulins à vent.

La table III nº 1 contient le résultat d'une série d'expériences faites sur des ailes de moulins à vent inclinées sous un angle que le célèbre M. *Parent* et les géomètres qui l'ont suivi ont regardé comme le plus avantageux. Savoir : sur celles dont le plan forme avec l'axe un angle d'environ 55 degrés, dont le complément ou l'angle que le plan des ailes fait avec le plan du mouvement, est de 35 degrés, ainsi que l'indiquent les colonnes 2 et 3. Maintenant, si on multiplie le nombre de tours par le poids qu'elles supportaient quand elles fonctionnaient avec le plus grand avantage (*Voir* colonnes 5 et 6), et qu'on compare ces produits (colonne 8) avec les autres produits (contenus dans la même colonne), on verra qu'au lieu d'être plus grands, ils sont les plus faibles de tous. Mais si on fait en sorte que le plan des ailes et celui de leur mouvement fassent entr'eux un angle de 15 à 18 degrés, comme l'indiquent les numéros 7 et 4, ou, ce qui est la même chose, si l'axe fait avec le plan des voiles un angle complémentaire de 75 à 72 degrés, les produits s'augmenteront dans la proportion de 31 à 45. Cet angle est celui qui est admis généralement par les praticiens quand la surface des ailes est plane.

S'il était question seulement de connaître l'angle le plus favorable pour passer avec le plus de facilité du repos au mouvement, ou pour empêcher que les ailes ne s'arrêtent, on trouverait que le plus avantageux est celui qu'indique le nº 1. En effet, on voit par la colonne nº 7, qui contient les moindres charges capables de faire passer les ailes du mouvement au repos, que la charge relative au nº 1 est en proportion de l'aire des ailes la plus grande. Mais si l'on a en vue d'installer les

ailes de manière qu'avec des dimensions convenues elles fournissent, dans un temps déterminé, le plus grand produit, on
ne doit avoir nullement égard aux chiffres de la colonne n° 1;
et, sous la condition de n'employer que des ailes planes, il
convient d'admettre un des angles indiqués dans les colonnes
n° 3 et 4, c'est-à-dire qui ne soit ni plus petit que 72 degrés, ni plus grand que 75.

L'illustre *Maclaurin* a bien su distinguer l'action du vent
sur l'aile d'un moulin en repos et sur l'aile en mouvement;
et aussi qu'en conséquence de ce que le mouvement était plus
rapide vers les extrémités que près du centre, les différentes
parties d'une aile devaient, à mesure qu'elles sont plus écartées
du centre, former avec l'axe un angle variable; c'est lui qui
nous a fourni pour cet objet le théorème suivant (1) : « soit
a, la vitesse du vent, *c*, la vitesse d'un point quelconque de
l'aile, l'effort exercé par le vent sur cette partie de l'aile sera
le plus grand possible lorsque la tangente de l'angle d'incidence du vent sur l'aile sera au rayon,

$$\text{comme } \frac{3\,c}{2\,a} + \sqrt{2 + \frac{9\,c^2}{4\,a^2}} \text{ est à 1.}$$

Ce théorème donne la loi selon laquelle l'angle doit varier relativement à la vitesse de chaque partie de l'aile par rapport
au vent. Mais comme il est encore indéterminé quelle vitesse
une partie quelconque de l'aile doit avoir par rapport au
vent, il s'ensuit que l'angle que doit avoir une partie quelconque de l'aile l'est également. Ainsi donc, les données sont
insuffisantes pour rendre l'application du théorème possible.

Cependant, comme je voulais l'employer, et considérant
qu'un angle de 15 à 18 degrés était le plus avantageux quand
les ailes étaient planes, c'est-à-dire l'angle moyen le plus favorable, je fis en sorte que l'aile au milieu de la distance comprise entre le centre et l'extrémité fît un angle de 15° 41'
avec le plan du mouvement; dans lequel cas, la vitesse de
cette partie de l'aile, quand elle était chargée au maximum,
devait être égale à celle du vent, ou $c = a$. Ayant ainsi déterminé la position de cette partie milieu de l'aile, celles des

(1) Maclaurin acccouut of Sir Isaac Newton, philosophical discoveries,
p. 176, art. 29.

autres parties de l'aile furent déterminées par le même théorème, ainsi qu'il suit.

					Angle avec l'axe.	Angle formé avec le vent.
Parties du rayon à partir du centre.	1/6	$c =$	1/3	a	63° 26'	26° 34'
	2/6	$c =$	2/3	a	69 54	20 6
	3/6	$c =$		a	74 19	15 41 milieu.
	2/3	$c =$	1 1/3	a	77 20	12 40
	5/6	$c =$	1 2/3	a	79 27	10 33
	1	$c =$	2	a	81 0	9 0 extrémité.

J'obtins ainsi des résultats qui, selon les indications du numéro 5, furent, à très-peu de chose près, les mêmes que ceux que fournissent les ailes dont la disposition est la plus favorable. Mais ayant tourné les ailes dans leurs appuis, de telle façon que chaque partie de l'aile fût placée sous un angle de 3 degrés, et ensuite de 6 degrés plus grand que le premier, c'est-à-dire les extrémités ayant été inclinées de 9, 12 et 15 degrés, les produits montèrent respectivement de 518 à 527. Maintenant, de la petite différence qui existe entre ces deux produits, nous pouvons conclure qu'elles étaient à-peu-près dans leur meilleure disposition, conformément aux indications du n° 7, ou dans quelques-uns des angles compris entre celui-là et le n° 6; nous pouvons aussi conclure de là, que pour ces dispositions ainsi que pour les ailes planes et les autres, la variation d'un ou deux degrés dans l'angle, quand cet angle s'approche du meilleur, produit une très-petite différence dans les effets.

Il faut observer que l'aile inclinée d'après les règles précédentes, expose une surface convexe à l'action du vent : cependant les hollandais et tous les constructeurs modernes de moulins, quoiqu'ils diminuent l'angle des différentes parties de l'aile comprises depuis le centre jusqu'à l'extrémité, lui affectent une telle forme, qu'elle est concave par rapport au vent. C'est ainsi que furent faites les ailes dont on fit usage dans les expériences des numéros 8, 9, 10, 11, 12 et 13; le milieu de la voile faisait avec la barre transversale de l'extrémité de l'aile, un angle de 12 degrés; et le plus grand angle, qui était à-peu-près à un tiers du rayon à partir du centre, était de 15 degrés.

Ces ailes ayant été essayées dans diverses positions, la meilleure parut être celle indiquée sous le numéro 11, dans laquelle les extrémités formaient un angle de 7 1/2 degrés avec le plan du mouvement, le produit étant de 639 plus grand que ceux obtenus par les dispositions conformes au théorème dans la proportion de 11 à 9, et double de celui du n° 1. Tel fut le plus grand effet qu'on produisit sans augmenter la surface des ailes. Il résulte de là que quand le vent choque une surface concave, il y a avantage pour la puissance de l'aile relativement à sa superficie, bien que chacune de ses parties, prises séparément, ne soit pas dans la disposition la plus convenable. (1)

Ayant obtenu la meilleure position à donner aux ailes des moulins à vent, il est question maintenant de déterminer quel avantage il peut résulter de l'augmentation de leur surface, la longueur des ailes restant la même.

Pour cela les ailes furent disposées ainsi que nous l'ayons indiqué dans les numéros 8, 9, 10, 11, 12 et 13, et on ajouta à chacune d'elles une voile triangulaire dont la hauteur était égale à celle de l'aile, et la base à la moitié de sa largeur. La surface des ailes était ainsi augmentée d'un quart, ou dans le rapport de 4 à 5.

Ces ailes furent inclinées dans leurs positions, et de quatre manières différentes (n°s 14, 15, 16 et 17). La plus avanta—

____

(1) Par des expériences faites en grand, j'ai trouvé que les angles suivans donnaient les meilleurs résultats. Le rayon est supposé divisé en six parties. Le premier 1/6 à partir du centre est désigné par 1, et le dernier à extrémité de l'aile par 6.

Numéros.	Angle avec l'axe.	Angle avec le plan du mouvement.
1	72 degrés.	18 degrés.
2	71	19
3	72	18 milieu.
4	74	16
5	77 1/2	12 1/2
6	83	7 extrémité.

geuse fut trouvée celle qui donnait à chaque partie, par
rapport au plan du mouvement, une inclinaison de 2° 1/2 plus
grande que celle trouvée précédemment pour chaque partie
de l'aile non augmentée; ceci est démontré par le produit
820 du n° 15, qui, par rapport au chiffre 639, est bien plus
grand que la proportion de l'augmentation des ailes, qui est de
4 à 5. Il résulte de là qu'une plus grande aile requiert un
plus grand angle, et que quand elle est plus large aux
extrémités que près du centre, sa forme est plus avantageuse
que si elle avait celle d'un parallélogramme (1).

Nous avons ainsi recherché comment les effets produits
peuvent être augmentés par un accroissement de surface sur
le même rayon, dont les numéros 18 et 19 donnent un
exemple. Ces surfaces, cependant, n'étaient point planes et
faisaient un angle de 35 degrés, ainsi que l'a proposé M. *Parent*,
parce que, conformément au numéro 1, nous avons reconnu
que cette position n'avait aucune influence pour rendre les
résultats les plus avantageux. Nous leur avons aussi donné une
inclinaison indiquée par les expériences précédentes, de 12
degrés aux extrémités des ailes, et de 22 à la partie des ailes
la plus inclinée. Par le numéro 18 nous obtenons le produit
1059, plus grand que celui du numéro 15 dans le rapport
de 7 à 9; mais alors l'augmentation de l'aile en surface est
dans un rapport plus grand que celui de 7 à 12. Le numéro
19 nous donne le produit 1165, qui est plus grand que celui
du numéro 15 dans le rapport de 7 à 10; mais l'augmentation de surface est à-peu-près dans le rapport de 7 à 16. Par
conséquent si on eût employé la même quantité de toile et
semblablement disposée comme dans le n° 15, on aurait eu
pour produit 1386 au lieu de 1059. Si la surface de la
voile eût été la même que dans le numéro 19, on aurait ob-

(1) La fig. 3 représente la forme et la manière dont les ailes ont été
construites en grand et au moyen desquelles on a obtenu les meilleurs
résultats. La barre transversale, située à l'extrémité de l'aile, est égale
à 1/3 des rayons ou du *fouet*, ainsi que le désignent les ouvriers, et
est divisée par lui dans la proportion de 3 à 5. Le triangle est couvert
de planches depuis le point le plus bas jusqu'au tiers de la hauteur, le
reste l'est avec de la toile, selon la méthode ordinaire. Les angles
sont ceux indiqués comme les meilleurs, pour les ailes agrandies, dans
la note précédente; mais la pratique a démontré qu'il vaut mieux que
l'angle des voiles soit un peu plus petit que plus grand.

tenu pour produit 1860 au lieu de 1165, ainsi que nous aurons l'occasion de le voir dans la suite de nos expériences.

Il paraît de là, qu'au-delà d'un certain degré, plus on augmente la voile, moins on produit d'effet en proportion des surfaces ; et, en poursuivant nos expériences encore plus loin, nous trouvons que quoique dans le numéro 19 la surface entière de toutes les ailes ne fût que les sept huitièmes de de l'aire circulaire qui les contenait, cependant une augmentation de surface subséquente diminuait plutôt que n'augmentait l'effet produit. Ainsi donc, quand la colonne cylindrique du vent est entièrement interceptée, elle ne produit pas le plus grand effet, à cause de la nécessité qu'il éprouve de s'échapper par des interstices convenables.

Il est certainement désirable que les ailes des moulins à vent soient aussi courtes que possible ; mais il est également nécessaire de n'employer que telle quantité de toile qui ne puisse être endommagée par les bourrasques de vents. La meilleure construction est par conséquent, pour les grands moulins à vent, celle où la quantité de toile est la plus grande possible dans un cercle donné, dans la condition cependant que l'effet produit soit toujours proportionné à la quantité de voile. Car autrement l'effet pourrait être augmenté à un certain degré donné par une moindre augmentation de voile sur un rayon plus grand qu'il ne serait nécessaire si la voile était augmentée sur le même rayon. La forme la plus avantageuse en pratique, est par conséquent celle des numéros 9 ou 10, et des expériences faites sur plusieurs grands moulins l'ont confirmé.

TABLE IV,

Contenant le résultat de six séries d'expériences faites pour déterminer la différence d'effet relative aux différentes vitesses du vent.

(*Note.*) Les ailes étaient de mêmes forme et dimensions que celles des numéros 10, 11 et 12 de la table 3. La durée des expériences était d'une minute.

(*La 4me Table est d'autre part, page 62.*)

Mécanique industrielle, 2me part.　　　　6

Numéros.	1	2	3	4	5	6
Angle à l'extrémité.	50	B	7½	7½	10	10
Vitesse du vent en une seconde.	pd pc 4 4½ 8 9	8 9	4 4½ 8 9	4 4½	4 4½ 8 9	8 9
Nombre de tours, les ailes non chargées.	96	207			91	178
Nombre de tours des ailes au maximun.	66	122	150	65	61	110
Charge au maximun.	livres. 4,47 16,42		4,62 17,52		5,03 18,61	
Plus grande charge.	livres. 5,37 18,06				5,87 21,54	
Produit.	293 2005		300 2278		707 2047	
Maximun de charge pour la moitié de la vitesse.	4,47		4,62		5,03	
Nombre de tours des ailes.	180		180		198	
Produit de la plus petite charge et de la plus grand vitesse.	805		832		795	
Rapport des deux produits.	10:27,3 10:27,8				10:26	
Rapport de la plus grande vitesse à la vitesse au maximun.	10:6,9 10:5,9		10:6,7		10:6,12	
Rapport de la plus grande charge à la charge au maximun.	10:8,3 10:9,1		10:8,5		10:8,7	

(2) *Observation* sur le rapport entre la vitesse des ailes de moulin sans charge, et sur leur vitesse quand la charge est au maximum.

Ces rapports, ainsi qu'il résulte des expériences faites sur différentes espèces d'ailes et sur divers angles, la vitesse du vent étant la même, sont contenus dans la dixième colonne de la table 3. L'on y voit que ces rapports varient depuis celui de 10 : 7, 7 jusqu'à celui de 10 : 5, 8. Mais le rapport le plus général est à-peu-près celui de 3 à 2. Ce rapport s'accorde suffisamment avec celui où la vitesse du vent était différente, avec ceux, par exemple, contenus dans la table 4, colonne 13, qui diffèrent depuis 10 : 6, 9 jusqu'à celui de 10 : 5, 9. Cependant il paraît qu'en général lorsque la puissance est plus grande, soit par l'effet d'une augmentation de surface, soit par l'effet d'une plus grande vitesse de la part du vent, le second terme du rapport est plus faible.

3me *Observation* sur le rapport entre la plus grande charge que les ailes peuvent supporter sans s'arrêter, ou, ce qui revient à-peu-près au même, entre la plus petite charge qui peut les arrêter et la charge au maximum.

Ces rapports, pour différentes espèce d'ailes et diverses inclinaisons, sont réunis dans la colonne 2, table 4, où les extrêmes varient depuis le rapport 10 : 6 à celui de 10 : 9, 2; mais si on ne prend de ces expériences que celles où les ailes étaient respectivement dans la position la plus favorable, les rapports se maintiendront entre ceux-ci, 10 : 8 et 10 : 9, ou le rapport moyen 10 : 8, 3, ou encore 6 : 5. Ce rapport s'accorde encore, à peu de chose près, avec ceux de la colonne 14, table 4. Cependant, en somme, il paraît que quand l'inclinaison des voiles, ou la quantité de toile, est la plus grande, le second terme du rapport est plus faible.

4me *Observation* sur les effets des ailes relativement aux différentes vitesses du vent.

Règle 1re. La vitesse des ailes d'un moulin à vent, chargé ou non chargé, de manière à produire le maximum, est à-peuprès proportionnelle à la vitesse du vent, la forme et la position des ailes restant les mêmes.

Ceci résulte de la comparaison respective des nombres contenus dans les colonnes 4 et 5, table 4, ou dans les numéros 2, 4, et 6 dont les nombres devraient être doubles de ceux des numéros 1, 3 et 5. Mais comme la déviation n'est pas supérieure à celle qui peut être imputée aux inexactitudes des expériences entr'elles ; que d'ailleurs ce rapport est très-exact dans les numéros 3 et 4 qui sont déduits d'une moyenne d'expériences faites avec soin le même jour, et qui ont une relation plus intime avec eux, nous pouvons en conclure par conséquent que la règle est vraie.

Règle 2. La charge au maximum est presque mais cependant un peu plus petite que dans le rapport du carré de la vitesse du vent, la forme et la position des ailes étant les mêmes.

Ceci résulte de la comparaison respective des nombres contenus dans la colonne 6, table 4 ; ou ceux des numéros 2, 4 et 6 (puisque la vitesse est double) doivent être le quadruple de ceux des numéros 1, 3 et 5 ; tandis qu'ils sont moindres dans le numéro 2 de $1/14$, dans le numéro 4 de $1/19$, et dans le numéro 6 de $1/13$. La plus grande de ces variations n'est pas plus forte que celle qui est inséparable des erreurs qu'on peut commettre en faisant les expériences : mais comme ces expériences, ainsi que celles correspondantes à la plus grande charge, divergent toutes dans le même sens, et coïncident aussi avec quelques-unes des expériences qui m'ont été communiquées par M. Rouse, sur la résistance des plans, je suis amené à supposer une légère déviation, d'où il résulterait que la charge est dans un rapport moindre que le carré des vitesses ; et puisque les expériences numéros 3 et 4 sont les plus dignes de confiance, nous conclurons que quand la vitesse est double, la charge est moindre que celle relative à la proportion établie de $1/19$, ou en nombre rond, de $1/20$.

Règle 3. Les effets des mêmes ailes chargées au maximum, sont à-peu-près mais de quelque chose moindre que dans le rapport du cube de la vitesse du vent.

Il a déjà été prouvé, règle 1re, que la vitesse des voiles au maximum est à-peu-près proportionnelle à celle du vent ; et par la règle 2, que la charge au maximum est à-peu-près dans le rapport du carré de la même vitesse. Si ces deux règles existaient réellement, il en résulterait que l'effet serait dans un rapport triple.

La manière dont ceci s'accorde avec l'expérience sera démontrée par la comparaison des produits de la colonne 8, table 4, ou de ceux des numéros 2, 4 et 6 qui (la vitesse étant double) doivent être huit fois plus grands que ceux des nos 1, 3 et 5; tandis qu'ils sont plus petits de $1/7$ dans le numéro 2, de $1/20$ dans le numéro 4, et de $1/6$ dans le numéro 6. Maintenant, d'après les numéros 3 et 4, comme le nombre de tours des voiles est proportionnel à la vitesse du vent, et puisque la charge au maximum est, à moins de $1/20$ près, proportionnelle au carré de cette vitesse, le produit résultant de la multiplication du nombre de tours par la charge doit être également, à moins de $1/20$ près, proportionnel au cube de la vitesse du vent.

Règle 4. La charge des mêmes ailes au maximum est environ comme le carré, et leur effet comme le cube du nombre de tours dans un temps donné.

Cette règle peut être considérée comme une conséquence des trois précédentes; car si le nombre de tours des voiles est en raison de la vitesse du vent, une quantité quelconque qui serait dans un rapport donné avec cette vitesse sera également dans le même rapport avec le nombre de tours des ailes : il suit de là que la charge au maximum étant proportionnelle au carré de la vitesse du vent, et l'effet produit au cube de cette même vitesse, à moins d'un vingtième quand la charge est double, la charge au maximum suivra aussi le même rapport du carré des vitesses, l'effet du cube du nombre de tours, à un vingtième près, dans un temps donné, en supposant un nombre double de tours dans ce même temps. A présent, si nous comparons les charges au maximum, colonne 6, avec les carrés des nombres de tours, colonne 5, des numéros 1 et 2, 5 et 6, ou les produits des mêmes nombres, colonne 8, avec le cube des nombres de tours, colonne 5, au lieu d'être plus petits que ceux des numéros 3 et 4, ils excéderont ces rapports; mais comme les séries d'expériences des numéros 1 et 2, de 5 à 6, ne méritent pas autant de confiance que celle des numéros 3 et 4, nous ne devons pas nous appuyer sur elles pour conclure que, en comparant les effets en grand des grandes machines, la proportion directe des carrés et des cubes, respectivement, aura lieu avec autant de régularité que les effets eux-mêmes peuvent être observés.

Ainsi donc, la règle donnée précédemment peut être suffisante pour la pratique.

Règle 5me. Quand les voiles sont chargées de manière à produire le maximum par une vitesse donnée, et que la vitesse du vent accroît, la charge continuant à rester la même; l'accroissement d'effet, quand l'accroissement du vent est faible, sera à-peu-près comme le carré de la vitesse; 2° quand la vitesse du vent est double, ces effets seront à-peu-près comme 10 : 27 1/2; mais 3° quand les vitesses relatives sont plus que doubles de celle où la charge donnée produit un maximum, les effets augmentent à-peu-près dans le rapport simple de la vitesse du vent.

On a déjà prouvé, règles 1re et 2me, que quand la vitesse du vent est accrue, le nombre de tours des ailes s'accroît dans une semblable proportion, même quand la charge opposée est dans le rapport du carré de la vitesse; ainsi donc, si la charge opposée n'augmente pas dans la proportion du carré de la vitesse, les nombres de tours des ailes s'augmenteront encore dans le rapport simple de la vitesse du vent, c'est-à-dire la charge continuant à rester la même, le nombre de tours des ailes dans un temps donné sera comme le carré de la vitesse du vent; et, dans ce cas, l'effet étant proportionnel au nombre de tours des ailes, le sera aussi au carré de la vitesse du vent. Mais ceci doit s'entendre seulement pour le premier accroissement de vitesse de la part du vent. Car comme, en second lieu, les ailes ne sauraient jamais acquérir au-delà d'une vitesse donnée, quoique la charge soit diminuée à rien, quand la charge continue à être la même, et que la vitesse du vent augmente, l'effet continue à s'accroître, bien qu'il reste en dessous de celui qui est relatif au carré de la vitesse. De telle sorte qu'en supposant la vitesse du vent doublée, au lieu de s'accroître dans la proportion de 1 à 4, ou bien, ce qui est la même chose, dans le rapport du carré des vitesses, les effets s'augmenteront, ainsi que le démontre l'expérience dans le rapport de 10 à 27 1/2.

Dans la table 4, colonne 9, la charge des numéros 2, 4 et 6 est la même que celle correspondante au maximum de charge dans la colonne 6 des numéros 1, 5 et 5; le nombre de tours des ailes avec ces charges, quand la vitesse du vent est double,

est indiqué dans la colonne 10, et les produits de leur multiplication dans la colonne 11 : en les comparant avec les
produits des numéros 1, 3 et 5, colonne 8, ils fournissent
les rapports donnés dans la colonne 12, qui, en ayant
égard aux numéros 3 et 4, donneront à-peu-près le rapport
moyen de 10 : 27 1/2. En troisième lieu, la charge restant la
même, elle diminue sensiblement d'effet, relativement à la
puissance du vent et à son accroissement de vitesse, si bien
que le nombre de tours des ailes s'approche davantage et
coïncide de plus en plus avec le nombre de tours des ailes
non chargées, c'est-à-dire, de plus en plus près du rapport
simple de la vitesse du vent. Quand la vitesse du vent est
double, le nombre de tours des ailes, quand elles sont chargées au maximum, est également double ; mais non chargées,
il deviendra plus que triple, comme nous l'avons fait voir
plus haut ; ainsi donc le produit ne peut croître au-delà du
rapport de 10 à 30 (au lieu de 10 : 27 1/2), en admettant
même que les ailes n'aient point été retardées en supportant
le maximum de charge avec la moitié de la vitesse.

Nous voyons par là que, quand la vitesse du vent excède
le double de celle où une charge constante produit un maximum, l'accroissement d'effet qui suit l'accroissement de la
vitesse des ailes sera à-peu-près comme la vitesse du vent,
et finalement dans ce rapport même. On voit aussi par là
que les moulins à vent, semblables, par exemple, à ceux qui
servent à élever l'eau, arroser, etc., perdent beaucoup de leur
effet total quand ils agissent contre une résistance invariable.

5me *Proposition* concernant les effets des ailes d'une différente grandeur, leur forme, les positions étant semblables,
et la vitesse du vent la même.

Règle 6. Dans les ailes de figure et de position semblables, le nombre de tours dans un temps donné sera réciproque au rayon ou à la longueur de l'aile.

La traverse de l'extrémité ayant la même inclinaison par
rapport au plan du mouvement et au vent, la vitesse au maximum sera toujours dans un rapport défini avec la vitesse
du vent ; et par conséquent, quel que soit le rayon, la vitesse absolue de l'extrémité de l'aile sera toujours la même.

Il en sera de même relativement à toutes les autres traverses dont l'inclinaison est semblable à une distance proportionnelle du centre; par conséquent il s'ensuit que l'extrémité de toutes les ailes semblables, avec un même vent, auront absolument la même vitesse, et que le temps employé à achever une révolution sera en proportion des rayons; ou, ce qui est la même chose, le nombre de révolutions dans un temps donné sera réciproque à la longueur des ailes.

Règle 7. La charge au maximum que des ailes d'une semblable forme et dans une semblable position peuvent surmonter à une distance donnée du centre de mouvement, sera comme le cube des rayons.

La géométrie nous apprend que dans des figures semblables, les surfaces sont entr'elles comme le carré de leurs côtés homologues; en conséquence, la quantité de voile sera proportionnelle au carré du rayon; de même, dans des positions et formes semblables d'ailes, l'impulsion du vent sur chaque section semblable de toile sera en proportion de la surface de cette section : par conséquent, l'impulsion du vent sur toutes ces sections sera proportionnelle à la surface entière. Mais comme la distance de chaque section semblable, à partir du centre du mouvement est proportionnelle au rayon, la distance du centre de la puissance entière au centre du mouvement sera également en proportion du rayon, c'est-à-dire que le levier au bout duquel la puissance agit sera proportionnel au rayon. Ainsi donc, l'impulsion du vent relativement à la quantité de toile est proportionnelle au carré du rayon, et le levier par lequel il agit est proportionnel simplement au rayon; il s'ensuit que la charge que les ailes peuvent vaincre à une distance donnée du centre est proportionnelle au cube du rayon.

Règle 8. L'effet des ailes de formes et de positions semblables est proportionnel au carré de leur rayon.

La règle 6 prouve que les nombres de révolutions achevées dans un temps donné sont inversement proportionnels aux rayons; il résulte de la règle 7, que la longueur ou le levier par lequel la puissance agit, est directement proportionnel au rayon; par conséquent ces rapports égaux mais opposés se détruisent l'un par l'autre. Mais comme dans des figures semblables la quantité de voile est dans le rapport du carré du rayon, et l'action du vent en proportion de la quantité de voile, conformément à la 7e règle, il s'ensuit que l'effet est dans le rapport du carré du rayon.

Corollaire 1. Il suit de ce que nous venons de dire, qu'en augmentant la longueur des ailes sans augmenter la quantité de toile, on n'augmente pas la puissance, parce que ce qui est gagné en longueur de levier est perdu par la lenteur du mouvement de rotation.

Corollaire 2. Si les ailes sont augmentées en longueur, leur largeur restant la même, l'effet sera proportionnel au rayon.

6e *Proposition* concernant la vitesse de l'extrémité des ailes des moulins à vent, relativement à la vitesse du vent.

Règle 9. La vitesse de l'extrémité des ailes à la hollandaise, aussi bien que des ailes élargies, dans toutes leurs positions habituelles, non chargées ou même chargées au maximum, est considérablement plus rapide que la vitesse du vent.

Les ailes hollandaises non chargées, table 3, n⁰ 8, font 120 révolutions en 52 secondes; le diamètre des ailes est de 3 pieds et 6 pouces; la vitesse de leurs extrémités sera de 25, 4 pieds par seconde; mais la vitesse du vent qui la produit étant de 6 pieds dans le même temps, nous aurons la proportion 6 : 25, 4 : : 1 : 4, 2. Ainsi donc, dans ce cas, la vitesse des extrémités était 4, 2 fois plus grande que celle du vent. De la même manière, la vitesse relative du vent, à l'extrémité des mêmes ailes, quand elles sont chargées au maximum, faisant 93 tours en 52 secondes, sera dans le rapport de 1 à 3, 3, ou 3, 3 fois plus rapide que celle du vent.

La Table suivante contient 6 exemples d'ailes hollandaises et quatre exemples d'ailes élargies, sous diverses positions, mais avec une vitesse constante de vent de 6 pieds par seconde. (Voyez table 3.) Elle contient aussi six exemples d'ailes hollandaises en diverses positions, avec différentes vitesses de la part du vent. (Voyez table 4.)

(La Table 3 est d'autre part, page 70).

TABLE V,

Contenant le rapport de la vitesse de l'extrémité des ailes des moulins à vent, relativement à celle du vent.

Numéros.	Numéros des tables 3 et 4.	Angle à l'extrémité des ailes.	Vitesse du vent en une seconde.	Rapport de la vitesse du vent et de l'extrémité des ailes,		
				sans charge,	chargées.	
1	8	0	6, 0	1 : 4,2	1 : 3,3	
2	9	3	6, 0	1 : 4,2	1 : 2,8	
3	10	5	6, 0		1 : 2,75	Extrait de la table 3.
4	11	7 1/2	6, 0	1 : 4	1 : 2,7	
5	12	10	6, 0	1 : 3,8	1 : 2,6	
6	13	12	6, 0	1 : 3,5	1 : 2,3	
7	14	7 1/2	6, 0	1 : 4,3	1 : 2,6	
8	15	10	6, 0	1 : 4,1	1 : 2,6	
9	16	12	6, 0	1 : 4	1 : 2,3	
10	17	15	6, 0	1 : 3,35	1 : 2,2	
11	1	5	4, 4 1/2	1 : 4	1 : 2,8	Table 4.
12	2	5	8, 9	1 : 4,3	1 : 2,6	
13	3	7 1/2	4, 4 1/2		1 : 2,8	
14	4	7 1/2	8, 9		1 : 2,7	
15	5	10	4, 4 1/2	1 : 3,8	1 : 2,6	
16	6	10	8, 9	1 : 3,4	1 : 2,3	
1	2	3	4	5	6	

Il paraît, d'après ces exemples, que quand les extrémités des ailes hollandaises sont parallèles au plan du mouvement, ou à angle droit par rapport au vent et à l'axe, selon la méthode-pratique adoptée généralement en Angleterre; il paraît, dis-je, que leur vitesse sans charge est plus que 4 fois, et avec charge au maximum, plus que trois fois plus grande que celle du vent. Mais que quand les ailes hollandaises, ou les ailes élargies, sont dans leur meilleure position, leur vitesse sans charge est quatre fois celle du vent; et avec charge au maximum, la vitesse des ailes hollandaises est 2, 7 fois, et celle des ailes élargies, 2, 6 fois plus grande que celle du vent. Nous pouvons, par ce moyen, connaître la vitesse du vent en observant celle des moulins à vent. En effet, connaissant le rayon et le nombre de tours en une minute, nous aurons la vitesse des extrémités; laquelle, divisée par les diviseurs qui suivent, donnera la vitesse du vent.

Ailes hollandaises dans leur position ordinaire, { non chargées, 4, 2. chargées, 5, 3.

Ailes hollandaises dans leur meilleure position; { non chargées, 4, 0. chargées, 2, 7.

Ailes élargies dans leur meilleure position, { non chargées, 4, 0. chargées, 2, 6.

On peut obtenir, au moyen de ces divisions, les résultats qui suivent :

En supposant que les rayons soient de 30 pieds, c'est-à-dire tels qu'on les emploie ordinairement dans ce pays, et le moulin chargé au maximum, comme tel est aussi le cas ordinaire des moulins à blé, pour chaque 3 tours dans une minute, relativement aux ailes hollandaises dans leur position la plus ordinaire, la vitesse du vent sera de deux milles à l'heure; pour chaque 5 tours à la minute, relativement aux ailes hollandaises dans leur position la plus avantageuse, la vitesse du vent sera de 4 milles à l'heure ; enfin 6 tours par minute des ailes élargies, dans la position la plus avantageuse, correspondront à une vitesse de la part du vent de 5 milles à l'heure.

La Table suivante me fut communiquée par mon ami, M. Rouse, dressée avec beaucoup de soin au moyen d'un grand nombre de faits et d'expériences, elle a une relation avec le sujet de notre travail; je la donne ici telle qu'il me l'a envoyée; mais en même temps je dois observer que les nombres où la vitesse du vent excède 50 milles à l'heure ne me paraissent pas mériter une égale confiance que ceux relatifs à la vitesse de 50 milles et au-dessous. Je dois observer aussi que les nombres de la 5e colonne sont calculés d'après le carré de la vitesse du vent, qui, dans les vitesses modérées, d'après ce qui a été précédemment observé, s'accorde, à très-peu de chose près, avec l'expérience.

TABLE VI,

Contenant la vitesse et la force du vent, d'après la manière dont on le désigne ordinairement.

Vitesse du vent.		Force perpendiculaire sur une surface d'un pied, en livres.	Désignation commune de l'espèce de vent.
En milles par heure.	En pieds par seconde.		
1	1,47	0,005	A peine sensible.
2	2,93	0,020	} Sensible.
3	4,40	0,044	
4	5,87	0,079	} Jolie brise.
5	7,33	0,123	
10	14,67	0,492	} Bon frais.
15	22,00	1,107	
20	29,34	1,968	} Grande brise.
25	36,67	3,075	
30	44,01	4,429	} Grand vent.
35	51,34	6,027	
40	58,68	7,873	} Vent très-fort.
45	66,01	9,963	
50	73,35	12,300	Tourmente ou tempête.
60	88,02	17,715	Grande tempête.
80	117,36	31,490	Ouragan.
100	146,70	49,200	Ouragan qui arrache les arbres, abat les maisons, etc.
1	2	3	

7º *Proposition* concernant l'effet absolu produit par une vitesse déterminée du vent, sur des ailes d'une grandeur et d'une construction données.

Les praticiens ont observé que quand les moulins à ailes hollandaises, situés dans les positions ordinaires, faisaient 13 tours par minute, ils produisaient un travail moyen, c'est-à-dire conformément au dernier article, quand la vitesse du vent est de 8 2/3 milles à l'heure, ou 12 2/3 pieds par seconde, ce qui constitue, en langage vulgaire, un vent frais.

Les expériences données dans la table 4, numéro 4, ont été faites avec un vent dont la vitesse était de 8 3/4 pieds à la seconde; par conséquent si elles se fussent faites avec un vent dont la vitesse eût été de 12 2/3 pieds à la seconde, l'effet, d'après la règle 3º, eût été trois fois plus grand, puisque le cube de 12 2/3 est trois fois plus grand que celui de 8 3/4.

D'après la table 4, numéro 4, nous voyons que les ailes, quand la vitesse du vent en une seconde était de 8 2/3 pieds, faisaient 130 révolutions par minute, avec une charge de 17, 52 livres. Mais d'après les mesures de la machine qui précèdent l'exposition des expériences, nous trouvons que vingt révolutions des ailes élevaient le plateau et le poids de 11, 3 pouces; 130 révolutions auraient donc soulevé le plateau de 73, 45 pouces, qui, multipliés par 17, 52 livres, font un produit de 1287 pour l'effet des ailes hollandaises, situées dans la position la plus avantageuse, et quand la vitesse du vent est de 8 3/4 pieds par seconde. Par conséquent, si on multiplie ce produit par trois, nous trouverons 3861 pour l'effet des mêmes ailes quand la vitesse du vent est de 12 2/3 pieds par seconde.

Désaguliers estime que la plus grande force qu'un homme, travaillant plusieurs heures de suite, puisse exercer, est égale à celle qui serait nécessaire pour élever un muid d'eau à une hauteur de 10 pieds dans une minute. Maintenant, si après avoir réduit le muid qui contient 63 gallons, en livres, avoir du poids, et la hauteur en pouces, on multiplie les nombres qui en résulteront entr'eux, on trouvera le chiffre 76800 19 fois plus grand que le produit des ailes dont il a été question ci-dessus à 12 1/2 pieds de vitesse par seconde.

Si, conformément à la règle 8e, nous multiplions la racine carrée de 19, c'est-à-dire 4, 46 par 21 pouces, longueur des ailes produisant l'effet 3861, nous aurons 93, 66 pouces, ou 7 pieds et 9 2/3 pouces pour le rayon d'une aile hollandaise, qui, dans la position la plus avantageuse, donne une puissance égale à celle moyenne d'un homme. Mais si elle était dans la position ordinaire, la longueur devrait s'accroître dans le rapport de la racine carrée de 442 à celle de 639, comme nous allons le faire voir.

Le rapport des produits au maximum des numéros 8 et 11, table 3, est de 442 à 639 ; mais, par la règle 8, les effets des ailes de différens rayons sont proportionnels au carré des rayons ; par conséquent les racines carrées des produits ou effets sont simplement proportionnelles aux rayons, et la racine carrée de 442 est à celle de 639, comme 93,66 est à 112,66, ou 9 pieds 4 2/3 pouces.

Si ce sont des ailes élargies, alors, d'après les numéros 11 et 15 de la table 3, nous aurons la proportion, la racine carrée de 820 est à la racine carrée de 639, comme 93, 66 est à 82, 8 pouces, ou 6 pieds 10 3/4 pouces. Ainsi, en nombre rond, le rayon de l'aile, d'une forme semblable à celle des modèles dont la puissance moyenne est égale à celle de l'homme, sera :

Pour les ailes hollandaises dans leur position
    ordinaire,   9 1/2 p.

Pour les ailes hollandaises dans leur position
    la plus avantageuse,   8

Pour les ailes élargies dans la position la plus
    avantageuse,   7

Supposons maintenant que le rayon de l'aile soit de 30 pieds, et qu'elle soit construite sur le modèle des ailes élargies des numéros 14 et 15, table 3. Divisant 30 par 7, nous aurons 4, 28 dont le carré est 18, 3 ; ce sera, conformément à la règle 7, la puissance relative d'une aile de 30 pieds comparée à celle de 7 pieds. C'est-à-dire qu'à un travail moyen, l'aile de 30 pieds sera égale à la puissance de 18, 3 hommes, ou 3, 2/3 chevaux, en admettant que la force d'un cheval soit équivalente à celle de 5 hommes. Puisque l'effet des ailes ordinaires hollandaises, de la même longueur, est moindre dans la proportion de 820 à 442, il sera à peine égal à la puissance de 10 hommes ou de 2 chevaux.

J'ai eu la faculté de vérifier que ces calculs ne sont pas simplement spéculatifs, mais qu'ils peuvent très-bien s'appliquer aux travaux en grand ; car dans un moulin appliqué à deux meules verticales destinées à écraser de la graine de navette pour en obtenir de l'huile, les ailes avaient 30 pieds de longueur; j'ai observé que quand elles faisaient 11 tours par minute, dans lequel cas la vitesse du vent était d'environ 13 pieds par seconde, d'après l'article 6, les meules faisaient 7 tours par minute : cependant deux chevaux appliqués aux mêmes meules leur faisaient faire à peine 3 tours et demi dans le même temps. Enfin on a reconnu la supériorité réelle des ailes élargies sur les ailes hollandaises, non-seulement dans les cas où elles ont été appliquées à de nouveaux moulins, mais encore quand elles ont été substituées aux autres.

8me *Observation* sur les moulins à vent horizontaux et les roues à eau à aubes obliques.

En observant les effets des moulins à vent ordinaires, à ailes obliques, plusieurs personnes ont été amenées à imaginer que si les ailes étaient disposées de manière à recevoir l'impulsion du vent de la même manière qu'un vaisseau qui navigue vent arrière, on obtiendrait un grand bénéfice dans la puissance motrice. D'autres observateurs, en considérant l'effet extraordinaire et même inattendu des moulins à vent à ailes obliques, ont pensé qu'un système semblable, présenté au choc de l'eau en vue d'en faire un moulin à eau, offrirait autant d'avantage sur les roues à aubes verticales, que les moulins ordinaires à ailes obliques en présentent sur les moulins horizontaux.

Ces idées, et particulièrement la première, ont une apparence si plausible de réalité qu'il ne s'est point passé d'années, depuis quelque temps, sans qu'on ait cherché à les mettre à exécution. Il entre dans notre objet spécial de chercher à éclaircir cette matière.

Soit *fig.* 5, A B, la section d'un plan sur lequel le vent souffle dans la direction C D avec une vitesse telle qu'il parcourt l'espace donné B E dans un temps également donné (supposons en une seconde); admettons aussi que A B se meuve dans un sens parallèle à lui-même, dans la direction C D. Maintenant, si le plan se meut avec la même vitesse que le vent, c'est-à-dire si le point B se meut au travers de l'espace B E dans le même temps qu'une particule d'air se mouvra au travers du même espace, il est évident que, dans ce cas, le plan ne supportera aucune impulsion de la part du vent. Mais si le plan se meut plus lentement que le vent dans la même direction, de telle sorte que B arrive en F pendant le temps que la particule d'air passera de B en E, alors B F représentera la vitesse du plan; et la vitesse relative du vent sera exprimée par la ligne F E. Admettons que le rapport de F E à B E soit donné (égal à 2 : 3); supposons aussi que A B représente l'impulsion du vent sur A B quand il agit avec toute sa vélocité B E, et que quand il agit avec sa vitesse relative F E, son impulsion soit représentée par quelque partie aliquote de A B, comme A B par exemple; dans ce cas les 4/9 du parallélogramme A F représenteront la puissance mécanique du plan, c'est-à-dire 4/9 A B × 1/3 B E.

2° Soit I N la section du plan incliné de telle façon que la base I K du triangle rectangle I K N soit égale à A B; soit aussi la perpendiculaire N K = B E; admettons que le plan I N soit choqué par le vent dans la direction L M perpendiculaire à I K; dans ce dernier cas, d'après les lois connues des forces obliques, l'impulsion du vent sur le plan I N tendant à le mouvoir selon la direction L M ou N K, sera exprimée par la base I K. Et la portion d'impulsion tendant à le mouvoir selon cette direction, sera exprimée par la perpendiculaire N K. Admettons que le plan I N ne puisse se mouvoir que dans la direction seule de I K, c'est-à-dire le point I selon I K, et le point N selon N Q, d'une manière parallèle; il est évident maintenant que si le point I se meut de la quantité I K pendant qu'une particule d'air parcourt N K, ils arriveront tous les deux en même temps au point K; et par conséquent, dans ce cas aussi, il n'y aura lieu à aucune pression ou impulsion de la part de l'air sur le plan I N. Maintenant soit 10 : I K : : B F : B E. Supposons aussi que le plan I N se meuve à une vitesse telle que le point I arrive en O et que le plan I N prenne la position O Q dans le même temps qu'une particule de vent emploiera à se mouvoir au travers de N K; comme O Q est parallèle à I N, d'après la propriété des triangles semblables, elle coupera N K en un point P, de telle manière que N P = B F, et P K = F E; d'où il résulte que le plan I N, en prenant la position O Q, se soustrait lui-même à l'action du vent, de la même quantité N P que le plan A B, en acquérant la position F G; par conséquent, de ce que P K et F E sont égaux, l'impulsion relative du vent P K sur le plan O Q sera égale à l'impulsion relative du vent F E sur le plan F G; et puisque l'impulsion du vent sur A B, avec la vitesse relative F E dans la direction B E, est représentée par $^4/_9$ A B, l'impulsion relative du vent sur le plan I N, dans la direction N K, sera, de la même manière, représentée par $^4/_9$ I K; et l'impulsion du vent sur le plan I N, avec la vitesse relative P K dans la direction I K, sera représentée par $^4/_9$ N K; ainsi donc la puissance mécanique du plan I N, dans la direction I K, sera les $^4/_9$ du parallélogramme I Q, c'est-à-dire $^1/_3$ I K $\times$ $^4/_9$ N K : et puisque I K = A B et N K = B E, nous aurons $^4/_9$ I Q = $^1/_3$ A B $\times$ $^4/_9$ B E = $^4/_9$ A B $\times$ $^1/_3$ B E = $^4/_9$ de l'aire du parallélogramme A F.

Proposition générale.

Tous les plans situés d'une manière quelconque, qui interceptent la même section de vent et ayant la même vitesse relative, par rapport à celle du vent, ces deux dernières étant réduites à la même direction, ont une égale puissance pour produire des effets mécaniques.

En effet ce qui est perdu par l'obliquité de l'impulsion est récupéré par la vitesse du mouvement.

Il en résulte qu'une aile oblique comparée à une aile dont la surface est directe, n'éprouve point de désavantage sous le rapport de la puissance; excepté, toutefois, celui qui provient de la diminution de sa largeur par rapport à la section du vent, la largeur I N étant réduite par l'obliquité à I K.

Le désavantage des moulins horizontaux, par conséquent, ne consiste pas en ce que chaque aile, quand elle est directement exposée au vent, est capable de produire une puissance moindre qu'une aile oblique de la même dimension; mais en ce que, dans un moulin horizontal, il n'y a qu'un peu plus qu'une aile qui agit; tandis que dans les moulins ordinaires les quatre ailes agissent à la fois. Ainsi donc, en supposant chaque aile d'un moulin horizontal de la même dimension qu'une aile d'un moulin ordinaire, il est évident que la puissance d'un moulin vertical avec quatre ailes sera quatre fois plus grande que celle d'un moulin horizontal, quel que soit le nombre d'ailes dont il soit muni. Ce désavantage découle de la nature même de l'appareil.

Mais si l'on considère celui qui résulte de la difficulté qu'éprouvent les ailes postérieures à remonter contre le vent, etc., on ne sera pas étonné que cette espèce de moulin ne produise pas la 8e et même la 10e partie de la puissance des moulins ordinaires, ainsi que quelques essais l'ont démontré.

De la même manière, peu d'avantages doivent être retirés de l'application des roues à palettes obliques au moulin à eau. Car la puissance d'une même section du courant d'eau n'est pas plus grande quand elle agit sur une aile oblique, que quand elle agit sur une aile directe; et l'avantage qu'on peut obtenir en interceptant une plus grande section, ce qui peut arriver dans une rivière ouverte, sera contre-balancé par la résistance supérieure qu'éprouvera chaque aile à se mouvoir à angle droit par rapport au courant; tandis que les aubes des roues ordinaires des moulins à eau se meuvent à très-peu de chose dans la direction même du courant.

On peut se demander ici, comment, puisque notre démonstration géométrique est générale, et qu'elle prouve que les angles d'obliquité sont aussi bons les uns que les autres, il résulte de nos expériences qu'un certain angle est préférable à tous les autres. On doit observer que si la largeur de l'aile I N est donnée, plus l'angle K I N sera grand, plus la base I K sera petite, c'est-à-dire plus la section de vent interceptée sera petite; d'un autre côté, plus l'angle K I N sera aigu, plus la perpendiculaire K N sera petite; c'est-à-dire l'impulsion du vent dans la direction I K étant moindre, et la vitesse de l'aile plus grande, la résistance du milieu sera aussi plus grande; il résulte de là que puisque d'un côté il y a diminution de la section de vent interceptée, et augmentation de résistance de l'autre, il y a un certain angle où le désavantage qui résulte de ces causes est le plus faible; mais comme le désavantage provenant de la résistance est plutôt une considération physique que géométrique, le meilleur angle sera reconnu par l'expérience.

Scholie.

En faisant les expériences contenues dans les tables 3 et 4, les différentes pesanteurs spécifiques de l'air, qui varie indubitablement à diverses époques, produisirent une différence dans la charge, proportionnellement à la différence de gravité spécifique de l'air, bien que la vitesse du vent fût la même; la variation de pesanteur spécifique de l'air peut résulter non-seulement de la variation de pesanteur de toutes les colonnes d'air, mais encore de la différence de température de ce même air, et peut-être aussi d'autres causes. Mais les irrégularités qui pouvaient résulter de la différence de pesanteur spécifique, furent jugées trop petites pour être estimées avant que les expériences fussent faites et leurs résultats comparés. Cependant après, les résultats obtenus et des expériences subséquentes firent penser que les variations dont il s'agit étaient capables de produire sur les expériences un effet peu considérable il est vrai, mais cependant sensible : toutefois, comme toutes les expériences furent faites dans la saison d'été, pendant le jour, et à couvert, nous pouvons supposer que la principale source d'erreur provenait de la charge variable de la colonne atmosphérique, à différentes époques. Mais comme rarement elle varie du 15e de son poids total, et que tous les résultats déduits de nos expériences proviennent de la moyenne d'un grand nombre d'expériences, dont beaucoup ont été faites dans des circonstances différentes, il est à présumer qu'elles doivent s'approcher beaucoup de la vérité, et être suffisantes pour servir de règle aux constructions pratiques de ces espèces de machines, pour lesquelles ces expériences ont été particulièrement entreprises.

Note.

Il ne nous a pas paru inutile d'ajouter ici quelques réflexions particulières sur les moulins horizontaux ; ces espèces de machines ayant été l'objet de beaucoup d'applications peu raisonnées de la part des mécaniciens et surtout des ouvriers. Ainsi, par exemple, on a supposé que des moulins horizontaux dont les ailes rétrogrades étaient effacées jusqu'au point de départ, époque où le vent commence à agir d'une manière efficace au mouvement, ne présentaient que très-peu de résistance au mouvement. C'est une erreur, à notre avis.

Pour asseoir notre opinion, nous supposons une roue horizontale plongée entièrement dans un fluide quelconque en mouvement, que par des dispositions mécaniques on soit parvenu à maintenir une moitié des surfaces d'une moitié de la roue, de manière à se présenter perpendiculairement au choc du fluide, tandis que les surfaces de l'autre moitié sont effacées. Il est évident que l'équilibre étant détruit, la roue tournera en vertu de l'impulsion du fluide sur les surfaces normales.

La même chose aura lieu sur une roue semblable, plongée entièrement et perpendiculairement dans l'eau. Les surfaces d'une moitié de la roue étant effacées, tandis que celles de l'autre moitié se présentent perpendiculairement au choc de l'eau, il en résultera nécessairement un mouvement de rotation plus ou moins rapide.

De tels procédés mécaniques ont été mis en usage, soit pour faire avancer les navires dans l'eau, soit pour faire marcher les ballons dans l'air ; ils ont échoué ; et sans en donner numériquement la cause, nous allons l'expliquer d'une manière générale.

Les roues disposées telles que nous venons de les décrire, sont animées, dans toutes leurs parties, d'un mouvement uniforme ; celles qui obéissent à l'impulsion du fluide, comme celles dont la vitesse est opposée à sa direction. Les premières représentent la puissance motrice, les secondes une puissance opposée au mouvement. La puissance des premières est proportionnelle seulement au carré de la différence de vitesse, entre celle du vent et celle de la surface qui obéit à son impulsion. La puissance opposée des se-condes, quoique effacées, est proportionnelle au carré d'une vitesse double de celle des surfaces efficaces ; en effet, à leur vitesse propre, égale à celle des surfaces efficaces, il faut ajouter celle du vent qui est plus grande. Ainsi donc, pour gagner le point où elles agiront d'une manière favorable au mouvement, elles seront obligées de refouler le vent avec une vitesse plus que double de la vitesse des ailes.

Or, les résistances étant proportionnelles au carré de la vitesse, il s'ensuit que la résistance des ailes effacées et au bout des rayons, sera égale au produit de ces surfaces effa-cées par le carré d'une vitesse plus grande que le double de celle des aubes efficaces. Ainsi donc, la résistance est consi-dérable, et d'autant plus que les ailes seront moins effacées, ou que leur battement sera plus sensible. Telle est la cause qui a fait échouer la plupart des essais qui ont été tentés pour donner, par ce moyen, une impulsion et un mouvement pro-gressifs, soit aux bateaux sous-marins, soit aux ballons qui flottent dans un fluide moins dense, il est vrai, mais également homogène dans la sphère d'activité. Nous ne croyons pas hors de propos de rappeler ici que nous avons eu déjà l'oc-casion de signaler à l'attention du public les causes de non-réussite des essais qui ont été tentés depuis long-temps, pour donner l'impulsion progressive aux bateaux par des organes entièrement submergés. Ces essais infructueux, et les moyens de pourvoir à ce qu'ils ont de défectueux, ont été consignés, avec quelques détails, dans un ouvrage que j'ai publié, il y a quelques années, sous le nom de *Manuel du Capitaine du Chauffeur* de bâtiment à vapeur (1). Nous engageons le lecteur à y recourir.

(1) Chez RORET, libraire, rue Hautefeuille, N° 10 bis.

EXAMEN EXPÉRIMENTAL

De la quantité et proportion de puissance mécanique qu'il est nécessaire d'employer pour donner certains degrés de vitesses aux corps graves en passant du repos au mouvement.

Pour la première fois, en 1686, *Isaac Newton* publia ses principes, et conformément au langage des mathématiciens de l'époque, il adopta cette définition, que la quantité de mouvement est égale à la vitesse multipliée par la quantité de matière. Peu après cette publication, l'exactitude de cette définition fut contestée par certains philosophes qui prétendaient que la mesure de la quantité de mouvement devait s'estimer en prenant le produit de la masse par le carré de la vitesse. Ce qu'il y a de certain, c'est que des forces impulsives égales, agissant pendant des temps égaux, font acquérir aux corps des accroissemens de vitesse égaux quand le milieu ambiant ne présente point de résistance. Ainsi, la gravité donne à un corps qui obéit à son action pendant une seconde de temps, une vitesse qui, sans l'addition d'aucune autre impulsion, peut lui faire parcourir 32 pieds 2 pouces de chute. Et si la gravité continue d'agir pendant deux secondes, le corps acquerra une vitesse qui lui fera parcourir un intervalle double, c'est-à-dire de 64 pieds 4 pouces. Ainsi donc, si par suite de cet accroissement égal de vitesse dans un accroissement égal de temps, résultat de la continuité de la même force impulsive, nous définissons par double quantité de mouvement celle qui est engendrée dans un corps d'une masse donnée par l'action de la même puissance d'impulsion dans un temps double, notre définition s'accordera avec celle de Newton, que nous avons mentionnée plus haut. Tandis qu'il résulte de l'expérience que l'effet des corps mis en mouvement par une cause quelconque, sur les milieux d'égale résistance, ou sur une matière uniformément distribuée, sera, comme la masse de la matière du corps en mouvement, multipliée par le carré de sa vitesse. La question est donc de savoir si les termes de quantité de mouvement, moment des corps en mouvement, ou puissance de corps en mouvement, qui ont été généralement considérés comme synonymes, doivent être, à parler plus correctement, regardés comme des quantités simples, doubles ou triples, qui seraient le produit d'une égale impulsion agissant en temps égal, double ou triple; ou si ces termes peuvent s'adapter à la mesure des effets égaux, doubles ou triples, que peut vaincre un corps en mouvement avant d'être arrêté; car, suivant que ces termes seront entendus dans un sens ou dans l'autre, il s'ensuivra nécessairement que les momens de corps égaux seront respectivement entr'eux comme les vitesses ou comme le carré de ces mêmes vitesses. Il est certain que, quelle que soit la définition que l'on emploie pour la quantité de mouvement, en tenant compte des circonstances particulières dans l'application de cette définition, la même conclusion produira les mêmes résultats dans le calcul. Je n'aurais pas cru ce sujet digne d'occuper la société, si je n'avais trouvé que, non-seulement moi-même et d'autres artistes-praticiens, mais encore beaucoup d'autres écrivains recommandables, avaient commis quelques erreurs en appliquant ces doctrines aux machines-pratiques, et en négligeant d'avoir égard aux circonstances particulières qui différencient les expressions. Quelques-unes de ces erreurs sont non-seulement très-importantes en elles-mêmes, mais encore d'une conséquence grave pour le public, en ce qu'elles tendent à induire journalièrement les ouvriers en fautes et en dépenses ruineuses et sans résultats. Je citerai à l'appui les exemples suivans.

Désaguliers, dans le second volume de sa philosophie expérimentale traitant de la question relative aux forces des corps en mouvement, après avoir fait beaucoup d'effort pour démontrer que la dispute qui durait depuis 50 années n'était qu'une discussion de mots, et qu'on devait arriver à des mêmes conclusions quand les choses étaient comprises comme elles devaient l'être, soit qu'il fût question de l'ancienne opinion, soit qu'il fût question de la nouvelle, ainsi qu'il les distinguait lui-même; nous dit que l'une et l'autre opinion peuvent être conciliées dans le cas suivant, savoir: que la roue à aubes d'un moulin à eau est susceptible de fournir un travail quadruple au lieu du double seulement, quand la vitesse de l'eau est doublée, puisque, dit-il, l'ouverture d'écoulement étant la même, nous trouvons que comme la vitesse de l'eau est double, il y a un nombre double de particules d'eau qui s'échappent, et que dès-lors les aubes sont choquées par une quantité de matière double, laquelle matière se mouvant avec une vitesse également double de celle dans le premier cas, l'effet total doit être quadruple, quoique le choc instantané de chaque particule s'accroît seulement dans le simple rapport de la vitesse.

On voit aussi dans le même volume, leçon 12, page 424, relativement à ce qui a été dit au paragraphe précédent, que la connaissance des particularités que nous venons de mentionner est absolument nécessaire pour l'exécution d'une roue à aubes.

Mais l'avantage qu'on peut en recueillir serait encore à trouver, et on ne connaîtrait pas le dernier degré de perfection si nous n'avions pas l'ingénieuse proposition du savant mécanicien, M. Parent, de l'académie royale des sciences, qui a déterminé le maximum d'effet dans le cas dont il s'agit, en démontrant qu'une roue à aubes produit le plus grand travail quand sa vitesse est égale au tiers de celle de l'eau qui la choque, parce qu'alors les deux tiers de l'eau sont employés à pousser la roue avec une force proportionnelle au carré de sa vitesse ; si nous multiplions la surface de la vanne par la hauteur de l'eau, nous aurons le volume de la colonne d'eau qui fait mouvoir la roue. La roue ainsi mise en mouvement pourra soutenir, en sens contraire, une charge égale seulement aux quatre neuvièmes du poids qui la maintiendra en équilibre ; mais la charge avec laquelle elle pourra se mouvoir, avec la vitesse qu'elle possède, sera le tiers de celle qui la maintient en équilibre, c'est-à-dire les 4/27 du poids de la colonne d'eau. Tel est le plus grand effet qu'on puisse en espérer.

La même conclusion a été adoptée par *Maclaurin*. Voyez l'article 907, page 728 de son ouvrage sur les fluxions, dans lequel, donnant le calcul fluxionnaire déduit de la proposition de M. Parent, il dit que : si A représente la charge qui peut balancer la force du courant quand sa vitesse est *a*, et V, la vitesse de la partie de l'appareil qu'il choque quand le mouvement est uniforme, etc., la machine produira le plus grand effet quand U sera égal à $a/3$, c'est-à-dire que si le poids qui est soulevé par la machine est plus faible que celui qui peut balancer la puissance dans le rapport de 4 à 9, le moment de la charge sera $\dfrac{4\,\mathrm{A}\,a}{27}$.

Trouvant que ces conclusions s'écartaient beaucoup de la vérité et voyant, par plusieurs autres circonstances, que la théorie-pratique des moulins à eau était imparfaitement établie par plusieurs auteurs que j'ai pu consulter (1), je commençai, en 1751, une série d'expériences à ce sujet. Ces expériences et les conclusions que j'en tirai furent communiquées à la société royale, qui les fit imprimer dans le volume 21me des transactions philosophiques pour l'année 1759; ces communications me valurent l'honneur de recevoir des mains du respectable président de la société, le comte de Macclesfield, la médaille annuelle fondée par sir Godfrey Copley. Je ne sache pas que ces expériences et conclusions aient été contestées jusqu'à ce jour; et ayant été depuis chargé de la construction d'un grand nombre de moulins qui furent tous exécutés sur les principes qu'on peut en déduire, j'ai eu par cela même la faculté de comparer les effets produits avec ceux prévus par le calcul : l'accord que j'ai constamment trouvé entre eux me paraît établir complètement l'exactitude des principes sur lesquels ces moulins furent exécutés, soit en grand soit en petit.

Relativement aux déductions exposées par Désaguliers dans le premier exemple sus-mentionné, et que j'ai trouvé être admises comme principe théorique et mécanique, j'ai démontré, dans mon premier essai, que quand la vitesse de l'eau est double, l'ouverture de la vanne restant la même, l'effet est huit fois plus considérable; ce qui n'est pas dans le rapport

---

(1) Bélidor, dans son architecture hydraulique, préfère beaucoup les roues à aubes frappées par-dessous aux roues à augets qui reçoivent l'impulsion de l'eau par-dessus; et il cherche à démontrer que l'eau appliquée aux roues à aubes produit six fois plus d'effet que sur les roues à augets. Voyez le volume premier, page 186. Désaguliers, cependant, s'efforçant à prouver le contraire de ce qu'avance Bélidor, donne de beaucoup la préférence aux roues à augets frappées par-dessus, et dit (note sur la 12me leçon, volume 2, page 532), qu'il a reconnu par expérience, qu'une roue de moulin à augets, bien faite,

du carré, mais bien dans celui du cube des vitesses. Les mêmes résultats sont trouvés pour la puissance du vent, relativement à la différence des vitesses.

La conclusion du second exemple mentionné plus haut, et qui est adopté par Maclaurin et Désaguliers, n'est pas moins éloignée de la vérité que la précédente ; car si cette conclusion était réelle, les $4/27$ seulement de l'eau dépensée pourraient être élevés à la hauteur du réservoir, et cela sans compter la diminution due à toutes les espèces de frottement, c'est-à-dire, en somme, il en résulterait une quantité moindre que le 7me de la masse entière. Or on a vu, par mes expériences, table 1re, que dans quelques-unes d'entre elles, bien qu'elles eussent été faites sur une petite échelle, le travail produit était équivalent à l'élévation d'une quantité d'eau égale au quart de l'eau dépensée. Dans une machine en grand, l'effet est encore plus considérable ; il approche de la moitié, quantité qui paraît être la limite d'effet des roues à aubes, de même que la quantité totale serait la limite d'effet des roues à augets, s'il était possible d'annihiler complètement la résistance du frottement, ainsi que celle de l'air, etc.

De même, la vitesse de la roue, qui, selon la détermination de M. Parent, adoptée par Désaguliers et Maclaurin, ne doit pas être plus grande que le tiers de celle de l'eau, varie, dans le cas du maximum, d'après les expériences de la table 1re, entre le tiers et la moitié. Mais dans tous les cas relatés, dans lesquels le plus grand travail est produit en proportion de l'eau dépensée, dans les machines exécutées sur une grande échelle et avec soin, le maximum est plus voisin de la moitié que du tiers. La moitié semble être le vrai maxi-

pourra moudre, dans le même temps, autant de blé avec dix fois moins d'eau ; si bien qu'entre Bélidor et Désaguliers il n'y a pas moins qu'une différence de 60 à 1.

Bélidor, vol. 2, page 72, dit encore que le centre de gravité de chaque aile d'un moulin à vent, parcourt sa circonférence avec le tiers de la vitesse de celle du vent. Si bien qu'en prenant la distance de ce centre de gravité au centre de mouvement de 20 pieds, ainsi qu'il l'admet page 38, article 849, la circonférence parcourue excédera 126 pieds anglais. Un vent, par conséquent, qui pourrait faire faire 20 tours par minute, comme cela a lieu fréquemment quand il est frais et quand toutes les ailes sont étendues, devrait donc avoir une vitesse de 18 milles par heure ; c'est la vitesse des plus forts ouragans que nous éprouvions dans nos climats.

mum, si rien n'est perdu par la résistance de l'air, le jaillis-
sement de l'eau qui est entraînée avec la roue et qui s'échappe
par la force centrifuge, etc., toutes circonstances qui tendent
à diminuer l'effet maximum beaucoup davantage que quand
le mouvement est plus lent.

Trouvant, par mes expériences, que les opinions et les calculs des auteurs de première réputation qui raisonnaient
d'après la définition Newtonienne, divergeaient sur ces matières aussi bien que sur d'autres, en raison de ce qu'ils ne te-
naient pas compte des circonstances particulières, qui tendirent
à les modifier, je crus qu'il serait utile aux praticiens qu'ils
pussent faire usage d'un raisonnement qui ne serait pas susceptible de les induire en erreur : c'est pourquoi, afin de rendre cette matière parfaitement claire à moi-même et en même
temps aux autres, je résolus d'entreprendre une série d'expériences desquelles on peut déduire la proportion ou quantité de puissance mécanique qu'il est nécessaire de dépenser
pour donner au même corps divers degrés de vitesses (1). C'est
ce que je fis dans l'année 1759; et mes expériences furent
communiquées à plusieurs de mes amis parmi lesquels se trouvait M. William Russel.

Dans mes recherches expérimentales, relatives à la puissance
de l'eau et du vent, j'ai défini ce que j'entendais par puissance,
quand ce terme est applicable à la mécanique-pratique; c'est

(1) La cause de ces erreurs de raisonnement sur la définition de Newton, relative à la mesure du mouvement, n'est pas parfaitement exacte.
Désaguliers raisonne correctement, aussi loin que son raisonnement s'é-
tend, page 77. La force exercée sur les aubes est dans le rapport qu'il
a assigné; mais la vitesse de la roue doit s'accroître jusqu'à ce qu'elle
soit en relation de la vitesse du courant comme auparavant, et ainsi la
force sur la roue sera comme le carré, et le travail exécuté comme le cube
de la vitesse; si Désaguliers n'entendait pas la chose ainsi, il se contre-
disait lui-même dans le dernier paragraphe, quand il établit que la colonne d'eau frappe la roue avec une force proportionnelle au carré de
la vitesse, et avec une vitesse égale au tiers de celle de l'eau.

L'erreur de *Parent* et *Maclaurin* est d'une nature toute différente.
Ils supposent que l'impulsion du liquide est proportionnelle au carré de
la différence de vitesse entre le courant et la roue. Ceci paraît vrai
dans le cas seul où l'aube choque l'eau. Et la proportion réelle quand
l'eau pousse la roue, est la différence entre le carré de vitesse du courant, auparavant et après son action sur la roue. L'application de cette
théorie est indiquée dans des notes précédentes.

ce que j'appelle maintenant puissance mécanique; termes synonymes de ceux que j'ai employés pour indiquer le résultat de la multiplication du poids d'un corps par la hauteur perpendiculaire d'où il peut descendre. De même, ce poids descendant d'une hauteur double est capable de produire un effet mécanique double, et constitue dès-lors une puissance mécanique double. Un poids double descendant d'une hauteur simple constitue également une puissance double, puisqu'il est aussi capable de produire un double effet; et un corps donné, descendant d'une hauteur perpendiculaire donnée, est la même chose qu'un corps double descendant d'une hauteur perpendiculaire moitié; car, par l'intermédiaire de leviers convenables, ils se feront mutuellement équilibre d'après les lois connues de la mécanique, lesquelles n'ont jamais été contestées. Cependant un corps descendant, servant à la mesure d'une puissance, doit s'entendre dans ce sens qu'il descend lentement comme le poids d'une horloge ou d'un tourne-broche; car s'i descendait rapidement, il est évident qu'il supporterait les effets d'une autre loi composée, savoir la loi de l'accélération par la gravité.

Description de l'Appareil qui a servi aux Expériences.

(Fig. 6.)

A B est la base de la machine placée sur une table.

A C un pilier ou support.

C D est un bras sur l'extrémité duquel est fixé un plateau, fg, ici vu de côté: au travers de ce plateau on a pratiqué une petite ouverture pour recevoir un petit pivot d'acier et fixé à l'extrémité supérieure de l'axe eB; l'extrémité inférieure de cet axe se termine par une pointe d'acier conique qui repose sur une petite cuvette d'acier trempé dur et poli en B.

H I est un cylindre de sapin qui passe au travers d'une ouverture pratiquée dans l'axe et qui s'y trouve fixée. Sur les deux bras de ce cylindre peuvent glisser deux masses cylindriques de plomb K et L, d'un égal calibre, et qui sont toutes deux capables d'être arrêtées à certaines distances de l'axe vertical, au moyen de deux petits coins en bois. Les deux poids étant ainsi disposés à égales distances de l'axe vertical et perpendiculaire, le tout sera en équilibre sur le point B, et susceptible d'être mis en mouvement par une force impulsive, avec très-peu de frottement.

Sur la partie supérieure de l'axe on a ménagé deux tambours cylindriques M, N. Le diamètre de M étant le double de celui de N ; tous deux en *o* et *p* sont munis d'une petite cheville.

Q est une pièce susceptible de glisser en haut ou en bas, selon l'occasion ; elle comporte une légère poulie R, d'environ trois pouces de diamètre, et supportée sur un essieu d'acier, et tourne sur deux petits pivots. Le plan de la poulie n'est pas toutefois dirigé sur le milieu de l'axe vertical, mais un peu par côté, de telle sorte qu'il occupe la position moyenne comprise entre la surface du grand tambour et celle du petit.

S est un léger plateau destiné à recevoir les poids, il est soutenu par les branches d'un petit cordon qui passe sur la poulie et vient s'arrêter, soit sur le grand tambour, soit sur le petit, à volonté. La pièce glissante Q est placée à la hauteur correspondante de chaque tour, de telle sorte que la ligne soit horizontale. L'extrémité de cette ligne ou cordon, terminée par une boucle, s'accroche à la cheville *o* ou *p*, selon que l'expérience doit se faire sur le plus grand ou le plus petit tambour.

Ayant enveloppé, d'un certain nombre de tours de ligne, le tambour, et ayant placé un poids dans le plateau S, il est évident qu'il obligera l'axe à se mouvoir circulairement ; les bras suivront ce mouvement, ainsi que les masses de plomb, qui sont les corps graves destinés à être mis en mouvement par l'impulsion du poids placé sur la balance. Quand la ficelle s'est déroulée jusqu'à la boucle qui s'accroche sur la cheville, elle se détache, le plateau et son poids tombent, et ils cessent dès-lors d'accélérer le mouvement des corps graves. Ces derniers, cependant, en raison de leurs vitesses acquises, continuent à tourner pendant quelque temps, jusqu'à ce que le frottement de l'air et celui du pivot, qui sont peu considérables, aient entièrement détruit leur mouvement.

Dimensions de quelques parties de la Machine.

	pouces.
Diamètre des cylindres en plomb, ou corps graves,	2,57
Longueur,	1,56
Diamètre du trou pratiqué dans leur milieu,	0,72
Le poids de chaque masse de plomb est de 3 livres, avoir du poids.	
Plus grande distance du milieu de chaque corps grave au centre de l'axe,	8,25
Plus petite distance,	3,92
10 tours du petit baril élèvent le plateau de la même quantité que 5 du grand, c'est-à-dire	25,25

Quand les corps graves sont à la plus petite distance ci-dessus mentionnée, à partir de l'axe de rotation, ils sont en réalité à la moitié de la distance la plus grande de cet axe; car puisque l'axe lui-même et les bras cylindriques de bois sont à une distance invariable de l'axe de rotation, les corps graves eux-mêmes doivent être rapprochés plus que de la moitié de leur première distance, pour que la masse combinée de tout l'appareil mobile soit elle-même à la moitié de cette distance. Pour trouver cette demi-distance approximativement, je fixais, à l'opposite d'un des bras, un levier de même bois; un des corps graves ayant été placé sur ce levier, à la distance de 8,25 pouces, tout l'appareil fut incliné de manière à former une espèce de pendule fournissant 92 pulsations à la minute; et comme un pendule d'une demi-longueur doit vibrer plus rapidement dans le rapport de $1/1$ à $1/2$, c'est-à-dire approximativement dans le rapport de 92 à 130, on chercha par tâtonnement la place où la masse de plomb fournissait la quantité de 130 vibrations; or on trouva qu'il fallut l'écarter de l'axe de rotation de 3,92 pouces pour obtenir 130 vibrations, distance plus courte que la moitié d'environ 2/10 de pouce. Les doubles bras furent alors replacés et marqués d'après les indications obtenues précédemment, les corps graves furent mis à poste, et le tout fut préparé pour être soumis à l'expérience. Ces expériences furent répétées assez de fois pour que les résultats en parussent satisfaisans.

Table d'Expériences.

Numéros de l'expérience.	Poids dans la balance, en onces, avoir du poids.	Tambour employé. M est le grand, N le petit.	Bras de levier employé. W est le bras entier, H la moitié.	Nombre de tours du cordon sur les tambours.	Temps de la chute du poids dans la balance.	Temps employé à faire 20 révolutions d'un mouvement uniforme.
1	8	M	W	5	14 1/4	29
2	8	N	W	10	28 1/4	29 1/4
3	8	N	W	2 1/2	14 1/4	58 1/2
4	32	M	W	5	7	14
5	32	N	W	10	14	14 3/4
6	32	N	W	2 1/2	7	28 3/4
7	8	M	H	5	7	14 3/4
8	8	N	H	10	14	15
9	8	N	H	2 1/2	7	30 1/4
1	2	3	4	5	6	7

Les 58 1/2 secondes portées dans le n° 5 de la 7e colonne, résultèrent de ce que le corps mit 29'' 1/4 pour achever 10 révolutions avec un mouvement uniforme, et cela afin de prévoir le retard sensible qui aurait eu lieu et qui aurait affecté l'expérience s'il se fût continué aussi lentement pendant 20 révolutions.

Définitions nouvelles.

J'ai déjà indiqué ce que j'entends par puissance mécanique ; mais avant de passer outre il devient nécessaire d'expliquer aussi les termes suivans :

Par les mots *d'impulsion*, de force ou *puissance impulsive*, ou *de pression*, j'entends la force uniforme qu'un corps exerce sur un autre pour le mettre en mouvement, que ce mouvement se produise ou non ; et la quantité de cette force impulsive peut être mesurée par son propre poids, s'il est possible de le peser, ou, dans le cas contraire, par un poids qui lui fait équilibre. La force impulsive peut également agir sur un corps qui doit être mis en mouvement, de telle façon qu'étant animée d'une égale vitesse, elle soit l'effet du contact immédiat, ou le résultat de la traction d'une corde ou de la poussée d'un levier. D'après les moyens de transmission, la vitesse transmise peut être différente de celle du moteur. Mais pour comparer ces vitesses, celle de la force motrice doit être rapportée à celle du corps auquel elle a été communiquée, ou bien les leviers de communication doivent être comparés ou ramenés à une longueur définie ou commune. C'est ainsi que nous avons procédé dans les expériences précédentes ; par conséquent, une puissance impulsive, composée d'un poids double, ou qui, pour être équilibrée, requiert un poids double agissant sur des leviers égaux, est une puissance motrice double, ou de double intensité.

Observations et Conclusions tirées des Expériences précédentes.

1° Il paraît, d'après la première expérience, que la puissance mécanique employée, et qui consistait en seize onces placées dans le plateau de la balance, descendant librement (il y avait cinq tours de cordon sur le plus grand tambour) d'une hauteur perpendiculaire de 25 1/4 pouces, représente la quantité ou la puissance mécanique qui peut obliger les deux corps graves d'acquérir, en partant de l'état de repos, une vitesse égale à celle qui leur faisait parcourir uniformément 20 circonférences dans l'espace de 29 secondes. Il paraît aussi, d'après les nombres de la 6me colonne, que le temps pendant lequel le pouvoir mécanique a produit cet effet, est de 14 1/4 secondes. Nous pourrons exprimer cette puissance mécanique par le nombre 202, qui n'est autre que le produit du nombre d'onces contenues dans le plateau par le nombre de pouces de descente perpendiculaire ou de

$$8 + 25\ 1/4 = 202.$$

2° Par la seconde expérience il résulte, de ce que 10 tours du petit tambour reproduisent la même hauteur perpendiculaire que 5 tours du grand, que la même puissance mécanique, savoir 202 agissant sur les mêmes corps graves pour accélérer leur mouvement, produisent le même effet pour engendrer le mouvement des corps, savoir 30 révolutions en 29 1/4 secondes: la petite différence d'un 1/4 de seconde n'étant pas si grande qu'elle ne puisse être raisonnablement attribuée aux erreurs inévitables dues au frottement de la machine, à l'imperfection des moyens de mesurage, à la résistance de l'air, et au défaut d'exactitude dans l'observation; mais comme la force impulsive agit ici sur un levier moitié de la première longueur, et conséquemment avec une intensité moitié de la première, relativement aux corps mis en mouvement, elle requiert exactement le double de temps pour engendrer sur eux la même vitesse.

Conclusion. Il paraît de là que le même pouvoir mécanique est capable de produire la même vitesse sur un corps grave déterminé, quel que soit le temps pendant lequel il agit; mais que le temps employé pour produire une vitesse déterminée par une action continuée uniformément, est dans un rapport simple et inverse de l'intensité de la force impulsive.

3° La troisième expérience étant faite avec deux tours et demi du petit tambour, le même poids de 8 onces dans le plateau descendant seulement d'un quart de la première hauteur perpendiculaire, la puissance motrice employée sera seulement la quatrième partie de la première, savoir 50 1/2. Mais comme le quart de la puissance mécanique produit la moitié de la première vitesse dans les corps graves, c'est-à-dire qu'ils fournissent 20 révolutions en 58 1/4 secondes, ce qui revient à-peu-près à 10 révolutions en 29 secondes ; nous pouvons en conclure que la puissance mécanique employée à produire le mouvement, est dans le rapport du carré de la vitesse produite dans le même corps, et que cette vitesse est dans le rapport du temps pendant lequel la puissance motrice d'une intensité égale continue d'agir. C'est ce que prouve l'accord des chiffres contenus dans les n°s 2 et 3, 6me colonne.

4° Dans la quatrième expérience, l'appareil est le même que dans la première, seulement dans celle-ci le poids dans le plateau est de 32 onces, c'est-à-dire que la force impulsive est quadruple de la première ; les corps acquièrent ici une vitesse double, ils font 20 révolutions en 14 secondes, c'est-à-dire un peu moins que la moitié du temps employé à obtenir 20 révolutions dans la première expérience. On voit aussi que la vitesse produite est dans un rapport simple de la puissance impulsive et une fonction du temps de son action ; car une force quadruple qui n'agit que pendant 7 secondes, au lieu de 14, engendre une vitesse double, pendant que la puissance mécanique consommée à la produire est quadruple ; en effet $32 + 25 \cdot 1/2 = 808$. Et ici la puissance mécanique employée étant quadruple de la première, il en résulte aussi que cette puissance est dans le rapport du carré de la vitesse produite, qui est aussi celui qu'indique la 3° expérience, dans laquelle la puissance mécanique consommée n'est que le quart de la première.

5° Les 5° et 6° expériences furent faites avec une puissance mécanique quatre fois plus grande que celle employée dans les numéros 2 et 3. Et puisqu'il en résulte les mêmes conséquences que les numéros 2 et 3, elles donnent une nouvelle confirmation des conclusions qu'on en a tirées, ainsi que de celles du dernier article.

6° Dans la 7° expérience on a placé les corps graves à la demi-distance qui avait été déterminée préalablement et marquée sur les bras. Or cette expérience démontre de nouveau que la même puissance mécanique produit une égale vitesse dans les mêmes corps : en effet, bien que la 7e colonne montre que 20 révolutions aient été les résultats de 14 3/4, c'est-à-dire environ la moitié du temps qui fut nécessaire à 20 révolutions dans la première expérience, cependant, puisque les cercles décrits dans la 7e expérience sont la moitié de ceux que les corps graves ont décrits dans la première, il en résulte évidemment que les vitesses réelles affectées aux corps graves dans les deux circonstances, sont absolument les mêmes. Or on voit par la 6e colonne que l'intervalle employé pour produire cette vitesse, est moitié de celui qui fut consommé pour produire la vitesse obtenue dans la première expérience; il y a donc concordance avec les premières conclusions, si on tient compte de l'intensité de la puissance mécanique.

Car bien que le tambour sur lequel s'enveloppait le cordon fût le même dans chaque expérience, et qu'il fit la même quantité de tours, et qu'ainsi la puissance mécanique agissait sur le même levier, cependant, en raison de ce que les corps graves sur lesquels cette puissance s'exerçait étaient situés à une distance moitié du centre de rotation, la même force qui agissait sur le premier levier, agirait, d'après les lois reçues de la mécanique, avec une double énergie sur le second, c'est-à-dire que pour s'opposer au mouvement, ou faire équilibre, un poids double serait nécessaire. Ainsi donc, une force motrice double, agissant pendant la moitié du temps, fournit le même résultat pour produire le mouvement qu'une puissance motrice d'une intensité moitié moindre agissant pendant le temps entier.

7° Les huitième et neuvième expériences apportent les mêmes conséquences et confirmations, relativement à la 7e expérience, que la cinquième et la sixième relativement à la quatrième, déduction faite des petites irrégularités dues aux pertes de puissance résultant des variations de mouvement par la masse des poids dans le plateau. Je vois que nous pouvons conclure de ces expériences où la puissance impulsive a varié de 1 à 16, que relativement à la faculté dont jouissent les corps en mouvement, de produire des effets mécaniques, et relativement à la quantité de puissance mécanique né-

cessaire pour produire (dans des corps d'égales masses)
le mouvement, c'est une loi universelle de la nature, que
la puissance mécanique à dépenser est dans le rapport
du carré des vitesses qu'on veut produire, et *vice versâ*; et
que les vitesses simples engendrées sont dans le rapport des
puissances impulsives combinées avec, ou multipliées par le
temps de l'action, et *vice versâ*.

Nous donnerons peut-être une idée encore plus claire du
rapport qui existe entre les vitesses produites et la quantité
de puissance mécanique dépensée pour la produire, ainsi
que des circonstances additionnelles par lesquelles ces deux
propositions, différentes en apparence, peuvent être conciliées et reconnues, en donnant la démonstration suivante et
vulgaire qui me fut suggérée dans le principe. En réfléchis-
sant à ce sujet, c'est elle qui donna lieu à la construction de
l'appareil que j'ai imaginé et décrit ci-dessus, ainsi qu'aux
expériences établies précédemment.

Supposons une grande boule de fer de 10 pieds de diamètre, tournée et exactement sphérique, et reposant sur un
plan de métal parfaitement dressé et de niveau. Maintenant
si une personne se propose de la mettre en mouvement, elle
s'apercevra que cette boule oppose d'abord une grande résistance au mouvement. Mais en continuant à la pousser, elle
mettra le corps graduellement en mouvement; n'ayant d'autre
résistance à vaincre que l'air, elle finirait par lui imprimer
une vitesse égale à celle qu'elle peut acquérir elle-même en
courant.

Supposons maintenant que, pendant la première minute,
cette personne ait fait parcourir à la boule de fer un espace
d'un mètre; par suite de ce mouvement qui commence de
l'état de repos (de même que dans la chute des graves), la
boule continuerait à rouler en avant avec une vitesse de deux
mètres par minute, sans être aidée d'une nouvelle impulsion;
mais en supposant que l'on continue à agir sur elle jusqu'au
bout d'une autre minute, on lui communiquera une vitesse
capable de la transposer à deux mètres plus loin, qui, ajoutés
à la vitesse que possédait la boule à la fin de la première minute, feront ensemble 4 mètres de vitesse à la fin de la seconde minute. Après la troisième minute, le moteur ayant
continué d'agir, aura imprimé une vitesse de 6 mètres par
minute, et ainsi de suite en augmentant la vitesse de deux

mètres par minute. L'homme, par conséquent, dans l'espace de chaque minute, exerce une égale impulsion sur la boule et produit une égale augmentation de mouvement; ce qui s'accorde avec la définition d'Isaac Newton. Cela posé, voyons ce qui arrive : un mètre a été parcouru pendant la première minute, mais il est bien évident que pendant la seconde minute il doit parcourir deux mètres en sus pour ne pas abandonner la boule, et comme il produit sur elle cette même impulsion qui, au terme de la seconde minute, aurait produit une vitesse en plus de deux mètres, il est nécessaire ainsi que, dans la même période, sa propre vitesse se modifie dans la proportion de deux mètres à quatre. Dans la seconde minute, il sera donc obligé, en parcourant trois mètres, de prendre une vitesse moyenne entre celles qui correspondent au commencement et à la fin de la seconde minute. Ainsi donc, du départ à l'arrivée, au commencement de la seconde minute, il y a un mètre, et la somme des espaces parcourus à la fin de cette seconde minute, sera en tout de quatre mètres à partir du point de départ.

Maintenant, comme on a imprimé à la boule une vitesse de quatre mètres par minute, dans la troisième minute la force impulsive devra parcourir quatre mètres pour ne pas abandonner la boule, et un mètre de plus pour produire un égal accroissement de vitesse ; si bien que, dans la troisième minute, elle doit parcourir cinq mètres pour continuer d'agir sur la boule de la même manière que dans la première minute. Cinq mètres parcourus pendant la 3e minute, plus 4 mètres parcourus dans les deux minutes premières, fourniront un intervalle de 9 mètres, parcouru depuis le moment du départ. La boule a acquis, par conséquent, une vitesse uniforme capable de lui faire fournir un espace de 6 mètres par minute, ainsi que nous l'avons établi plus haut.

Nous ne pousserons pas plus loin ces proportions, mais nous allons voir comment elles se calculent.

Le moteur engendrait une vitesse de deux mètres par minute ; pendant la première minute le carré de deux est 4, et le moteur a été déplacé d'un mètre. A la fin de la 3e minute, le moteur avait produit une vitesse de 6 mètres par minute en se déplaçant de 9 mètres, le carré de 6 est 36. Maintenant, puisque le carré de la vitesse engendrée à la fin de la première minute est à celui de la vitesse engendrée à la fin de la si toutefois la force motrice peut continuer d'agir. Ainsi donc, 1000 tonneaux d'eau descendant d'une hauteur perpendiculaire de 20 pieds, étant, comme nous l'avons dit plus haut, la puissance mécanique donnée, si on dépense cette quantité d'eau en une heure, et qu'il faille une autre heure pour qu'elle se renouvelle en 24 heures, on ne pourra consommer que 12 fois cette quantité. Mais si à mesure que l'on consomme 1000 tonneaux d'eau en une heure, la rivière renouvelle cette eau en pareille quantité, la même quantité de force motrice se renouvellera 24 fois en 24 heures, et la machine continuera de travailler avec uniformité, son travail deviendra proportionnel au temps, qui en sera dès-lors la mesure commune; la puissance mécanique qui résulte de l'écoulement des deux rivières, comparée par intervalles égaux, est double dans l'un, et simple dans l'autre, quoique chacune d'elles soit affectée à un moulin capable de moudre une pareille quantité de blé en une heure.

EXPÉRIENCES

SUR LA COLLISION DES CORPS.

Il est universellement reconnu que les principes de la science ne sauraient être trop critiqués ou examinés, afin d'être établis sur des bases solides. Ceci s'applique plus spécialement à ceux qui, ayant rapport avec les opérations de la mécanique-pratique, ont une influence si marquée sur l'activité humaine. Un sentiment de cette espèce a donné lieu à mon traité de la puissance mécanique. Ce que nous allons dire est un supplément à ce traité; les expériences qui en dérivent n'étaient pas alors terminées, par suite de circonstances particulières.

Je me propose maintenant de démontrer que les principes de la collision des corps sont les mêmes que ceux qui règlent la génération graduée du mouvement, à partir de l'état de repos; c'est-à-dire que, soit que les corps soient mis en mouvement gradué, ou uniformément accéléré, pour passer de l'état de repos à une vitesse graduée, soit que le mouvement puisse être le résultat d'un effet instantané, quand les corps d'une certaine nature se choquent l'un contre l'autre, le mouvement, ou la somme des mouvemens produits, a la même relation avec la puissance mécanique que nous avons définie, et qui est nécessaire pour produire le mouvement voulu. Pour le prouver, et en même temps montrer quelques erreurs capitales, qui, dans le principe, furent regardées comme des vérités incontestables par des savans distingués, je me suis déterminé de nouveau à examiner ce même sujet.

Je serais entraîné trop loin s'il fallait rendre compte de toutes les erreurs particulières dans lesquelles sont tombées plusieurs personnes; je me contenterai d'observer que les lois de la collision, qui ont été l'objet des investigations de plusieurs mathématiciens philosophes, sont principalement de trois genres, savoir : celles qui régissent les corps parfaitement élastiques, celles qui régissent les corps tout-à-fait non élastiques parfaitement mous, enfin celles des corps par-

cessaire pour produire (dans des corps d'égales masses)
le mouvement, c'est une loi universelle de la nature, que
la puissance mécanique à dépenser est dans le rapport
du carré des vitesses qu'on veut produire, et *vice versâ*; et
que les vitesses simples engendrées sont dans le rapport des
puissances impulsives combinées avec, ou multipliées par le
temps de l'action, et *vice versâ*.

Nous donnerons peut-être une idée encore plus claire du
rapport qui existe entre les vitesses produites et la quantité
de puissance mécanique dépensée pour la produire, ainsi
que des circonstances additionnelles par lesquelles ces deux
propositions, différentes en apparence, peuvent être conciliées et reconnues, en donnant la démonstration suivante et
vulgaire qui me fut suggérée dans le principe. En réfléchis-
sant à ce sujet, c'est elle qui donna lieu à la construction de
l'appareil que j'ai imaginé et décrit ci-dessus, ainsi qu'aux
expériences établies précédemment.

Supposons une grande boule de fer de 10 pieds de diamètre, tournée et exactement sphérique, et reposant sur un
plan de métal parfaitement dressé et de niveau. Maintenant
si une personne se propose de la mettre en mouvement, elle
s'apercevra que cette boule oppose d'abord une grande résistance au mouvement. Mais en continuant à la pousser, elle
mettra le corps graduellement en mouvement; n'ayant d'autre
résistance à vaincre que l'air, elle finirait par lui imprimer
une vitesse égale à celle qu'elle peut acquérir elle-même en
courant.

Supposons maintenant que, pendant la première minute,
cette personne ait fait parcourir à la boule de fer un espace
d'un mètre; par suite de ce mouvement qui commence de
l'état de repos (de même que dans la chute des graves), la
boule continuerait à rouler en avant avec une vitesse de deux
mètres par minute, sans être aidée d'une nouvelle impulsion;
mais en supposant que l'on continue à agir sur elle jusqu'au
bout d'une autre minute, on lui communiquera une vitesse
capable de la transposer à deux mètres plus loin, qui, ajoutés
à la vitesse que possédait la boule à la fin de la première minute, feront ensemble 4 mètres de vitesse à la fin de la seconde minute. Après la troisième minute, le moteur ayant
continué d'agir, aura imprimé une vitesse de 6 mètres par
minute, et ainsi de suite en augmentant la vitesse de deux

Mécanique industrielle, 2me *part.*   9

mètres par minute. L'homme, par conséquent, dans l'espace de chaque minute, exerce une égale impulsion sur la
boule et produit une égale augmentation de mouvement; ce
qui s'accorde avec la définition d'Isaac Newton. Cela posé,
voyons ce qui arrive : un mètre a été parcouru pendant la
première minute, mais il est bien évident que pendant la
seconde minute il doit parcourir deux mètres en sus pour ne
pas abandonner la boule, et comme il produit sur elle cette
même impulsion qui, au terme de la seconde minute, aurait
produit une vitesse en plus de deux mètres, il est nécessaire
ainsi que, dans la même période, sa propre vitesse se modifie
dans la proportion de deux mètres à quatre. Dans la seconde
minute, il sera donc obligé, en parcourant trois mètres, de
prendre une vitesse moyenne entre celles qui correspondent au
commencement et à la fin de la seconde minute. Ainsi donc,
du départ à l'arrivée, au commencement de la seconde minute, il y a un mètre, et la somme des espaces parcourus à
la fin de cette seconde minute, sera en tout de quatre mètres
à partir du point de départ.

Maintenant, comme on a imprimé à la boule une vitesse de
quatre mètres par minute, dans la troisième minute la force
impulsive devra parcourir quatre mètres pour ne pas abandonner la boule, et un mètre de plus pour produire un égal
accroissement de vitesse ; si bien que, dans la troisième minute, elle doit parcourir cinq mètres pour continuer d'agir
sur la boule de la même manière que dans la première minute. Cinq mètres parcourus pendant la 3e minute, plus 4
mètres parcourus dans les deux minutes premières, fourniront un intervalle de 9 mètres, parcouru depuis le moment
du départ. La boule a acquis, par conséquent, une vitesse
uniforme capable de lui faire fournir un espace de 6 mètres
par minute, ainsi que nous l'avons établi plus haut.

Nous ne pousserons pas plus loin ces proportions, mais
nous allons voir comment elles se calculent.

Le moteur engendrait une vitesse de deux mètres par minute ; pendant la première minute le carré de deux est 4, et
le moteur a été déplacé d'un mètre. A la fin de la 3e minute,
le moteur avait produit une vitesse de 6 mètres par minute
en se déplaçant de 9 mètres, le carré de 6 est 36. Maintenant,
puisque le carré de la vitesse engendrée à la fin de la première minute est à celui de la vitesse engendrée à la fin de la

troisième minute, comme 4 : 36, c'est-à-dire comme 1 : 9; et puisque les espaces parcourus par la force impulsive pour communiquer ces vitesses, sont aussi dans le même rapport de 1 à 9, il s'ensuit que les espaces parcourus par le moteur en vue d'engendrer ces vitesses respectives, doivent être (en admettant la force motrice parfaitement uniforme) comme le carré des vitesses qui sont communiquées à la boule; car si la personne motrice devait reculer au-delà de sa première place, par l'effet d'une puissance mécanique d'une force égale à sa résistance, elle serait la mesure de celle que la personne a dépensée pour mettre la boule en mouvement. Il suit évidemment de là, conformément à ce qui a été déduit des expériences, que la puissance mécanique qu'il est nécessaire de dépenser pour donner différens degrés de vitesses au même corps, doit être dans le rapport du carré des vitesses. Et si l'inverse de cette proposition n'avait pas lieu, savoir qu'un corps en mouvement, étant arrêté, ne peut produire un effet mécanique, égal ou proportionnel au carré de sa vitesse, ou à la puissance mécanique employée pour l'obtenir, l'effet et la cause ne correspondraient point.

Ainsi donc, les conséquences d'un mouvement engendré sur un niveau exactement plan, correspondent avec le mouvement produit par la gravité; c'est-à-dire, bien que dans les deux secondes d'intervalle l'égale impulsion de la puissance motrice ou de la gravité produit deux fois la vitesse que le corps peut acquérir en une seconde, cette circonstance peut encore, au terme d'un intervalle double, et cela par suite de la vitesse réservée pendant la première période, faire tomber le corps perpendiculairement d'une hauteur quatre fois plus grande. Ainsi donc, quoique la vitesse soit seulement doublée, cependant une puissance mécanique quadruple a été dépensée pour l'obtenir, cette consommation de puissance étant d'ailleurs la même que celle qu'il serait nécessaire d'exercer pour remonter le corps à sa première place.

Ainsi donc, non-seulement les disputes qui ont été soulevées, mais encore les erreurs qui ont été commises relativement à l'application des différentes définitions de la quantité de mouvement, prennent leur source en ce que ceux qui ont adhéré à la proposition de *Newton*, ont opposé à leurs adversaires de n'avoir pas tenu compte du temps pendant le-

quel les effets se sont produits, et en ce que eux-mêmes
n'ont pas toujours eu égard à l'espace que la puissance impulsive était obligée de parcourir pour produire les différens
degrés de vitesse. Il semble donc qu'en ne tenant compte ni
du temps ni de l'espace, les termes de *quantité de mouvement, de moment, et de force de corps en mouvement*, sont
absolument indéfinis, et qu'ils ne peuvent être aisément,
distinctement et fondamentalement comparés sans avoir recours à la mesure commune, savoir la puissance mécanique.

De toutes ces recherches il résulte, par conséquent, que le
temps, à proprement parler, n'a rien de commun avec la
production des effets mécaniques, autrement que par son
écoulement uniforme qui devient alors une mesure commune. De telle sorte que, quel que soit l'effet mécanique
qui doit être produit dans un temps donné, l'uniforme continuité de l'action de cette même puissance mécanique, pourra,
dans un temps double, produire deux mêmes effets, ou deux
fois cet effet. C'est pourquoi une puissance mécanique, à
parler correctement, est mesurée par tout son effet mécanique produit, que cet effet se produise dans un temps plus
long ou plus court.

Supposons qu'on ait amassé 1000 tonneaux d'eau et qu'on
les fasse tomber sur la roue à augets d'un moulin et d'une
hauteur perpendiculaire de 20 pieds; que cette puissance appliquée d'une manière convenable puisse, en produisant un
certain effet, moudre une quantité donnée de blé, et qu'à
un certain degré de vitesse d'écoulement elle puisse le
moudre en une heure. Supposons aussi que le moulin soit
également susceptible de produire un effet proportionnel par
l'application d'une puissance motrice plus grande ou plus
petite; alors si nous faisons tomber l'eau sur la roue avec une
vitesse double, le grain se moudra deux fois plus vite, l'eau
sera dépensée et le grain moulu en une demi-heure. Ici le
même effet mécanique est produit, savoir la mouture de la
quantité donnée de blé par la même puissance mécanique,
qui consiste en 1000 tonneaux d'eau, descendant d'une hauteur perpendiculaire donnée de 20 pieds, encore que cet
effet se produise dans un cas pendant la moitié du temps que
dans l'autre. Tel est donc l'effet d'un temps quelconque pour
produire un travail uniforme, connu pour un temps défini,
que le double du travail sera obtenu dans un temps double,

faitement non élastiques et durs. Pour éviter la prolixité, je considérerai, dans chaque loi, seulement le cas du choc de deux corps égaux en poids ou en matière.

Relativement aux corps parfaitement élastiques, il est reçu généralement que quand deux corps semblables se choquent l'un contre l'autre, aucun mouvement n'est perdu, ou que, en tout cas, ce qui est perdu par l'un est gagné par l'autre; et de là, que si un corps élastique en mouvement choque un autre corps en repos, par suite du choc le premier sera réduit à l'état de repos, tandis que le second se mettra en mouvement avec une vitesse égale à celle du premier avant le choc.

De la même manière, si un corps non élastique mou choque un autre corps à l'état de repos, ni l'un ni l'autre ne resteront à l'état de repos, mais ils s'avanceront ensemble, à partir du point de collision, avec une vitesse qui sera exactement la moitié de celle qu'avait le corps choquant avant la collision. Ceci était généralement considéré comme vrai, et prouvé par de très bonnes expériences faites à ce sujet.

Relativement à la troisième espèce de corps, c'est-à-dire ceux qui, quoique non élastiques, sont durs, les lois qui régissent leurs mouvemens ont été admises par certains philosophes, et rejetées par d'autres; ces derniers prétendaient qu'il n'existait point dans la nature de corps semblables qui puissent servir à des expériences; les autres assignaient les lois résultantes de la collision des corps de cette nature (en supposant qu'il y en ait), et admettaient généralement que si un corps non élastique et dur choquait un autre corps de même espèce à l'état de repos, il en résulterait, de même que pour les corps non élastiques et mous, que ni l'un ni l'autre ne conserveraient l'état de repos, mais que, de la même manière, ils partiraient de leur point de collision avec une vitesse moitié de celle du corps choquant avant le choc. En sorte qu'ils attribuaient la même loi aux corps non élastiques mous et aux corps durs, c'est-à-dire que la vitesse après le choc était la même dans les deux cas, ou égale à la moitié de la vitesse primitive du corps choquant.

Il est ici, toutefois, question d'un principe qui, en réalité, n'est prouvé par aucune expérience, ni par aucune bonne raison à moi connue, savoir que la vitesse d'un corps non élastique et dur, après le choc, doit être la même que celle qui résulte du choc d'un corps non élastique et mou ; la question est de savoir maintenant si la chose est vraie ou fausse.

On pourrait ici demander, avec raison, quels inconvéniens peuvent résulter en pratique de l'erreur des philosophes, relativement à des effets qui ne peuvent avoir lieu dans la nature, puisque les praticiens n'ayant pas l'occasion de travailler sur de semblables matières, ne sauraient en supporter les conséquences ? Mais on peut répondre à cela que ceux qui croient à l'égalité d'effets entre les deux espèces de corps, se trompant eux-mêmes, peuvent faire partager aux praticiens leur erreur de raisonnement et de conclusions sur les corps mous non élastiques, dont l'eau fait partie et qui joue un si grand rôle dans leur pratique journalière.

Avant d'avoir fait des expériences sur les moulins, je n'avais jamais mis en doute la vérité de ce principe, que la même vitesse résulte du choc de deux corps non élastiques ; mais les essais, ou mes expériences, m'ont clairement démontré l'inexactitude ou même la fausseté de ce principe ; car j'obtins des résultats que je n'attendais ni de l'une ni de l'autre espèce de corps ; et je pus voir par expérience la raison matérielle pour laquelle ce qui avait lieu pour une espèce de corps, était impossible pour l'autre ; car si cela eût été ainsi, les corps n'eussent point été parfaitement durs, ce qui eût été contraire à l'hypothèse. J'ai pris note de cette conclusion dans mon traité des moulins. (Voyez p. 42, ainsi donc l'effet des roues à augets, etc.)

On peut dire aussi que puisque nous n'avons point de corps parfaitement élastiques, ou parfaitement non élastiques et mous, comment pourrions-nous avoir des corps parfaitement non élastiques et durs ? Pourquoi les effets ne sauraient-ils être les mêmes que ceux qui pourraient résulter de la supposition d'un état à la fois imparfaitement élastique et imparfaitement dur ? Mais ici il faut observer que la supposition paraît être en contradiction avec les termes.

Nous possédons des corps qui sont si voisins d'un état parfaitement élastique, qu'on peut en déduire très-bien les lois qu'eux-mêmes confirment, et il en est de même des corps non élastiques et mous. Mais relativement aux corps d'une nature mixte, qui existent en plus grand nombre, comme manquant d'élasticité et étant mous, ou ils se détruisent, ou ils reçoivent une trace par l'effet du choc, ou bien ils communiquent ces effets aux corps choqués. S'ils ne sont pas parfaitement mous, ils sont élastiques, et dès-lors suivent une loi mixte. Mais les corps imparfaitement élastiques, imparfaitement durs, retombent effectivement dans le cas des premiers corps de propriétés mixtes; car puisqu'ils sont imparfaitement durs, ils sont mous et dès-lors ou ils se brisent, ou obéissent au choc, ou en reçoivent une trace. S'ils sont imparfaitement élastiques, ils sont non élastiques, c'est-à-dire qu'ils sont imparfaitement élastiques et imparfaitement mous; au fait je n'ai jamais trouvé de corps de cette espèce. Il semble par conséquent que relativement à la dureté des corps, elle diffère en proportion de leur plus ou moins grand degré de ténacité ou de cohésion; c'est-à-dire qu'ils sont d'autant moins d'une imparfaite mollesse que leur force de ressort ou leur élasticité dure davantage. Nous pouvons conclure de là, que la puissance mécanique nécessaire pour changer un peu la figure de ceux des corps qu'on nomme vulgairement durs, peut la changer à un plus haut degré dans ceux des corps qui, par leur faible degré de ténacité ou de cohésion, approchent d'être mous.

Dans la première espèce de corps nous pouvons ranger la fonte de fer dur, et dans la seconde l'argile molle trempée.

Pendant que les philosophes discutaient l'ancienne et la nouvelle opinion concernant la puissance des corps en mouvement, relativement à leurs différentes vitesses, ceux qui soutenaient l'ancienne, prétendant qu'elle était simplement dans le rapport de la vitesse, demandaient à ceux qui se rangeaient du côté de la nouvelle, comment, d'après leurs principes, ils rendaient raison des conclusions résultantes de la doctrine des corps non élastiques et parfaitement durs. Ceux-ci répliquaient qu'il n'existait point de corps semblables dans la nature, et que dès-lors il n'y avait pas lieu à explication. D'un autre côté, ceux de la nouvelle opinion demandaient aux autres, comment ils rendraient compte du cas des corps non élastiques et mous, dans lesquels, selon eux, le mouvement total perdu par le corps choquant subsistait encore après le choc (les deux corps se mouvant avec la moitié de la vitesse primitive), bien que les deux corps non élastiques aient été brisés, ou que leur forme ait été altérée par suite du choc; car en admettant qu'il n'y eût point de perte de mouvement, l'altération de figure devrait être un effet sans cause. Pour répondre à ces objections, ceux qui adoptaient l'ancienne opinion essayèrent de prouver sérieusement que les corps peuvent changer de figure sans aucune perte de mouvement de la part des deux corps en collision.

Aucune de ces réponses ne m'a paru satisfaisante, particulièrement depuis que j'ai fait des expériences sur les moulins; car, relativement au premier cas, il ne nous paraît pas très-rationnel d'arguer de l'impossibilité de trouver une substance convenable à l'expérience pour répondre à une conclusion tirée d'une idée abstraite. D'un autre côté, s'il est possible de montrer que la figure d'un corps peut changer sans l'effet d'une puissance, alors, par la même loi, nous pourrions faire agir un marteau de forge sur une masse de fer mou, sans autre puissance que celle qui est nécessaire pour vaincre le frottement, la résistance et la force primitive d'inertie des parties de la machine mise en mouvement; car, comme aucun mouvement progressif n'est donné à la masse de fer par le marteau (celle-ci étant appuyée sur une enclume), aucune puissance n'est dépensée dans ce but. Et si le marteau lui-même n'est point altéré dans sa forme en changeant celle du fer, lequel changement est le seul effet produit, alors toute la puissance doit résider dans le marteau, et il rebondirait en arrière de la place où il est tombé, précisément de la même manière que s'il avait frappé sur un corps parfaitement élastique; l'effet résultant serait tel qu'on le suppose dans ce cas. La puissance, toutefois nécessaire pour faire agir le marteau, serait la même, soit qu'il tombe sur un corps élastique ou sur un corps non élastique. Cette idée est si contraire à toute expérience, et même aux suppositions des philosophes et des artistes, qu'il suffit de la mentionner pour passer condamnation à ce sujet.

Cependant, comme rien ne parle mieux à l'esprit et à nos sens que des expériences, je fus désireux d'en faire sur ce point. Mais comme je savais que je ne trouverais point de matière propre à faire des expériences directes, je pensais à employer une méthode indirecte, mais assez exacte cependant pour prouver incontestablement que le résultat du choc de deux corps non élastiques et parfaitement durs, n'est pas le même que celui de deux corps semblables parfaitement mous. C'est-à-dire je pensais que si on peut prouver nettement que la moitié de la puissance primitive est perdue dans la collision de deux corps mous, par le changement de figure, (et la chose fut très-bien démontrée par les expériences sur les moulins), dans ce cas, puisque aucune perte semblable n'avait lieu dans la collision des corps parfaitement durs, le résultat et la conséquence d'un semblable choc devaient être différens (1).

Le résultat du choc des corps parfaitement durs et dépourvus d'élasticité, doit être, sans nul doute, différent de celui des corps parfaitement élastiques ; car, n'ayant point de ressort, le corps au repos ne peut en être dérangé avec la vitesse du corps choquant, puisque telle est la conséquence de l'action du ressort des parties élastiques des corps en collision, ainsi que le démontreront les expériences. Cependant le corps choquant ne s'arrête pas, et comme le mouvement qu'il perd doit être communiqué à l'autre, par suite de l'égalité d'action et de réaction, ils s'avanceront tous les deux ensemble avec une égale vitesse (2), de même que dans le cas des

(1) En examinant les expériences citées par l'auteur, nous trouvons que la masse totale de l'eau s'échappe avec environ la moitié de la vitesse du courant; ainsi donc, une moitié de la chute est employée dans cette partie de l'opération, fondée sur la supposition que l'effet est dû à l'action d'une force uniforme agissant avec une vitesse uniforme. L'autre moitié du courant produit un effet semblable à celui des roues à augets. Par conséquent, un fluide qui agit par impulsion ne donne lieu à aucune perte, par changement de forme, plus grande que celle connue sous le nom de frottement; il ne saurait, toutefois, être rangé dans la catégorie des corps mous. La distinction entre la génération du mouvement de l'eau, par suite de l'action libre de la gravité sur les parties du fluide et la continuité du mouvement uniforme par l'action nécessaire de la gravité, n'a pas été établie. La descente d'un corps grave tombant librement en une seconde est de 16 pieds, et la vitesse finale est de 32 pieds par seconde : il en résulte un effet absolument équivalent à celui du même corps descendant de 16 pieds avec une vitesse uniforme de 16 pieds par seconde. La descente d'un fluide est de même nature que la chute d'un corps; et il en résulte qu'il peut agir seulement avec la moitié de sa vitesse finale pour élever une masse égale, avec un mouvement uniforme, à la même hauteur qui engendre sa vitesse. Le moment final dans les deux cas n'est pas égal; car dans le cas de la descente d'un corps par un mouvement accéléré, toute la puissance est *réunie* dans le corps; dans l'autre, il est restitué comme il a été imprimé.

(2) Afin que les deux corps puissent s'avancer ensemble, la réaction du corps choqué doit être moindre que l'action du corps choquant;

corps non élastiques et mous. Il reste donc à savoir quelle peut être cette vitesse. Elle doit être plus grande que celle des corps mous non élastiques, puisqu'il n'y a aucune puissance mécanique perdue dans le choc. Elle doit être moindre que celle du corps choquant, puisque si elle était égale, au lieu d'une perte de mouvement par suite de la collision, il serait doublé. Si, par conséquent, les corps mous non élastiques perdent la moitié de leur mouvement ou puissance mécanique, par le changement de figure qui résulte du choc, et cependant s'avancent ensemble avec la moitié de la vitesse, et si les corps non élastiques et durs ne perdent rien d'aucune manière, alors, comme ils doivent se mouvoir ensemble, leur vitesse doit être telle que la puissance mécanique conserve son égalité sans aucune diminution après le choc.

Supposons, par exemple, que la vitesse du corps choquant, avant le choc, soit égale à 20, et que sa masse ou sa quantité de matière soit 8; alors, d'après la règle déduite de mes expériences, la puissance sera exprimée par $20 \times 20 = 400$ qui, étant multiplié par 8, donneront 3200; et si la moitié de cette valeur est perdue par le choc, dans le cas d'un corps non-élastique et mou, il sera réduit à 1600. 16 étant le double de la quantité de matière, nous aurons 100 pour le carré de la vitesse, dont la racine carrée 10 sera la vitesse des deux corps non élastiques mous après le choc, cette vitesse étant précisément la moitié de la vitesse primitive, comme on doit le trouver constamment. Or, dans les corps non élastiques durs, aucune puissance n'étant perdue par le choc, la puissance mécanique restera après ce qu'elle était auparavant, c'est-à-dire 3200. Ce chiffre étant, de la même manière, divisé par 16, double de la quantité de matière, nous aurons 200 pour le carré de la vitesse, dont la racine carrée est 14,14; c'est la vitesse après le choc, laquelle est à 10, vitesse des corps non élastiques et mous après le choc,

autrement, si la réaction est égale à l'action, comme cela doit arriver avec les corps parfaitement durs, le corps choqué doit se mouvoir avec la vitesse du corps choquant, pendant que ce dernier reste à l'état de repos.

comme la racine carrée de 2 est à 1, ou comme la diagonale d'un carré est à un des côtés (1).

Il nous reste maintenant à démontrer que précisément la
moitié de la puissance mécanique est perdue dans la collision des corps non élastiques et mous. Pour cet objet les
réflexions suivantes me sont venues à l'idée. Dans la collision des corps élastiques, l'effet, en apparence instantané,
s'exécute encore en un certain temps, pendant lequel les ressorts naturels contenus dans les corps élastiques et qui les
constituent tels, sont tendus ou forcés jusqu'à ce que le mouvement du corps choquant soit divisé entre lui-même et celui
qui est à l'état de repos; et dans cet état les deux corps peuvent alors marcher ensemble, comme dans le cas des corps
non élastiques et mous. Cependant, comme les ressorts se
détendront immédiatement dans un temps égal et avec le
même degré de force impulsive qui les avait tendus d'abord,
le mouvement qui reste dans le corps choquant sera totalement détruit, et l'effort total des deux ressorts, communiqué au corps primitivement en repos, le poussera avec la
même vitesse que celle du corps qui l'a choqué.

D'après cette idée, si nous pouvons construire deux corps
tels qu'ils puissent agir l'un sur l'autre, comme parfaitement élastiques, et que leur ressort puisse être détruit à volonté quand ils ont acquis leur dernière limite de tension;

(1) La mesure qui doit être appliquée dans cette méthode, est la
quantité actuelle de mouvement dans le corps qui se meut, laquelle est
comme sa masse et sa vitesse, c'est-à-dire $20 \times 8 = 160$. Et comme
on suppose le corps choquant égal au corps choqué, le résultat doit dépendre de la nature du corps choqué. S'il est mou, il éprouvera un
changement de figure jusqu'à ce que la vitesse des deux corps devienne
égale, et alors la masse étant 16, nous avons $\dfrac{160}{16} = 10$ pour la vitesse
commune des corps, le reste de la puissance ayant été dépensé à produire le changement de figure. Si les corps sont mous et un peu élastiques, ils ne continueront pas à marcher ensemble après le choc, mais
la somme de leurs vitesses sera égale à la moitié de la vitesse du corps
choquant, leurs vitesses relatives dépendront de l'élasticité, et la puissance perdue sera due à l'altération de forme. Dans les corps parfaitement durs, aucune puissance n'étant perdue dans le choc, le corps choqué marchera avec la même vitesse que celle du corps choquant, avant
le choc, pendant que ce dernier restera à l'état de repos.

et si de pareils corps, dans cette circonstance, observent les lois de la collision des corps non élastiques et mous, alors il sera démontré que la moitié de la puissance mécanique contenue dans le corps choquant peut être perdue dans l'action du choc, et cela parce que la force impulsive ou la puissance du ressort étant suspendue, celle-ci est égale à la force impulsive ou à la puissance de tension (laquelle seule a été employée pour communiquer le mouvement d'un corps à l'autre), il sera évident que la moitié de la force impulsive est perdue dans l'action, tandis que l'autre moitié reste contenue dans les ressorts. Il en résulte également que, quelle que soit la force impulsive des ressorts, du premier au dernier, par suite de la suspension, une moitié de la puissance est détruite, ou plutôt elle reste contenue dans les ressorts, lesquels sont capables de la reproduire s'ils sont rendus en liberté, et d'occasionner un nouvel effet mécanique équivalent au mouvement ou à la puissance mécanique des deux corps non élastiques et mous, après leur collision.

Nous pouvons inférer de là que la quantité de puissance mécanique dépensée pour déplacer les parties des corps non élastiques et mous, par la collision, est exactement la même que celle dépensée à tendre les ressorts des corps qui sont parfaitement élastiques. Cependant la différence, dans l'effet extrême, est que dans les corps non élastiques et mous la puissance employée à déplacer les parties sera totalement perdue et détruite, et il faudrait une puissance égale pour les rétablir de nouveau, et que cette puissance soit exercée dans un sens opposé à celle qui a produit le déplacement, tandis que, dans le cas des corps élastiques, l'effet de la moitié de la puissance mécanique est, comme on l'a déjà observé, réservé ou suspendu, et capable d'être exercé de nouveau sans l'emploi d'une force nouvelle.

Ces idées dérivent de résultats d'expériences faites sur une machine décrite dans mon Traité de la puissance mécanique, elles furent aussi communiquées à mon illustre et ingénieux ami, William Russel, en même temps qu'il fut témoin de mes expériences en 1759. J'avais déjà fait plusieurs essais d'expériences, qui me parurent suffisantes pour démontrer les effets, avant d'offrir mon travail sur la puissance mécanique à la Société de Londres, en 1776; toutefois ce n'est que depuis que j'ai eu le loisir de compléter mon appareil d'une manière qui puisse me satisfaire complètement. Telle est la cause du retard qu'a éprouvé mon travail.

Description de la Machine qui a servi aux Expériences sur la collision.

La *fig.* 7 montre la machine vue de front à l'état de repos et disposée pour être employée.

A est le piédestal, et A B le pilier qui supporte le tout; C D sont deux corps composés, pesant environ une livre chacun et autant que possible égaux en poids. Ces corps sont d'une construction que la *fig.* 8 montre avec plus de détails ; ils sont suspendus par deux verges en sapin blanc d'environ un demi-pouce de diamètre, *ef* et *gh*, ayant environ quatre pieds de longueur du point de suspension au centre des corps; la suspension est obtenue au moyen d'une traverse II, qui est mortaisée afin de laisser passer les tiges avec une entière liberté; le couteau de suspension appuie sur la face supérieure de la traverse. Le centre de suspension en *k* et *l* correspond à deux petites entailles pratiquées de chaque côté de la mortaise, de telle sorte que les tiges peuvent vibrer librement sur leurs points respectifs de suspension, qui déterminent le plan de vibration. M N est un arc en bois blanc qui peut être recouvert de papier, de manière à rendre les traces bien visibles.

La traverse de suspension II se projette en dehors du pilier, de telle façon que les corps en vibration puissent passer librement sans pouvoir le rencontrer; et l'arc M N est disposé aussi de manière à ce que les corps puissent le raser de près sans le toucher.

La *fig.* 8 montre un des corps composés, de demi-grandeur naturelle. A B est un bloc de bois dont la hauteur est égale à la largeur. Un trou est pratiqué au travers pour recevoir la verge C G qui y est fixée.

D B représente une plaque de plomb, vissée au bloc, d'environ trois huitièmes de pouce d'épaisseur; il y en a une de chaque côté du bloc, et elles sont destinées à donner un poids convenable au système. *dBefg* est un ressort de cuivre, rendu élastique par le martelage; il est d'environ cinq

huitièmes de pouce de large sur un vingtième de pouce
d'épaisseur. Il est fixé au bloc de bois par une de ses extrémités
dB, au moyen d'une plaque hi. Cette plaque est ajustée
avec une vis à écrou, qui permet au besoin de la reti-
rer. kl est une lame mince de métal, dont le tranchant inférieur
est denté comme une scie. Cette lame est articulée en k au
moyen d'une goupille qui l'attache au ressort sur un appen-
dice qui fait corps avec lui. Cette lame peut se mouvoir librement sur cette goupille comme sur un centre. mn est une
petite épontille en métal, élevée au-dessus de la plaque hi,
au travers de laquelle passe la lame à dents inclinée kl. La
mortaise de cette épontille est taillée de manière à ce que les
dents de la crémaillère kl puissent s'enfoncer au-dessus, de
telle sorte que cette dernière puisse s'y arrêter à la distance
où la tension du ressort l'aura poussée. Pour aider à cela, il
est pressé doucement au-dessus au moyen d'un ressort dé-
lié opq, qui embrasse la tige cc en la contournant pour s'appuyer en o. Ce ressort à embranchement passe en p et vient
se fixer de chaque côté du bloc de bois en q. Cependant,
pour que la crémaillère puisse serrer librement, la tige CG
a été fendue pour la laisser passer. Le bloc de bois est également fendu de B en e pour que le grand ressort puisse
obéir à la pression. La partie de ce grand ressort, comprise
de f en g, paraît plus épaisse que le reste, parce qu'elle a
été recouverte avec du cuir mince, destiné à empêcher les
vibrations qui résulteraient du choc entre les deux corps.

Revenons maintenant à la fig. 7. Les traits marqués sur
l'arc MN sont placés de la manière suivante : op est un
arc décrit du point l comme centre, et qr est décrit du point
k comme centre ; ils se coupent en S. Maintenant les traits
du milieu t et v sont à égale distance du trait S, de telle sorte
que quand chaque corps est librement suspendu à sa place,
sans appuyer sur l'autre, la tige couvre la marque en t et la
tige gh recouvre celle en v. Si du point S on prend, sur les
arcs Sp et Sq, des distances convenables et égales de chaque côté, on obtiendra les points w et x. Sur l'arc Sp on
trouvera le milieu entre les marques v et w, qui sera en y ;
de l'autre côté, et de la même manière, sur l'arc Sq, on
trouvera le point milieu z. Cela posé, si l'on porte les distances Sv ou St de chaque côté du point y, ou du point z,
et si de ces points et des centres respectifs l et k on tire

des lignes, elles donneront la place des traits *a*, *b* et *o*, *d*; l'instrument est ainsi disposé à être employé.

Essais sur les Corps élastiques.

Enlevez la crémaillère et la cheville de chaque ressort, et, ceux-ci étant libres, avec une petite baguette de bois, de même dimension que les tiges par exemple, élevez de la main droite la tige *gd*, et par conséquent le corps D, jusqu'à ce que la baguette avec laquelle vous soulevez la verge atteigne la marque *w*; de la main gauche on maintiendra le corps C de manière à ce que la tige *ef* couvre la marque *t*. Cela fait, retirez promptement la baguette, il arrivera que le ressort D ira choquer le ressort C; ils se tendront l'un et l'autre, et se détendront ensuite de la même quantité; le corps C obéira à la poussée et montera jusqu'à ce que sa tige *ef* couvre la marque *x*. La verge du corps choquant D restera au repos sur la marque *w*, jusqu'à ce que le corps C, à son retour, le choquera, alors le corps D sera poussé de la même manière : les deux corps rebondiront un certain nombre de fois, perdant, à chaque vibration, une partie de leur étendue. Mais la théorie des corps élastiques s'approche si bien de l'exactitude-pratique qu'il suffit d'écarter seulement la verge *g h* de la marque *w* de l'épaisseur de la baguette, pour que le corps en repos C remonte complétement, par suite du choc, jusqu'à la marque *x*.

Avec cet appareil on peut faire plusieurs autres expériences, en vue de confirmer les principes de la collision des corps élastiques; mais comme ils sont bien connus, et que d'ailleurs on est généralement d'accord sur cet objet, nous ne nous y arrêterons pas. Quant aux corps non élastiques et mous, il est plus difficile d'obtenir des matières convenables à ces sortes d'expériences. Cependant on peut arriver à des conclusions d'une égale certitude.

Essais sur les Corps non élastiques mous.

Replacez les crémaillères de la même manière que nous l'avons décrit plus haut. Les deux ressorts seront mis à leur état de liberté ; après cela, élevez, de la même manière que précédemment, le corps D jusqu'en *w*, et maintenez C au repos. Laissez choir le corps D, il ira choquer le corps C, et en conséquence du choc les ressorts se tendront sans pouvoir se détendre après, puisqu'ils sont retenus par la crémaillère. Les deux corps se mettront en mouvement dans le même sens vers l'extrémité M de l'arc. Maintenant, s'ils se mouvaient ensemble, et que la verge *ef* couvrît la marque *c*, et la verge *gh* la marque *d*, à leur limite d'écart, alors ils auraient réellement obéi aux lois des corps non élastiques et mous ; en effet leur ascension moyenne correspond à la marque *z*, qui est juste la moitié de l'arc relatif aux deux positions des verges. Mais comme dans cet appareil le grand ressort est arrêté, quoique chacune de ses parties et toutes celles dont il est composé, et auxquelles il est fixé, ont un certain degré, ou, pour parler plus correctement, une certaine somme d'élasticité qui est parfaite, aucun mouvement n'est perdu.

Nous ne devons pas espérer que les deux corps composés, après le choc, s'arrêtent sans se séparer, comme ce serait le cas d'un corps vraiment non élastique et mou ; mais en vertu de l'élasticité qu'ils possèdent, ils rebondiront l'un sur l'autre en se séparant ; mais cette élasticité étant parfaite, elle ne peut occasionner aucune perte de mouvement à la somme des deux corps ; si bien que quand le corps C monte autant au-dessus de la marque *c* que le corps D descend en arrière de la marque *d*, il s'ensuivra que leur ascension moyenne correspondra encore à la marque *z* comme cela devrait être s'ils étaient entièrement non élastiques et mous ; et c'est ce qui arrive en réalité par l'expérience, aussi exactement qu'il est possible de le discerner.

Après quelques vibrations, le frottement des deux ressorts l'un contre l'autre produit le repos, et les corps resteraient dans cet état s'ils étaient réellement non élastiques et mous ; mais ici, dans le cas de ces corps, il y a une moitié de la puissance mécanique du premier mouvement de dépensée par le changement de figure et de situation des parties composantes, et l'autre moitié n'est pas perdue, mais suspendue et prête à réagir si les ressorts étaient rendus libres : or cette force étant, on ne peut en douter, ni plus ni moins que la moitié de la force primitive, il en résulte ce

principe incontestable, que la puissance de restitution d'un
ressort parfait est exactement égale à celle qui a produit sa
tension. Cela d'ailleurs pourrait se prouver par l'expérience, s'il en était besoin; car si, quand les corps étaient
au repos après la dernière expérience, on les avait attachés
l'un à l'autre par leur base au moyen d'un fil; qu'après cette
opération on eût soulevé les crémaillères, et que le fil eût
été coupé rapidement, ils auraient rebondi l'un contre l'autre,
en s'avançant C vers M, et D vers N; si l'écart eût été jusqu'aux marques z et y, la puissance mécanique exercée eût
été la même que ce qu'elle fut après le choc, quand la
moyenne des deux ascensions était à la marque z. Mais on
ne doit pas s'attendre à de pareils résultats, parce que, non-
seulement le mouvement perdu par le frottement des crémaillères est à déduire puisqu'il produit l'effet d'un manque réel
d'élasticité, mais aussi l'élasticité qui les séparait dans le
choc et qui se perdait par une succession d'oscillations, est
encore à déduire. Ils ne sauraient donc monter jusqu'en z.
Cependant malgré ces désavantages de l'appareil (à moins
qu'il ne soit par trop défectueux dans sa construction); la
verge ef montera en d, et gh en a; et de là nous concluons,
comme vérité positive, que dans la collision des corps non
élastiques et mous, une moitié de la puissance mécanique
contenue dans le corps choquant, est perdue dans le choc (1).

Relativement aux corps non élastiques et parfaitement
durs, nous pouvons inférer que les conclusions adoptées méritent d'être discutées, puisqu'elles sont en contradiction avec

(1) La conclusion ne paraît pas aussi générale qu'elle pourrait l'être
dans le cas dont il s'agit; car les corps séparés et se mouvant indépendamment l'un de l'autre, la vitesse du corps choquant se divisera
tellement selon les effets produits, que la somme des carrés de ces
vitesses sera égale au carré de la vitesse du corps choquant. Néanmoins les momens avant et après le choc doivent être égaux quand
ils sont pris dans la même direction; ces expériences, au lieu de renverser la théorie de la collision, en confirment la vérité.

Nous avons deux manières de déterminer les conditions du mouvement des corps après la collision; la première consiste en ce que la
somme des momens, avant et après la collision, doit être la même quand
elle est prise dans la même direction; la seconde, que la somme des
forces des corps, après la collision ajoutée à la somme des forces des
corps détruites, doit être égale à la somme des forces des corps avant
le choc; la force d'un corps étant l'expression de sa masse multipliée
par le carré de sa vitesse.

une vérité susceptible d'une complète démonstration; savoir : que la vitesse du centre de gravité d'aucun système de corps peut être changée par la collision ; les lois qui régissent les corps entièrement élastiques et les corps non élastiques et mous s'accordent parfaitement avec cette vérité; les corps parfaitement non élastiques et mous n'y font exception que quand leur vitesse, après le choc, est à celle du corps choquant comme 1 est à la racine carrée de 2 ; car alors le centre de gravité des deux corps aura acquis, par le choc, une vitesse plus grande que le centre de gravité des deux corps avant le choc, dans le rapport qui suit.

Dans la position extrême du corps choquant, le centre de gravité des deux corps sera exactement placé entr'eux au milieu, et quand ils se seront rencontrés, il se sera mu de la moitié de leur distance au point de contact; de telle sorte que la vitesse du centre de gravité, avant la rencontre des corps, sera exactement la moitié de la vitesse du corps choquant; et par conséquent si la vitesse du corps choquant est 2, la vitesse du centre de gravité sera 1. Après le choc, comme les deux corps sont supposés se mouvoir en contact, la vitesse du centre de gravité sera la même que celle des corps; et comme il est prouvé que leur vitesse doit être comme la racine carrée de 2, la vitesse de leur centre de gravité s'accroîtra dans le rapport de 1 à la racine carrée de 2, c'est-à-dire comme 1 à 1,414 (1).

La différence de ces conclusions contradictoires provient de ce que l'idée d'un corps parfaitement non élastique et dur en même temps n'est pas naturelle et renferme en elle-même une contradiction; car pour faire en sorte qu'elle s'accorde avec les conclusions qu'on peut déduire des deux cas, on est obligé de définir ainsi ces propriétés, savoir : que dans le choc des corps non élastiques et durs, ils ne peuvent perdre aucune partie de leur puissance mécanique, puisqu'il n'y a lieu à aucune autre impression que la communication du mouvement; et aussi qu'ils doivent perdre une certaine quantité de puissance mécanique dans le choc, puisque, si cela n'avait pas lieu, leur centre de gravité com-

(1) Ce résultat contradictoire provient de ce qu'on est parti d'une opinion erronée, relativement à la collision des corps durs; car un seul de ces corps doit se mouvoir comme l'indique la note de la page 109.

mun, comme on l'a vu plus haut, acquerrait une augmentation de vitesse par suite de leur choc mutuel.

De la même manière, l'idée d'un mouvement perpétuel semblerait d'abord ne pas contenir une contradiction dans les termes ; mais nous sommes obligé d'avouer qu'en examinant l'exécution d'un pareil mouvement, nous trouvons qu'il nécessiterait l'emploi de corps doués des propriétés suivantes, savoir : que quand ils devraient monter contrairement à l'action de la gravité, leur poids absolu devrait être moindre, et que dans le mouvement de descente par l'effet de la gravité (à travers un espace égal), leur poids absolu devrait être plus grand ; ce qui, d'après tout ce que nous connaissons dans la nature, serait une idée qui répugne, ou qui est contradictoire.

DE QUELQUES MACHINES

PARTICULIÈRES APPLIQUÉES AU MOUVEMENT ET A L'ÉLÉVATION DES EAUX.

Machines Hydrauliques.

On donne ce nom aux machines qui reçoivent le mouvement du poids ou de l'impulsion de l'eau, ou qui sont employées à son ascension. Ce terme est aussi appliqué à quelques machines qui, sous plusieurs rapports, ressemblent aux machines à vapeur, avec cette différence que les pistons reçoivent le mouvement de l'impulsion d'une colonne d'eau. La fig. 9 représente une machine de cette espèce. A est un tuyau par lequel l'eau arrive à la machine d'une hauteur de 170 pieds; B est un vaisseau contenant de l'air dont l'élasticité est nécessaire pour prévenir les chocs qui résultent de de la chute ou d'un arrêt brusque de la colonne d'eau; C est une valve; D est un cylindre creux et ouvert qui fonctionne dans un autre cylindre extérieur dans lequel il est à ajusté à frottement aux parties *e, e, e, e*, mais laissant ailleurs un espace vacant entre les deux cylindres pour le passage de l'eau.

h, h, sont des garnitures à étoupes destinées à prévenir l'échappement de l'eau entre les deux cylindres. *ii* sont des écrous d'ajustement destinés à presser les garnitures à mesure qu'elles s'usent; *f, f* sont deux passages qui communiquent aux parties inférieures et supérieures du cylindre moteur *g*, dans lequel fonctionne le piston W. Quand le cylindre D est dans la situation représentée par le dessin, la communication est établie par le moyen du tube ouvert *f*, et l'eau peut affluer dans le cylindre *g*, au-dessus du piston W. En même temps le passage est ouvert pour que l'eau du cylindre en *g*, au-dessous du piston, s'échappe par *f* et par le

tube ouvert *d* dans le tuyau *x*. Ce dernier tuyau se prolonge
en bas à environ 30 pieds, et se termine dans une citerne à
eau. Il résulte de là qu'il s'exerce au-dessus du piston une
pression correspondante à une hauteur de colonne d'eau verticale de 170 pieds, et au-dessous de ce même piston un vide
partiel ; en conséquence, le piston descend jusqu'au fond du
cylindre *g*. A mesure que le piston arrive à cette dernière position, le cylindre *d* est aussi descendu jusqu'au point où les
communications sont ouvertes pour que l'eau motrice s'intro-
duise dans la partie inférieure du cylindre *g*, tandis que celle
contenue dans l'autre partie supérieure du même cylindre s'é-
chappe par D pour se rendre au tuyau *x*. La pression hydrostatique s'opère ainsi au-dessous du piston, tandis que le vide
s'établit en dessus ; le piston remonte. Le mouvement alternatif du tiroir ou du cylindre D s'exécute ainsi de nouveau.
La pièce *p* sert à faire mouvoir le tiroir. L'autre extrémité
de cette pièce se termine à la manivelle *m* ; le mouvement os-
cillatoire de la manivelle est transmis par le moyen d'une
barre *l*, à l'axe *k*, sur lequel est adaptée une camme dentée
ou la courbe *n* ; cette dernière est enfermée dans une boîte
rectangulaire *j*, qui se meut horizontalement et produit ainsi
un mouvement alternatif en avant et en arrière. Pour opérer cet effet, la camme, dans son mouvement circulaire, appuie tantôt sur une des faces de cette boîte, tantôt sur l'autre.
Aux côtés de la boîte sont adaptés deux guides supportés
par les appuis *o o* et la tige de communication *p* ; cette dernière
transmet le mouvement au levier coudé *q* qui a pour appui son
pivot *r* ; l'autre extrémité du levier est à fourches et embrasse
le tube *x* ; une de ces fourches *s* est liée à l'extrémité inférieure
de la tige *t*, et l'autre se lie à une semblable tringle. Ces
tringles sont appliquées à l'extrémité d'une traverse dont le
milieu est fixé à la tige en *u*, qui passe dans une boîte à étoupe
v, et donne le mouvement au tiroir *d*. Ce tiroir reste stationnaire environ pendant la moitié de la course du piston,
afin de permettre à l'eau d'agir avec toute sa force ; et cet effet
se produit par la camme qui, après avoir opéré le mouvement
de la boîte dans une direction, achève un quart de révolution
avant d'appuyer sur l'autre côté de la boîte. Les passages *f f*
ont été maintenus aussi larges, parce qu'il est nécessaire de
diminuer, autant que possible, le frottement de l'eau qui, sans
cette précaution, retarderait le mouvement du piston. Des

machines construites sur ce principe sont connues depuis long-temps; il y a environ soixante années qu'on s'en sert dans le Cornwall. Plusieurs d'entr'elles ne réussirent pas dans l'origine, parce qu'on ne sut pas pourvoir au défaut d'élasticité de l'eau qui contrariait l'application des valves contre leurs siéges. Cet inconvénient est prévu dans la machine dont nous venons de donner la description; au moyen du réservoir d'air B, les chocs à chaque fin de course du piston n'existent plus.

A cause de la grande légèreté de l'air et de sa grande mobilité, on a souvent proposé de l'employer comme véhicule ou intermédiaire pour transmettre le mouvement aux machines à une grande distance de la force motrice. Le célèbre *Papin* qui imagina la soupape de sûreté, fut un des premiers qui essaya de faire un pareil emploi de l'air. Il employait une chute d'eau pour comprimer l'air dans un cylindre, et se servait de l'intermédiaire d'un piston; ce cylindre était lié à un autre situé à l'embouchure d'une mine, à un mille de distance, au moyen d'un tuyau de cette étendue; dans le second cylindre il y avait un autre piston dont la tige faisait fonctionner une série de pompes; mais, contrairement à son attente, la compression de l'air, dans son premier cylindre, ne produisit aucun mouvement sur le piston du second. *Papin* essaya ensuite d'appliquer ce projet en Angleterre, mais il ne réussit pas. Après cela il ne fut pas plus heureux en Auvergne et en Westphalie; il attribua le manque de réussite à la quantité d'air contenu dans les tuyaux, qui devait être comprimé avant de comprimer celui qui était contenu dans le cylindre moteur; il diminua par conséquent la dimension de ses tuyaux et appliqua son idée à l'exhaussion plutôt qu'à la compression, et il ne doutait pas que l'immense vitesse avec laquelle l'air se précipite dans le vide ne dût donner lieu à une communication rapide et effective de puissance. Mais sa machine ne put produire aucun effet. Un siècle après, un ingénieur de la fonderie de Galles érigea une machine, au moyen d'une puissante chute d'eau, qui agissait sur une série de pompes soufflantes, dont la tuyère était conduite à une distance d'un mille et demi, où elle était adaptée à un fourneau à vent; mais malgré tous les soins pour rendre le tuyau de conduit étanche à l'air d'une grande dimension et aussi uni que possible, on put à peine souffler une chandelle. L'insuccès fut attribué à l'impossibilité de faire les tuyaux parfaitement étanches; mais il fallait 10 minutes avant que l'action du vent produit par les pompes soufflantes ne fût rendue sensible à l'extrémité du tuyau, tandis que l'ingénieur avait calculé que l'intervalle ne devait pas excéder six secondes. Les particularités précédentes sont extraites de la philosophie naturelle du docteur Robison; il donne une explication de ce curieux phénomène. A cause de son étendue nous ne pouvons le donner, mais nous croyons utile d'insérer ici une remarque qui nous est fournie par le *Journal de Francklin*; si nous calculons avec soin la résistance de l'air qui se meut dans un tube, d'après les principes connus, nous ne trouverons rien d'étonnant dans les résultats précédens. On verra que dans un tube de 3 pouces de diamètre et d'un mille de longueur, l'air, à une des extrémités, doit être constamment comprimé à 5 4/5 d'atmosphères pour produire une vitesse de 128 pieds par seconde; et encore cette vitesse ne donne que 2304 galons par minute, environ la moitié de la quantité dépensée dans les fourneaux d'Europe. Un fourneau à vent consomme 720 pieds cubes par minute; si nous calculons que la vitesse de l'eau qui s'écoule d'un tuyau de un mille de long, de 3 pouces en diamètre sous 9 pieds de chute, est de de 1 pied par seconde. Maintenant, comme des vitesses égales sont engendrées dans tous les fluides par des charges égales, toutes autres circonstances égales d'ailleurs, il s'ensuivra que 9 pieds de charge d'air, ou 1/800 de charge de 9 pieds d'eau, engendrera une vitesse d'air de 1 pied par seconde dans un tube de 3 pouces de diamètre et de un mille de long. De plus, on sait, d'après la théorie et l'expérience, que les colonnes de pression qui produisent la vitesse des fluides sont dans le rapport du carré des vitesses; ainsi donc, le carré de 1 est 1, et le carré de 128 est 16384; et la colonne de pression due à la vitesse de 128 pieds est obtenue par la proportion suivante : 1 : 16384 :: 9 : 147456; ce nombre divisé par 800 donne 184 1/3 égal à la pression de 5 4/10 atmosphères, comme nous l'avons indiqué plus haut. Maintenant si nous supposons que cette vitesse soit doublée, ou de 256 pieds par seconde, afin de produire un soufflage efficace pour un fourneau à vent, la colonne de pression doit être quatre fois aussi grande ou de 21 atmosphères. Un pareil effet nécessiterait une puissance de 3426 chevaux, en admettant qu'un

cheval puisse travailler huit heures par jour, élevant 140 livres à 200 pieds par minute.

Malgré les insuccès de *Papin* et les argumens plausibles
soulevés contre ses projets, ils ont cependant encore été mis
à exécution en Angleterre.

M. *Samuel Wright* a pris une patente pour un moyen de
transmettre la puissance avec de l'air comprimé; mais il n'a
fait aucune application de son principe. Mais M. *Hague* a
exécuté une machine qui agit au moyen de la raréfaction de
l'air, par une pompe à air. Il en établit même plusieurs sur
le même principe, dont le succès ne laisse aucun doute sur
ce que les procédés de *Papin* ont manqué par suite de quelques dispositions défectueuses, ou de l'imperfection de la main-
d'œuvre. Nous allons décrire quelques-unes des machines de
M. *Hague*.

La première consiste en une espèce de grue destinée à
élever les marchandises dans la partie supérieure des magasins. — *Fig.* 9. *a* représente un des côtés du magasin;
b est un cylindre creux placé le long de la muraille du magasin; *c* est un piston destiné à se mouvoir dans le cylindre
et imperméable à l'air; il est attaché à une corde ou chaîne
qui passe sur l'arceau *k; g* est la charge attachée à la corde;
d est une pompe à air double manœuvrée par deux manivelles
qui peuvent être mues à la main ou à la vapeur; *e* est un
tube de communication entre les pompes à air et le cylindre;
il est muni d'un robinet *f*. Cela posé, quand la pompe est
mise en mouvement, l'air, dans le cylindre, deviendra de
plus en plus raréfié, et la pression de l'atmosphère agissant
d'autant plus sur le piston du cylindre, l'obligera à descendre en même temps qu'il soulèvera la charge *g*. Mais
c'est un inconvénient très-grave que l'effet de cette machine
soit limité à la puissance atmosphérique développée sur un
piston, dont la largeur ne peut être que celle d'un cylindre
qu'il n'est pas facile de faire très-grand en diamètre. Mais
par suite d'un excellent arrangement, M. *Hague* est parvenu
à rendre son système applicable à l'élévation de n'importe
quelle charge. Le voici :

Fig. 11. *a* représente le cylindre moteur oscillant sur des
tourillons, dont l'un contient les passages qui communiquent
à chaque fond du cylindre; *b* est la tige du piston liée à la
manivelle; *dd* sont des guides; *e* est un pinion adapté à l'axe

de la manivelle qui donne le mouvement à une roue dentée fixée au tambour *g*; *i* est une boîte à valve, dans laquelle le tourillon creux du cylindre se meut, il sert à admettre l'air atmosphérique qui doit presser sur un des côtés du piston pendant que l'air est retiré du côté opposé, au moyen d'une pompe à air mue par une machine à vapeur; *k* est le manche du tiroir ou robinet destiné à renverser et régler le mouvement de la machine; *l* est le tube qui communique à la pompe à air; *m*, volant.

Quoique nous pensions qu'il est bien plus simple d'appliquer immédiatement le pouvoir moteur aux fardeaux à soulever ou aux résistances à vaincre; que la distance comprise entre les machines motrices et les résistances n'est point un obstacle à l'emploi des communications de mouvement qu'on adopte aujourd'hui presque généralement dans toutes les usines; qu'il vaut encore mieux, dans toutes les localités où la chose est praticable, établir le moteur près de la résistance et supprimer, autant que possible, les intermédiaires de mouvement; nous ne croyons pas inutile de décrire encore un procédé du même ingénieur, destiné à faire mouvoir un martinet de forge, et qui est fondé sur des principes semblables.

Fig. 12, *a b* est le martinet oscillant en *a*; *c* est l'enclume; *d*, un cylindre situé immédiatement au-dessus du martinet; *e*, piston lié au martinet par la barre *f* et les bielles *g*; *h* est un tiroir valve mu par le levier *i*, lequel est mis en mouvement par une cheville fixée à la barre *f*. Quand le piston arrive à l'extrémité du cylindre, la valve glisse de manière à fermer la communication avec la pompe à air, et à admettre la pression de l'atmosphère; le marteau alors suit le mouvement du piston, et tombe par son propre poids. Au moment de la chute, le marteau, par le moyen d'une corde qui lui est attachée ainsi qu'au levier *i*, renverse la position de ce levier, ainsi que du tiroir, et ouvre ainsi de nouveau la communication entre le cylindre et la pompe à air. *k* est le tube qui communique à la pompe à air; *m*, robinet destiné à arrêter la communication quand le martinet ne doit plus travailler; *n n*, levier destiné à manœuvrer le robinet.

Plusieurs autres mécaniciens ont employé la compression de l'air pour transmettre, à de grandes distances, une puissance motrice, et cela dans le but d'obtenir l'ascension de l'eau. Nous avons dit que *Papin* était un des premiers à qui cette idée soit venue. La *fig.* 13 représente une application de ce genre à l'élévation de l'eau au travers de passages étroits et tortueux. *a a* est un cylindre dans lequel fonctionne un piston *p*; le moteur est une machine à vapeur. *h g* sont des tubes de cuivre qui établissent une communication entre le cylindre *a*, *a* et le vaisseau en fonte de fer *k*, *l*; *o o* est un large tuyau de conduit en cuivre, ou en toute autre matière, par où passe l'eau qui part du vaisseau *k l* et se décharge en *f*. En *r* est une cloison qui divise le réservoir en deux parties *k* et *l*. *s*, *s* sont deux compartimens impénétrables à l'air, ouverts par le bas. *e* est un robinet à deux fins, qui établit alternativement la communication de *a* en *k* et de *a* en *l*. Les autres parties de l'appareil se comprendront par la manière dont il fonctionne.

Supposons que le piston *p* s'élève, l'air compris au-dessus de lui sera poussé par le tube *e* et conduit par *h* dans le vaisseau *k*; l'eau de cette dernière capacité soulèvera la valve *t* et passera dans le tube *o o* en s'élevant; en même temps il s'introduira de l'air au-dessous du piston par la soupape *b*. Quand le piston descend l'air contenu au-dessous, dans le cylindre, il passe à la partie supérieure du même cylindre par la valve *d*. Cette opération doit être continuée jusqu'à ce que le vase *k* soit entièrement vidé d'eau, alors le robinet à deux fins, *e*, doit prendre son autre position et établir la communication par la valve *c* et le tube *g* avec la capacité pleine d'eau *l*, en même temps l'air qui avait été refoulé en *k*, rentre dans le cylindre par *w* (les lignes ponctuées indiquent la nouvelle position des voies du robinet à deux fins); si bien qu'il n'est plus nécessaire d'introduire de l'air nouveau par .... avons dit que cela se pratiquait au commenc............ pération; à moins, cependant, qu'il ne s'en soit échappé une certaine portion avec l'eau. Quand l'air est expulsé du compartiment *k*, cette capacité se remplit d'eau de nouveau par la soupape *m*, la valve *t* s'étant fermée par la pression de la colonne d'eau *o o*. Pendant ce temps-là, l'eau en *l* est refoulée au travers de *u* de la même manière qu'elle l'a été de *k* par *t*. Le robinet *e* doit être mu à la main, ou par la machine motrice, après qu'un nombre suffisant de coups de piston dans le cylindre a déplacé l'eau d'un des compartimens du vaisseau inférieur.

Afin d'éviter les intermittences d'action qu'offrent les pompes ordinaires, on a eu l'idée d'attacher les tiges de deux pompes au même balancier, et de combiner leur mouvement de manière à ce que, quand l'une est au point de repos, l'autre est en fonction. On a vu que les pompes à incendie se composent de deux corps de pompes qui agissent alternativement, et qu'au moyen de cette disposition et d'un réservoir d'air on est parvenu à éviter les intermittences et à obtenir un jet d'eau continu.

L'application d'un réservoir d'air est d'une grande importance dans les machines qui servent à élever les eaux ; mais ce n'est pas seulement sous le point de vue de rendre les jets continus, que sous celui d'éviter les fractures qui résulteraient des arrêts brusques d'une grande masse d'eau incompressible. Ces arrêts se répètent autant de fois que les clapets se ferment dans les renversemens de mouvement, la réaction s'opère sur les parties environnantes, et l'on crut autrefois à l'impossibilité d'obtenir des tubes assez résistans pour permettre l'élévation de l'eau à une grande hauteur. De là ces immenses échaffaudages de machines echelonnées sur la route que devaient parcourir les eaux, et contiguës à des tubes de conduits qu'on ne pouvait allonger que dans une étendue limitée.

Mais il fallait aussi qu'à chaque renversement de mouvement de la part des pistons, après chaque secousse violente produite et qui frappait d'arrêt la colonne d'eau primitivement animée ; il fallait, dis-je, que toute cette masse d'eau récupérât son mouvement, à partir du repos, ce qui ne pouvait s'opérer brusquement. De pareilles destructions de force ont été prévues par l'application des réservoirs d'air, qui, par sa vertu compressive et sa réaction, annihile les inconvéniens graves que nous venons de signaler. Les tubes de conduits peuvent être étendus, aujourd'hui, à-peu-près indéfiniment ; la seule pression qu'ils doivent supporter est celle due à la hauteur verticale de la colonne supérieure qu'il est facile d'évaluer en atmosphères. Un réservoir d'air est placé à la base des tubes, cet air se comprime dans les momens d'intermittence et réagit en moment opportun.

Parmi les pompes modernes, dans lesquelles on a cherché à prévenir l'intermittence du mouvement moteur, sans employer plusieurs coups de pompe, on distingue celle dont nous allons donner la description.

La *fig.* 14 représente une pompe à un seul corps, contenant trois pistons : *a* est le piston supérieur, dont la tige *b* est creuse et qui est liée à une barre courbée *d*, qui va se réunir ensuite à une des trois manivelles coudées en *e*. Le piston du milieu *f* est également adapté à une tige creuse *gg* qui, étant d'une dimension plus faible que la première, glisse librement dans son milieu et est ensuite attachée à la 2me manivelle et de la même manière en *h*. Enfin le troisième et inférieur piston *i* a une tige pleine *kk* qui passe au milieu des deux premières et est attachée directement à la manivelle du milieu.

Il est facile de concevoir comment, par cette disposition, le mouvement successif des manivelles opère le jeu des pistons et l'élévation de l'eau qui passe par leurs clapets. En élevant le piston *i*, le vide s'opère au-dessous et l'eau s'élève par le tube aspirateur *l*; elle remplit la partie inférieure du cylindre. Quand ce piston descend, l'eau passe en dessus en passant par son clapet; pendant que *i* descend, *f* s'élève, si bien que l'eau remplit l'espace compris entre eux deux; dans la réaction du piston *i*, une nouvelle quantité d'eau entre dans le cylindre, tandis que le piston *a* opère sur *f* de la même manière que ce dernier opérait sur *i*; ainsi, par suite du mouvement combiné des trois pistons, l'eau est sollicitée à monter sans aucune interruption. Quoique cette machine soit ingénieuse de construction et d'idée, il s'en faut qu'elle soit simple. L'adjonction de trois pistons, les chances de dérangement, les frottemens qui sont également triples, sont des inconvéniens qui tendent à rendre la préférence au récipient d'air dont nous avons parlé plus haut, et qu'on avait probablement en vue de supprimer.

Beaucoup d'essais variés ont été tentés pour obtenir des pompes mues par un mouvement de rotation continu. La description d'un nombre assez considérable de machines de ce genre a été donnée dans le *Manuel* du *Fontainier-Pompier* qui fait partie de cette collection (1). Nous nous bornerons, par conséquent, à présenter celle d'une nouvelle machine de cette espèce, qui suffira pour en donner une idée exacte.

(1) Chez RORET, rue Hautefeuille, N° 10 bis.

Fig. 15. *a a* est une boîte cylindrique de métal. Les protubérances qui existent à la circonférence sont destinées à recevoir les boulons du couvercle circulaire destiné à la boucher hermétiquement. *b* est le tube d'exhaussion ; *kkk* est la route que l'eau parcourt, et *c* le tube de dégorgement. *d* est une boîte ou noyau circulaire. Sur le contour de ce noyau sont adaptées des cloisons à charnière faisant l'office de pistons *g g g g*, qui s'ouvrent ou se ferment successivement par le concours du plan incliné *ee*; lequel plan incliné forme aussi cloison pour empêcher l'eau de passer en arrière de sa place. Après avoir dépassé ce plan incliné, les panneaux à charnière s'ouvrent, et leur tranche extérieure s'appuie et frotte contre la paroi intérieure de la boîte *aa*. L'eau qui a passé par le tube d'exhaussion dans la boîte et qui occupe les espaces marqués *k k k*, est alors poussée par les pistons qui tournent, et déchargée par un courant continu au travers de *c*. Pour empêcher que les pistons ne choquent violemment contre la paroi intérieure du cylindre, quand, par suite de leur mouvement de rotation, ils rencontrent l'eau, et aussi pour empêcher que des détrimens trop durs puissent s'introduire dans l'intérieur du noyau, on a fixé à chacune de ces cloisons une bande d'arrêt à ressort, *h h h h*. Les fonctions de ces pièces sont aisées à comprendre par le dessin. Pour faciliter la fermeture des cloisons à piston, quand elles arrivent au contact de la courbe *e e*, on les a fabriquées à charnière dans leur milieu, ce qui leur donne une grande flexibilité de mouvement (1).

_____

(1) Nous donnons encore, à la fin du volume, quelques machines qui nous ont paru intéressantes par leur nouveauté.

EXPÉRIENCES

CONCERNANT LE MOUVEMENT DES FLUIDES.

L'appareil dont on a fait usage dans la plupart des expériences suivantes, est le même que celui de *Poleni* (1). Il est représenté *fig.* 1. Le réservoir X, d'une forme conique, à quarante pouces de diamètre en C E, et trente en O P. F P est une plaque de cuivre dont le plan est perpendiculaire à l'horizon ; elle est appliquée sur un des côtés du réservoir. La valve F S, mobile au moyen de la tringle K, est un peu tirée vers la paroi du réservoir au-dessus de F, afin de ne pas empêcher le cours des particules liquides contenues dans le réservoir, par l'ouverture P. J'ai appliqué différens ajutages à cette ouverture, selon l'exigence des cas. Les tubes que j'employais, étaient fabriqués en fer-blanc de la meilleure qualité ; la jonction longitudinale des bords était obtenue par un contact immédiat, et non au moyen de collerettes ; l'ouvrage était exécuté avec un soin particulier. Quand l'ouverture se bornait à un orifice simple, pratiqué dans une plaque mince, l'épaisseur du bord n'excédait pas un quart de ligne.

Le vase supérieur Z sert à maintenir l'eau du réservoir X à la hauteur constante C E, pendant que l'écoulement se produit en P. Le tampon A B est tiré plus ou moins, afin de régler l'alimentation du réservoir. La boîte ou tablette D L a pour objet d'empêcher que l'eau, dans sa chute, n'excite aucune agitation qui puisse avoir de l'influence sur l'émission par P. L'ouverture en Q sert à l'écoulement de l'eau superflue qui pourrait s'élever au-dessus de la ligne C E. La hauteur de la surface C E au-dessus du centre de l'orifice

(1) *De Castellis.* Ce Traité d'hydraulique est réimprimé en trois volumes.

en P était de 32, 5 pouces, dans tous les cas où on n'a pas spécifié le contraire.

La plupart des expériences que nous allons décrire furent faites en public, au théâtre philosophique de Modène ; plusieurs savans y assistèrent, et les différentes parties des expériences furent suivies par plusieurs personnes à la fois. Un de ces opérateurs répétait les secondes d'une manière distincte, au moyen d'une montre à secondes ; un autre tirait en arrière la valve S F ; un troisième réglait, par le moyen du tampon B, l'introduction de l'eau, de telle façon qu'il s'en écoulât constamment une petite quantité par Q. A un instant convenu, les passages de l'eau étaient fermés. Chaque expérience fut répétée un certain nombre de fois, jusqu'à ce que l'accord des résultats eût enlevé toute suspicion d'erreur. Je suis assuré que, même dans les cas les plus compliqués, la quantité d'erreur ne peut excéder la quarantième partie du résultat.

Les mesures indiquées dans le cours de ces expériences proviennent d'une toise réglée sur celle de l'Académie, que le citoyen *Lalande* m'envoya en 1783. Ces mesures, aussi bien que les autres du 18me siècle, auront le sort qui leur est préparé par l'établissement du nouveau mètre. Elles peuvent être réduites à ce nouvel étalon, en observant que le pied est au mètre comme 100 est à 308.

Les plus sages philosophes ont leurs doutes relativement à toute théorie abstraite, concernant le mouvement des fluides ; et même les plus grands géomètres avouent que les méthodes qui ont produit des progrès si surprenans dans la mécanique des corps solides, n'ont ajouté aucun éclaircissement à l'hydraulique ; qu'elles sont trop générales et incertaines pour le plus grand nombre de cas particuliers. Convaincu de cette vérité, je n'ai eu recours à la théorie que quand elle se combinait avec les faits et qu'il était nécessaire de les réunir sous un seul point de vue. Cette petite portion même de la théorie peut être mise de côté, si cela plaît au lecteur ; et il pourra considérer les propositions suivantes simplement comme les résultats de l'expérience.

Quand nous citerons le travail estimable de *Bossut* , sur l'hydrodynamique, nous parlerons seulement de l'édition de 1786 (1).

---

[1] Je considère ce traité comme supérieur à tous ceux qui existaient auparavant. Il est fondé sur la combinaison des principes, de l'expérience et de la théorie. J'ai profité de ces principes, ainsi que de plusieurs remarques particulières que les mêmes auteurs *Bossut* et *Prony* ont été assez bons pour me communiquer après avoir lu mon mémoire.

RECHERCHES EXPÉRIMENTALES

Sur le principe de la communication latérale du mouvement dans les fluides, appliquées à l'explication de différens phénomènes hydrauliques.

PROPOSITION Ire.

Le mouvement d'un fluide est communiqué aux parties latérales qui sont à l'état de repos.

Isaac Newton a établi que quand le mouvement est produit dans un fluide, et a passé au travers d'une ouverture B C, *fig.* 2, il diverge en dehors de cette ouverture comme d'un centre, et est propagé en lignes droites vers les parties latérales N et K aussi bien que vers S. L'application immédiate de ce théorème ne peut être faite à un jet qui se ferait issue par B C, situé à la surface d'une eau tranquille; circonstance qui rentre dans le cas qui transforme le résultat du principe dans des mouvemens particuliers. Il n'en est pas moins vrai que le jet B C communique son mouvement aux parties latérales N et K; mais il ne les repousse pas vers P et Q; au contraire, il les transporte avec lui vers S, selon le courant qui lui est propre (1).

1re *Expérience.* — Le tuyau cylindrique et horizontal A C, *fig.* 3, est introduit dans le vaisseau D E F B, qui est

---

(1) *Venturi* fait ici allusion au corollaire de la 4me proposition des principes de la philosophie naturelle de *Newton*. Mais il n'a pas compris parfaitement l'objet de cette proposition ; car *Newton* traite seulement de la propagation de pression dans les fluides, et non du mouvement effectif de leurs parties ; la propagation ou diffusion de pression au travers d'une masse fluide est déterminée par des conditions qui sont différentes de celles qui déterminent les mouvemens d'un fluide, ou de ses parties.

rempli d'eau jusqu'à la hauteur D B. A l'opposé, et à une petite distance de l'ouverture C, commence un petit canal rectangulaire de fer-blanc S M R B, qui est ouvert en dessus selon S R. Le fond incliné M B repose sur un des bords du vaisseau B. La largeur est de 24 lignes, le diamètre du tube A C est de 14,5 lignes. L'extrémité A est appliquée à l'ouverture P de l'appareil *fig.* 1; l'eau du réservoir étant admise à s'écouler au travers de A C, le jet suit le canal M B et s'épanche en dehors selon B V. Par ce moyen, un courant se produit dans le fluide du vaisseau D E F B; le fluide entre dans le canal S R et se fait issue par M B V avec le jet A C, de telle sorte qu'en peu de secondes l'eau en D B s'abaisse en M H.

2me *Expérience.* — Si on laisse tomber quelques corps légers dans le voisinage du jet P Y, *fig.* 1re, qui s'écoule par l'ouverture P, et qui tombe d'une certaine hauteur dans un vase inférieur R T, on verra que ces corps légers sont transportés par l'air le long du jet descendant P Y; une partie de cet air est entraînée et plonge avec l'eau dans le vase inférieur.

Ces expériences prouvent évidemment que le fluide qui se fait issue par B C, *fig.* 2, imprime son mouvement aux parties latérales N et K, non en les poussant vers P et Q, mais en les entraînant avec lui-même. J'appelle cet effet, *la communication latérale du mouvement dans les fluides.* Newton qui connaissait cet effet en a déduit la propagation du mouvement de rotation qui s'observe, de l'intérieur à l'extérieur, dans les tournans d'eau. C'est cette communication latérale de mouvement qui est occasionnée par la visquosité ou l'adhésion mutuelle des parties du fluide, ou leur engagement mutuel, leur mélange, ou encore la divergence des parties en mouvement. Nous pourrons dire quelques mots à ce sujet, quand nous aurons vu les effets. Pour le moment, quelles que soient les causes, prenons les effets tels que l'expérience les fait voir, admettons-les en principe, et tâchons, afin de vérifier les résultats, de les appliquer à quelques cas particuliers.

La première circonstance à laquelle je propose d'appliquer ce principe, est l'accroissement de dépense d'un fluide qui passe au travers d'un orifice muni de tubes additionnels.

PROPOSITION II.

« *Si cette partie d'un ajutage cylindrique, qui est la plus voisine du côté du réservoir, est contractée, selon la forme de la veine fluide contractée qui s'échappe d'un orifice mince, de même diamètre, la dépense sera la même que si le tube n'était point contracté.* »

Il est bien connu que quand l'eau d'un réservoir s'écoule au travers d'un orifice mince, la veine fluide qui forme le jet se contracte à une petite distance de l'orifice ; et le diamètre de la veine contractée est environ les 0,8 du diamètre de l'orifice. *Poleni* observa le premier qu'en appliquant un ajutage cylindrique de même diamètre que l'orifice, et de deux ou quatre fois sa longueur, la dépense s'augmentait dans le rapport de 100 à 133. Pour se rendre compte de cette augmentation, il supposait que la veine était moins contractée dans l'ajutage qu'après son passage au travers de l'orifice mince. La supposition n'était point déraisonnable, mais elle ne pouvait point s'appliquer au cas annoncé dans cette proposition. Nous allons en donner les détails dans les expériences suivantes.

3ᵐᵉ *Expérience.* — *Fig.* 4. A l'ouverture P j'appliquais un orifice circulaire de 18 lignes de diamètre ; cet orifice était percé dans une plaque mince. 4 pieds cubes d'eau s'écoulèrent dans le vaisseau Y dans l'espace de 41 secondes.

J'appliquais ensuite à ce même orifice un tube cylindrique de même diamètre et de 54 lignes de longueur. Les 4 pieds cubes d'eau n'employèrent que 31 secondes pour s'écouler.

Je remplaçais ce tube par celui qui est dessiné *fig.* 5 ; les différentes parties de ce tube avaient les proportions suivantes : $AC = GI = MN = 18^l$, $DF = 14,5^l$, $AB = 11^l$, $BG = 10^l$, $GM = 37^l$, $AM = 58^l$. Avec ce tube la dépense de 4 pieds cubes d'eau exigea 31 secondes, de même qu'avec le tube simple.

La forme de la portion conique A C D F était à-peu-près la même que celle de la veine contractée qui passe au travers d'un orifice pratiqué à une plaque mince. La veine doit, par conséquent, avoir passé au travers d'une contraction presque égale à celle de la veine contractée. La dépense était néanmoins plus abondante, à proportion égale, qu'au travers d'un simple tube. Il suit de là, par conséquent, que la vitesse de section D F et du cône entier A C D F, doit avoir été plus grande que celle de la veine contractée, relative à la plaque mince. Il reste à connaître quelle est la cause de cette augmentation de vitesse, qui se produit dans le tube, et qui ne se manifeste pas à l'extérieur.

L'expérience suivante prouve que le tube conique A C D F n'est point la cause de cette augmentation de dépense.

4me *Expérience.* — Le tube conique A C D F, dont on sépara la partie D G M N I F, fut appliqué à l'orifice P. Les 4 pieds cubes d'eau s'écoulèrent en 42 secondes; ce qui, à une seconde près, est le temps de la dépense par un orifice A C pratiqué à une plaque mince. La petite différence dans les temps provient de ce qu'il est presque impossible de donner au tube A D C F une forme exactement semblable à celle de la veine contractée.

PROPOSITION III.

La pression de l'atmosphère accroît la dépense de l'eau qui s'écoule par un tube cylindrique simple, quand elle est comparée avec celle qui s'écoule au travers d'un orifice pratiqué à une plaque mince, quelle que soit d'ailleurs la direction du tube.

On sait, depuis long-temps, que le mouvement d'un fluide pesant qui descend dans un tube cylindrique tend à s'accélérer. Les parties inférieures tendent à se séparer des supérieures, et par ce moyen obligent la pression de l'atmosphère d'accroître la vitesse des parties supérieures. Cette accélération successive, due à la gravité, ne saurait avoir lieu dans un tube horizontal ou ascendant. Nous verrons cependant que la pression de l'atmosphère agit même dans ces dernières situations, pour augmenter la vitesse du fluide dans l'intérieur des tubes. Certaines questions de droit légal, relatives à la quantité d'eau fournie par les tubes des canaux d'irrigation, furent agitées dans mon pays, et dirigèrent mon attention sur cet objet; et dans l'année 1791 je fis les expériences suivantes, en public, au théâtre de la philosophie naturelle à Modène.

5me *Expérience.* — *Fig.* 1. Un tube cylindrique de 54 lignes de longueur et de 18 de diamètre fut appliqué à l'ouverture P. A une distance de 9 lignes de l'intérieur de l'orifice P, douze petits trous furent pratiqués dans sa circonférence. Quand ces petites ouvertures furent débouchées, les 4 pieds cubes d'eau employèrent 41 secondes pour passer au travers, de la même manière qu'au travers de la plaque mince. Aucune goutte d'eau ne s'échappa par les petites ouvertures, le courant ne remplissait pas le tube; elles furent ensuite bouchées les unes après les autres avec de la peau mouillée. Tant qu'il y eut une de ces ouvertures débouchée, la dépense fut la même, et quand toutes furent fermées, le courant remplissant le tube en entier, les quatre pieds cubes d'eau s'écoulèrent en 31 secondes.

6me *Expérience.* — Au tube cylindrique K L V, *fig.* 6, de 18 lignes de diamètre et de 57 lignes de longueur, on appliqua un tube de verre Q R S T, à la distance de huit lignes de l'intérieur de l'orifice K. Le tube de verre fut plongé dans un vase T, contenant de l'eau colorée. Quand cet appareil fut adapté à l'ouverture P, *fig.* 1, les quatre pieds cubes d'eau s'écoulèrent en 31 secondes. L'eau colorée s'éleva dans le tube de verre T R à une hauteur S de 24 pouces au-dessus de la surface en T.

La branche R T du tube de verre fut raccourcie de telle façon que R T fut seulement de 6 pouces plus longue que R Q. L'écoulement ayant été produit, l'eau colorée du vase T s'éleva dans le tube R T et se mêla avec l'eau qui s'écoulait du réservoir au travers de K V, tous les deux s'échappèrent par V, et en peu de temps le vaisseau T fut vidé.

Je répétais ces expériences avec le tube composé *fig.* 5, les résultats furent les mêmes.

7me *Expérience.* — Le tube cylindrique K L V, *fig.* 6, fut appliqué dans une situation ascendante et presque verticale à l'orifice R, *fig.* 8, du vaisseau H I dont l'extrémité H communiquait, par un orifice d'une grande étendue, avec l'eau du réservoir X, *fig.* 1; la charge sur l'extrémité ouverte V du tube était de 27,5 pouces. J'inclinais un peu le tube en dehors de la direction verticale, afin que le jet ne puisse retomber sur lui-même. Le tube de verre QRT, *fig.* 6, dans cette nouvelle situation, fut disposé de telle manière que son extrémité basse fut plongée, comme auparavant, dans l'eau colorée du vaisseau T. Quand l'écoulement fut produit, la dépense de quatre pieds cubes d'eau fut obtenue en 54 secondes; et l'eau colorée s'éleva dans le tube R T à une hauteur d'environ 20 pouces. Avec la même charge de 27,5 pouces, l'orifice de 18 lignes, dans la plaque mince, produisit l'écoulement des 4 pieds cubes d'eau en 46 secondes.

8me *Expérience.* — Un vaisseau cylindrique de 4,5 pouces de diamètre, ayant dans une de ses parois verticales, près de la base, un orifice circulaire de 4,5 lignes de diamètre, pratiqué dans une plaque mince de fer-blanc; la surface de l'eau contenue dans ce vaisseau était élevée de 8,5 pouces au-dessus du centre de l'orifice. L'eau fut alors rendue libre de s'écouler par cette ouverture, et sa surface fut déprimée de 7 pouces dans le vaisseau en 27,5 secondes de temps.

A la même ouverture fut appliqué un tube cylindrique du même diamètre, et de onze lignes de longueur. Le vaisseau fut rempli à la même hauteur; quand l'écoulement fut obtenu, la surface se déprima de 7 pouces en 21 secondes.

La même expérience fut répétée sous le récipient d'une machine pneumatique, dans lequel la colonne mercurielle se soutenait à 10 lignes de hauteur. La surface de l'eau dans le vaisseau fut déprimée de 7 pouces en 27,5 secondes, soit que l'orifice fût pratiqué dans une plaque mince, soit qu'il fût pourvu d'un ajutage cylindrique.

La hauteur de l'eau colorée dans le tube de verre (*expériences* 6 et 7) mesure la quantité de pression atmosphérique qui s'exerce sur la surface de l'eau dans le réservoir X, pour augmenter la dépense. Par exemple, dans la 6me *expérience*, nous avons 32,5 + 24 pouces pour la charge sur l'orifice P; et nous avons presque la proportion

$$\sqrt{32,5} : \sqrt{56,5} :: 31'' : 41''$$

Ainsi que l'indique la théorie ordinaire du mouvement des fluides qui s'écoulent par une petite ouverture. Par la 7me *expérience* on obtient les mêmes résultats.

Daniel Bernouilli fit la 7me expérience dans les tubes des-cendans, et dans les tubes coniques divergens, et expliquait les résultats simplement par la théorie de la conservation des forces vives. *Euler* et *d'Alembert* objectèrent que la pression de l'atmosphère était comprise dans l'effet (1).

Quoique le cas des tubes descendans soit différent de celui des tubes horizontaux ou ascendans, la connaissance du pre-mier de ces deux cas peut néanmoins faciliter celle du second. Peut-être que les causes qui agissent dans les deux cas sont souvent combinées ensemble, et il est nécessaire d'être bien familier avec les deux pour distinguer les résultats. C'est pour cela que, dans la proposition suivante, je me suis écarté, pour un moment, de mon principal objet, afin de considérer le premier cas, après quoi je m'occuperai du second.

PROPOSITION IV.

Dans les tubes descendans, dont l'extrémité supérieure pos-sède la forme de la veine contractée, la dépense est telle qu'elle correspond à la hauteur du fluide, au-dessus de l'extrémité inférieure du tube.

Les anciens ont remarqué qu'un tube descendant, appliqué à un réservoir, augmentait la dépense (2). *Mariotte* estime que l'eau s'écoule au travers de C Q, *fig.* 7, avec une vitesse presque moyenne, proportionnelle entre les vitesses résultant des deux hauteurs A B et A C (3). *Guglielmini* cherche la cause de cette augmentation dans le poids de l'atmosphère, et calcule que la vitesse en O est la même que celle qui résul-terait de la hauteur totale A C (4). Dans son raisonnement, il suppose que la pression en C est la même pour l'état de mouvement comme pour celui de repos; ce qui n'est pas vrai. Dans l'expérience qu'il fit à ce sujet, il ne considère ni la

(1) *D'Alembert*, Traité des fluides. Article 149.

(2) Calix devexus amplius rapit. *Frontin*, de aquœduct, article 36. Voyez aussi les pneumatiques d'*Heron*, édition de 1693, page 157.

(3) Mouvement des eaux, partie iii, disc. 2.

(4) Epist. hydrostatic. Oper. tom i, p. 212.

diminution de dépense résultant des irrégularités de la surface intérieure des tubes, ni d'augmentation produite par la
forme des tubes eux-mêmes. Par une singularité accidentelle, une de ces erreurs est compensée par l'autre. Je ne
connais, depuis *Guillielmini*, aucune expérience décisive faite
sur ce chapitre; je procéderai, par conséquent, à établir la
proposition sur le principe de l'ascension virtuelle, combinée
avec la pression de l'atmosphère, et de manière à parer à toute
objection de la part de la théorie ou de l'expérience.

Soit B L K O, *fig.* 7, un tube conique façonné selon la
forme de la veine contractée (1). Le tube cylindrique LCQK
est d'un même diamètre que la partie contractée de la veine
fluide. La couche liquide L K, continuant de descendre
au travers de L C, tend à accélérer son mouvement, d'après
les lois de la gravitation; et par conséquent, quand elle passe
de L K en M N, elle tend à se détacher elle-même de la couche
qui suit; ou, en d'autres termes, elle tend à produire un vide
entre L K et M N. Le même effet se produit au travers de
toute la longueur du tube L C. La pression de l'atmosphère
agit autant qu'il est nécessaire pour empêcher le vide. Son
action est la même, à la fois, à la surface du fluide en A
comme à l'extrémité inférieure du tube en C. En A elle
augmente la dépense, en C elle détruit la somme des accélérations qui seraient produites le long de LC, de telle sorte
qu'il n'y a point de solution de continuité dans le tube.

Soit T, le temps que la colonne non interrompue du fluide
LCQK emploie à passer au travers de L C, quelles que puissent être d'ailleurs la vitesse en L et l'accélération successive de L en C. Si nous supposons que la même colonne se
rebrousse de D en E, elle traversera un espace DE = LC
dans le même temps T, pendant lequel elle perdra toute l'accélération qu'elle a acquise de L en C. La pression de la colonne E D, continuée pendant le même temps T, est, par
conséquent, la quantité nécessaire pour détruire l'accélération
successive de L en C, et pour contrarier toute séparation dans
la colonne dans le tube LC. Ainsi donc, cette partie de la
pression atmosphérique, qui s'exerce en C Q pour détruire

(1) Quand je parle de la forme de la veine contractée, j'ai toujours en
vue d'exprimer le conoïde formé par le fluide qui s'échappe au travers
d'un orifice pratiqué dans une plaque mince.

la somme des accélérations au travers de L C, est égale à la pression de la colonne E D du fluide qui est homogène avec celle du réservoir A B. Et puisque la même pression doit aussi s'exercer sur la surface A du réservoir, si nous faisons A = L C, le fluide en L K possèdera la vitesse qui est appropriée à la hauteur F L = A C, sans avoir égard au retard que peuvent produire les inégalités intérieures du tube LCQK.

9me *Expérience.* — 1º l'orifice P, *fig.* 1, pratiqué à la plaque mince, est circulaire et a 18 lignes de diamètre. La charge d'eau au-dessus du centre de l'orifice est de 40 pouces. Quatre pieds cubes d'eau furent émis en 38 secondes.

2º à l'orifice P, *fig.* 1, fut appliqué le tube A C D, *fig.* 4. La partie A C a la forme de la veine contractée. Le diamètre en A est de 18 lignes, la longueur A D de 31 pouces, et sa position est horizontale. La dépense des 4 pieds cubes d'eau eut lieu en 48 secondes.

3º Le même orifice et le même tube furent appliqués au fond horizontal du réservoir *fig.* 7, de manière à ce que le tube fût vertical, A C = 40 pouces; c'est la hauteur de la charge dans les deux dernières expériences; les 4 pieds cubes d'eau s'écoulèrent en 48 secondes, de même que dans la 2e expérience.

10me *Expérience.* — La dernière expérience décrite fut répétée avec une ouverture de 11,2 lignes de diamètre. L'extrémité A C du tube *fig.* 4 a la forme de la veine contractée; l'extrémité A a le même diamètre que celui de l'ouverture; les autres circonstances sont semblables à celles des cas précédens. Dans la disposition qui se rapporte au premier cas, quatre pieds cubes d'eau s'écoulèrent en 98 secondes; dans celle du second cas, le temps fut de 130 secondes; dans celle du troisième, 129 secondes.

Dans chacune de ces expériences, les tubes et la dépense d'eau furent les mêmes pour le second et le troisième cas; d'où il suit que la force qui produisait et réglait la dépense était la même dans les deux cas. Maintenant la force qui agissait dans le second cas était la même que dans le premier; par conséquent, la même force agissait de la même manière dans le premier et dans le dernier cas. Toute la différence des résultats entre le premier et les deux cas suivans provient du retard qui résulte des inégalités intérieures des surfaces des tubes.

11me *Expérience*. — La hauteur A B, *fig.* 7, étant constamment de 32,5 pouces, et l'orifice B O de 18 lignes de diamètre, le tube B O C Q fut appliqué à ce même orifice, l'extrémité supérieure de ce tube ayant la forme de la veine contractée. Quand la longueur du tube fut variée, les temps d'écoulement des 4 pieds cubes d'eau furent tels qu'ils sont rapportés dans la table suivante :

Longueur du tube BC en pouces.	Temps de l'écoulement de 4 pieds cubes, par l'expérience	Temps calculé par la théorie, sans avoir égard au retardement.	Différence entre la théorie et l'expérience.	Retardement éprouvé dans ces expériences.
3	41 secondes.	40 secondes.	1 secondes.	1,3 secondes.
12	38	35,2	2,8	3,4
24	35	31,2	3,8	5,0

La 5me colonne de cette table est calculée d'après la proportion de retard produit par les irrégularités des surfaces intérieures des tubes.

Le citoyen *Bossut* a observé que ces retards (1) augmentent plutôt dans un rapport moindre que la vitesse du courant. Telle est probablement la cause des différences observées entre la 4me et la 5me colonne.

12me *Expérience*. — J'appliquais à l'orifice P, *fig.* 1, les mêmes tubes que dans les expériences précédentes, l'un après l'autre, dans une position horizontale, la charge étant cons-

(1) Hydrodynamique, art. 622.

lamment de 32,5 pouces au-dessus du centre de l'orifice. Le temps de l'écoulement fut tel qu'il est indiqué dans la table suivante :

Longueur du tube BC en pouces.	Temps de l'écoulement pour 4 pieds cubes.	Différence.
0	41 secondes.	0″
3	42,5	1,5
12	45	4
24	48	7

Je dois observer ici que la viscosité, ou la mutuelle adhésion des particules liquides (1), est d'une très-petite importance pour l'augmentation de dépense, au travers de l'orifice BO, *fig.* 7, par le tube BC; car aussitôt qu'une petite ouverture est débouchée en *k*, l'accroissement de dépense diminue ou cesse entièrement, et le fluide n'est pas long-temps continu dans le tube.

Nous allons reprendre les tubes situés dans une position horizontale et ascendante.

PROPOSITION V.

Dans un tube additionnel conique, la pression de l'atmosphère augmente la dépense, dans la proportion de la section extérieure du tube à la section de la veine contractée, quelle que puisse être la position du tube, pourvu que la figure intérieure soit entièrement appropriée à la communication latérale du mouvement.

Nous avons vu (*prop.* 3) que la pression de l'atmosphère augmente la dépense au travers des tubes additionnels, quelle que puisse être leur position. Nous examinerons, en dernier

(1) *Gravessende* et d'autres ont attribué l'augmentation de dépense, au travers des tubes descendans, à la cohésion naturelle des particules de l'eau.

lieu, le mode d'action par lequel l'atmosphère produit cette augmentation, et détermine les résultats qui en découlent. Je commencerai par le cas le mieux adapté pour favoriser l'action de l'atmosphère, qui est celui des tubes coniques divergens, d'une certaine forme, que nous n'avons pas encore considéré.

Appliquons l'extrémité A B, *fig.* 10, du tube A B E F à un orifice pratiqué à une plaque mince; la partie A B C D est à-peu-près de même figure que la veine contractée, laquelle figure, comme nous l'avons vu, n'altère pas sensiblement la dépense (*expérience* 4). Le fluide qui passe par C D est disposé à continuer sa route d'une manière cylindrique, telle que C D H G. Mais si les parties latérales du tube divergent C E G, D F H, contiennent une masse fluide à l'état de repos, le courant cylindrique C D H G communiquera son mouvement aux parties latérales (*proposition* 1re), successivement de proche en proche; et pourvu que la divergence des côtés C E, D F soit celle qui est la mieux appropriée à la prompte et complète communication latérale du mouvement, tout le fluide contenu dans le cône tronqué C D E F acquerra dans sa longueur la même vitesse que celle du courant qui continue à s'opérer au travers de C D. D'après cette supposition, pendant que la couche fluide C D Q R, conservant sa vitesse et sa densité ou épaisseur, passerait dans R Q T S, un vide se formerait dans la zône solide R *m r* S Q *o n* T; car autrement, si on suppose que la couche C D Q R, conservant sa vitesse progressive, peut s'élargir en R Q T S, cela ne pourra arriver sans qu'elle augmente d'épaisseur et se détache de la couche qui la suit; et par ce moyen elle laisserait un vide égal en grandeur à la zône ci-dessus mentionnée. Un effet semblable aurait lieu dans tout le tube C E, et si on suppose la quantité C *m* invariable, la somme de tous ces espaces vides sera égale à la zône solide V E *x* G *z* Y F H.

D'après ces considérations, nous voyons que la communication latérale du mouvement produit le même effet dans un tube conique, soit horizontal, soit vertical, que la gravité dans un tube descendant de la 4me proposition. L'atmosphère, dans ce cas aussi, rend une partie de sa pression active sur le réservoir et sur E F. Si l'action de l'atmosphère sur le réservoir accroît la vitesse de la section C D, cette vitesse se communiquera semblablement à tout le fluide C D F E, et la tendance au vide se prononcera comme auparavant; mais puisque la pression de l'atmosphère s'exerce également en EF, elle soustraira en EF toute la vitesse ajoutée en CD; si bien que, étant déduite des mêmes masses, et en même temps à EF, il n'y aura plus de solution de continuité dans le tube. On trouve par le calcul que cela doit arriver quand la vitesse en CD est augmentée dans le rapport de CD^2 à EF^2.

En appliquant les lois du mouvement aux filets latéraux d'un fluide dont le courant s'écoule au travers de AB, on trouve qu'ils tendent à décrire une courbe qui commence dans le réservoir, par exemple en A, et se continue vers CSE. Pour déterminer la nature de cette courbe, il est nécessaire de connaître et de combiner ensemble par le calcul, la convergence mutuelle des filets fluides en AB, la loi de communication latérale du mouvement des filets entr'eux, et leur progression divergente de C en E. Ces combinaisons et ces calculs sont peut-être au-dessus des efforts de l'analyse. Puisque le tube ABFE possède une forme variable d'après cette courbe naturelle, les résultats de l'expérience différeront toujours plus ou moins de la théorie.

13me *Expérience*. — Le tube composé ABFE, le même que celui de la *fig.* 10, ayant les dimensions suivantes en lignes AB = EF = 18; AC = 11; CD = 15,5; CG = 49, fut appliqué à l'orifice P, *fig.* 1; sous une charge de 32,5 pouces, les quatre pieds cubes d'eau furent émis en 27", 5.

Nous avons vu que dans la troisième expérience, sous de pareilles circonstances, l'orifice pratiqué à une plaque mince fournissait les 4 pieds cubes d'eau en 41 secondes. La veine contractée était les 0,64 de l'orifice. Par conséquent, en suivant l'énonciation du théorème, la dépense au travers du tube ABFE doit se faire en 26"24. L'expérience tombe un peu en dessous de la quantité de 1", 26.

14me *Expérience*. — Entre les deux tubes coniques des expériences précédentes on a interposé un tube cylindrique, de trois pouces de longueur et de 15,5 lignes de diamètre. L'interposition du cylindre entre les deux cônes fut faite telle qu'elle est indiquée *fig.* 13. Cette addition produisit un retardement dans la dépense de une seconde, le temps étant devenu égal à 28",5.

15ᵐᵉ *Expérience.* — La charge du réservoir étant constamment de 32,5 pouces, la portion du tube ABCD, *fig.* 11, a les mêmes dimensions que ci-dessus; le tube CDFE avait 78 lignes de longueur, et son diamètre EF avait 23 lignes. A ce tube horizontal j'ajoutais trois tubes de verre : le premier DX en CD; le second NY à 26 lignes de distance du premier; et le troisième OZ à 26 lignes de distance du second. Les extrémités inférieures de ces tubes furent plongées dans le mercure contenu dans un vaisseau inférieur Q. Quand l'eau fut admise à s'écouler au travers du tube AEFB, le mercure s'éleva de 53 lignes dans le tube DX, de 20,5 dans NY, et de 7 dans OZ. Ces quantités correspondent avec 62 pouces de hauteur d'eau en DX, 24 pouces dans NY, et 8,1 dans OZ. La dépense des 4 pieds cubes d'eau fut effectuée en 25".

La portion PNFE fut enlevée, et le tube restant ABNP émit la même quantité d'eau en 31".

Dans le tube tronqué ACPBDN, la section conique PN est à la section de la veine contractée (c'est-à-dire 0,64 de la section en AB) comme 41" est à 30". Dans l'expérience faite avec ce dernier tube tronqué, le retardement n'est par conséquent pas plus petit que 1" de ce que la théorie l'indique.

Dans le tube entier CDFE, nous avons

$$\sqrt{62 + 32,5} \; : \; \sqrt{32,5} = 41" : 24"$$

La différence de 38 pouces d'élévation d'eau dans les deux tubes DX, NY, doit provenir du mouvement du fluide de C en P; elle est de ⁵/13 moindre que par la théorie. La perte est successivement plus grande dans les deux portions PQ et QE. La raison en est que le courant descend à mesure qu'il se meut vers CD, de telle façon que la communication latérale n'étant plus uniforme dans tout l'intérieur de chaque section, les différentes parties du courant acquièrent un mouvement irrégulier et même des remous dans l'intérieur du tube; d'où il résulte que le jet arrive dehors par saccade et d'une manière irrégulièrement dispersée. Ces mouvemens particuliers ne sauraient être réduits à la théorie, et se manifestent d'autant plus, que les côtés du tubes sont plus longs ou plus divergens. Les effets, par conséquent, doivent être reconnus par l'expérience.

16me *Expérience*. — Je fis construire un tube C D F E comme auparavant, *fig.* 11, de 148 lignes de longueur, de 27 lignes de diamètre en E F, le reste de l'appareil étant le même que dans les expériences précédentes. La dépense des 4 pieds cubes d'eau fut effectuée en 21 secondes. L'inégalité et l'irrégularité du mouvement dans le courant furent plus grandes dans cette expérience que dans les précédentes.

Il était inutile de prolonger le tube C D F E au-delà de 148 lignes ; car le courant n'aurait pas, dans ce cas, rempli la portion du tube ajoutée au-delà de cette longueur, et la dépense se serait constamment produite en 21''. Cette dépense est presque double de celle qui a lieu par une simple ouverture pratiquée dans une place mince ; c'est la plus grande que j'aie pu obtenir au moyen des tubes additionnels. L'axe avait une position horizontale, la charge était de 32,5 pouces.

Il est vrai qu'en prolongeant le tube C D F E jusqu'à 204 lignes, dans la position horizontale, les 4 pieds cubes d'eau s'écoulaient en 19''. Mais pour obtenir cet effet, il fallut fixer une saillie dans le tube en O, afin de forcer le fluide de passer au-dessus et de l'obliger par ce moyen à remplir tout le tube.

17me *Expérience*. — Dans cette expérience, le tube C D F E, *fig.* 11, fut plus divergent que dans les essais précédens. Il avait 117 lignes de longueur et trente-six lignes de diamètre en E F. Le reste de l'appareil était de même que dans les expériences précédentes. La dépense des 4 pieds cubes d'eau fut effectuée en 28 secondes. Le courant ne remplissait point entièrement la section E F. Les résultats furent les mêmes quand les portions successives du tube furent enlevées jusqu'au point où C E ne fut plus que de 20 lignes, et le diamètre extérieur de 18 lignes. Dans ce cas le courant remplissait le tube, et la dépense fut aussi obtenue en 28 secondes.

Quand la longueur de C E fut de 20 lignes, son diamètre extérieur E F fut accru de 20 lignes. Dans ce cas le courant se détacha des côtés du tube, et la dépense des 4 pieds cubes eut lieu en 42 secondes, de même que dans la 6me *expérience*.

Ces expériences nous montrent qu'en variant la divergence,

des côtés des tubes, la communication latérale de mouvement possède un minimum et un maximum d'effet ; le minimum est indiqué par la dernière expérience. Il paraît que la communication latérale cesse de produire son effet quand l'angle formé par les côtés du tube, l'un à l'égard de l'autre, excède 16 degrés. La 13me expérience détermine à-peu-près le maximum d'effet, quand le même angle est d'environ trois degrés. Ces limites peuvent aussi, peut-être, à un petit degré, dépendre de quelques fonctions de la vitesse.

PROPOSITION VI.

Dans les tubes cylindriques, la dépense est moindre qu'au travers des tubes coniques, qui divergent du point de la veine contractée et ont le même diamètre extérieur.

La théorie générale est la même pour ces deux formes de tubes ; mais la perte de forces vives est plus grande dans le cylindre, et l'effet de communication de mouvement dans ces tubes ne peut approcher du maximum comme dans le cône. Supposons que le tube A C M N, *fig.* 5, ait la forme de la veine contractée en A C F D, la partie cylindrique G I N M a son diamètre M N plus grand que D F. Par suite du raisonnement dont on a fait usage dans la précédente proposition, il est prouvé que la communication latérale du mouvement tend à produire un vide dans la zone solide R O Y S X Q T Z. Si la communication de mouvement dans ce tube était complète, il s'ensuivrait que la pression de l'atmosphère accroîtrait la vitesse de la veine contractée, dans le rapport de D F² à M N².

Mais la forme même du tube cylindrique détruit toujours une partie notable de l'effet ; car les filets fluides A D, en tournant selon la courbe D R, arrivent promptement à choguer les côtés du tube G M en R, où se perd une partie de leur mouvement. Dans l'espace D G R, les remous, ou courans circulaires, sont produits comme dans un bassin qui reçoit l'eau d'un canal. Ces remous produisent, à une certaine distance, une perte d'effet, et retardent l'écoulement du courant ; une augmentation de dépense beaucoup moindre a lieu dans le tube cylindrique, elle ne suit plus le rapport de DF² à MN².

18me *Expérience.* — On peut se former une idée de ces chocs ou remous intérieurs dans les tubes cylindriques, ainsi que de leurs effets sur l'écoulement du fluide, si l'on fait attention à la table suivante, indiquant les dépenses au travers différens tubes additionnels dans une position horizontale. Tous ces ajutages ont le diamètre de leurs extrémités = 18 lignes. Ils furent tous pourvus de tubes coniques de la forme de la veine contractée à l'extrémité en dedans, excepté celui de la *fig.* 6. La charge fut toujours de 32,5 pouces au-dessus du centre de l'orifice.

Table du temps employé à l'écoulement de 4 pieds cubes d'eau par différens ajutages.

Par un orifice d'une plaque mince,	41″ ″
Par un tube simple, *fig.* 6,	31 ″
Par un tube de la forme *fig.* 5,	31 ″
Après avoir adouci la partie conique divergente DFIG du même tube,	30 ″
Par un tube, *fig.* 9,	32,5 ″
Par un tube conique de la forme *fig.* 10,	27,5 ″
Par un tube, *fig.* 5, la portion GINM ayant 23,5 lignes de diamètre et 84 lignes de longueur,	27 ″

On peut demander, peut-être, si dans la partie intérieure du tube cylindrique simple KLV, *fig.* 6, il se produit la même augmentation de vitesse et la même contraction de courant que dans le tube composé de la *fig.* 5. En raisonnant d'après les principes que nous avons établis, je pense 1° que dans la section KL, *fig.* 6, il y a le même accroissement de vitesse que nous avons vu se produire (*proposition* 2) dans la section AC, *fig.* 5. La direction des particules fluides qui passent au travers de ces deux sections, doit être la même dans les deux cas, puisque la direction ne peut dépendre seulement que de l'impulsion reçue dans le réservoir, qui est la même pour les deux cas. 2° Dans la *fig.* 6, les particules fluides, après avoir passé au travers de la section K L, commencent immédiatement à éprouver l'effet de la communication latérale du mouvement. Elles doivent, par conséquent, dévier latéralement dedans la courbe L X Z, avant d'arriver au point de contraction qui se produit en D F, *fig.* 5, et qui a lieu de la même manière quand l'orifice est pratiqué à une plaque mince. Si nous imaginons un tube de verre *y* K, dont une extrémité est appliquée en K, *fig.* 6, et l'autre extrémité ouverte à la partie intérieure du réservoir, on verra que la pression de l'atmosphère, qui s'exerce sur le fluide coloré T, doit semblablement agir sur la surface du réservoir, et ajouter la pression du fluide dans le réservoir pour presser l'eau dans le tube *y* K, de même qu'elle presse la liqueur colorée en T S. La pression de l'atmosphère doit, de la même manière, augmenter l'impulsion de toutes les particules liquides qui arrivent en K L, et par conséquent accroître la dépense.

Puisque les chocs et les remous, dans un ajutage cylindrique, doivent toujours détruire une partie de la force active du fluide, il s'ensuit que la colonne fluide qui s'écoule d'un tube ne peut jamais acquérir toute la vitesse due à la charge active, comme cela s'observe presque exactement dans les orifices des plaques minces. Et la diminution de vitesse correspond avec l'accroissement de temps au-delà de ce qu'indique la théorie, comme on le verra par ce qui suit.

19me *Expérience.* — L'orifice P, *fig.* 1, étant fait à une plaque mince, et la hauteur verticale P M étant de 54 pouces, la distance M N du jet fut de 81,5 pouces. Ayant appliqué au même orifice le tube cylindrique *fig.* 5, et la perpendiculaire P M ayant été abaissée de la partie externe de l'orifice du tube, la distance P M fut trouvée de 69 pouces. D'après la théorie, la dépense de 4 pieds cubes d'eau par ce tube doit avoir eu lieu en 26″,24, mais elle en prit réellement 31″. Or la proportion de 31 à 26″,24 est à-peu-près égale à celle de 81,5 à 69.

La même observation peut être faite sur une expérience de *Michelotti* (tome *i*, pages 22 et 23). P M étant de 19,33 pieds, l'eau qui s'écoula au travers d'un orifice pratiqué dans une plaque mince fut de 52,2 pieds; elle ne fut pas plus de

20 quand un ajutage cylindrique fut appliqué, et cet ajutage n'avait même pas la longueur convenable.

Il est évident que la théorie de la communication latérale du mouvement doit s'appliquer de la même manière aux tubes descendans ou ascendans, toutes les fois que leurs formes seront appropriées à cette communication latérale. Dans les tubes descendans, on doit ajouter l'augmentation de dépense produite par cette cause, à celle qui résulte de l'accélération de la gravité, et que nous avons estimée dans la 4me proposition. Dans les tubes ascendans, la gravité agit dans une direction contraire, et par conséquent son effet doit être déduit de celui de la communication latérale. La 7me expérience est relative aux tubes ascendans; celles qui vont suivre sont relatives aux autres positions.

20me *Expérience.* — Le tube A B F E, *fig.* 14, *expérience* 15, fut appliqué à la place du tube B G Q Q *fig.* 7. La hauteur de l'eau dans le réservoir au-dessus de l'extrémité la plus basse du tube était de 41, 5 pouces. Les quatre pieds cubes d'eau furent émis en 22 secondes.

J'appliquais le même tube conique A B F E, *fig.* 11, à l'orifice R, *fig.* 8, pour produire un jet ascendant un peu écarté de la position perpendiculaire. La hauteur de l'eau dans le réservoir au-dessus de l'extrémité supérieure du tube était de 23 pouces; la dépense des 4 pieds cubes d'eau eut lieu en 30 secondes.

Le temps de la dépense dans l'expérience 15me fut de 25". Et si on la compare avec celui-ci, on trouvera presque les rapports suivans :

$$\sqrt{41,5} : \sqrt{32,5} = 25" : 22" \text{ et } \sqrt{23} : \sqrt{32,5} = 25" : 30".$$

21me *Expérience.* — L'orifice R, *fig.* 8, était circulaire, et de 4,5 lignes de diamètre; la charge était de 31,7 pouces, et le jet déclinait un peu de la perpendiculaire; l'orifice étant celui de la plaque mince, produisit un pied cube d'eau en 161 secondes. Avec un ajutage cylindrique de même diamètre, et de dix lignes de longueur, le pied cube d'eau fut émis en 121"

Sous une charge de 56 pouces, le même orifice produisit, par un jet vertical, un pied cube d'eau en 125 secondes;

l'orifice étant celui de la plaque mince; et en 91 secondes, avec l'ajutage.

Ces deux résultats combinés donnent, pour la dépense des jets verticaux, un rapport moyen entre la plaque mince et l'ajutage cylindrique, de 100 à 134, qui est le même que celui des jets horizontaux.

22me *Expérience.* — Un tube de verre Q R T, *fig.* 6, fut appliqué au point S, *fig.* 5, du tube composé A C M N, la distance B S étant de 24 lignes. Dans cette position, le fluide T ne s'éleva pas beaucoup dans le tube. Ceci prouve que la translation latérale du fluide dans un tube cylindrique se produit très-près de l'endroit où la veine se contracte, et que, par conséquent, D R doit rapidement choquer le côté G M.

Par cette expérience nous voyons que la distance B R à laquelle les filets obliques choquent les côtés du tube, ne doit pas dépasser 24 lignes. Supposons D O = 20 lignes, le temps que la particule D emploie à passer au travers de l'espace D O, dans notre expérience, est plus petit que 0″,01. Décomposons la ligne courbe de mouvement D R, selon les lignes D O, O R; supposons que l'accélération au travers de O R soit uniforme, et on trouvera que cette accélération est au moins cinq fois aussi grande que celle des corps graves. Si la force latérale au travers de O R était simplement due à l'attraction mutuelle des particules de l'eau, cette attraction dans la particule D doit non-seulement vaincre l'inertie de la particule elle-même, mais encore, d'une manière semblable, celle des autres particules plus voisines de l'axe, qui accompagnent D dans sa déviation au travers de D R, et imprimer sur elles une plus grande somme d'accélération que celle de la gravité. Maintenant la force d'attraction d'une particule d'eau n'est pas plus grande que la gravité naturelle d'un filet d'eau de la longueur d'une ligne au plus. La communication latérale du mouvement, qui est la cause de l'accélération au travers de O R, est, par conséquent, plus grande qu'elle n'a pu l'être par la seule attraction mutuelle des particules de l'eau.

PROPOSITION VII.

Par le moyen d'ajutages convenables, appliqués à un tube cylindrique donné, il est possible d'augmenter la dépense d'eau au travers de ce tube dans la proportion de 24 à 10, la charge ou la hauteur du réservoir restant la même.

Je rendrai compte ici des différentes précautions à prendre pour rendre la plus grande possible, la dépense d'eau au travers d'un tube cylindrique d'une longueur donnée.

1° L'extrémité intérieure du tube A D, *fig.* 13, doit être liée à A B avec une pièce conique ayant la forme de la veine contractée (1); on augmentera ainsi la dépense dans le rapport de 12,1 à 10. Toute autre forme rendra moins. Si le diamètre en A est trop grand, la contraction se fera au-delà de B, et la section de la veine sera plus petite que la section du tube.

2° A l'autre extrémité du tube B C il faut ajuster un tube conique tronqué C D, dont la longueur soit environ neuf fois le diamètre en C, et son diamètre extérieur D doit être 1,8 fois C. Cette pièce additionnelle augmentera la dépense de 24 à 12,1 (expérience 16). Par ces procédés la quantité d'eau sera accrue par les deux ajutages A B, C D, dans la proportion de 24 à 10 (2).

A Rome, les habitans achetaient le droit de conduire l'eau des réservoirs publics à leurs maisons. La loi leur défendait de faire les tubes de conduits plus larges que l'ouverture concédée au réservoir, et cela jusqu'à une distance de

----

(1) *Bossut*, art. 509.

(2) L'idée que ce rapport est applicable aux longs tuyaux est erronée; car il y a évidemment décroissement à mesure que la force nécessaire pour produire le mouvement s'accroît; et par conséquent il y aura un très-faible effet dans les tubes longs. On peut aussi en inférer que l'effet d'un tube tronqué, appliqué à l'extrémité d'en dehors, dépendra considérablement de la vitesse de l'écoulement. La loi romaine mentionnée dans le paragraphe suivant, a, le plus vraisemblablement, limité la distance à celle où l'accroissement de dépense pouvait devenir moins grande, pour les dimensions des tuyaux généralement employés à cette époque.

cinquante pieds (1). La législature était par conséquent assu-
rée qu'un tube additionnel, d'un plus grand diamètre que l'o-
rifice, pouvait augmenter la dépense; mais on ne s'était pas
aperçu que la loi pouvait être également éludée par l'application d'un ajutage conique CD au-delà des 50 pieds.

Par la seconde règle nous apprenons qu'il n'est pas convenable de faire les tuyaux des cheminées trop larges dans
les appartemens; mais qu'il convient de les élargir à l'extrémité éloignée, comme l'indique la forme CD, *fig.* 13. Cet
élargissement de la partie supérieure de la cheminée doit
enlever la fumée même quand il n'est point praticable d'établir des cheminées suffisamment élevées au-dessus des appartemens. La même observation est applicable aux fourneaux
chimiques adaptés à des feux ardens.

3° Le tube BC doit être droit, sans coudes ni courbures.
Aux expériences que *Bossut* a faites à ce sujet (2) j'ajouterai
les suivantes.

23me *Expérience.* — Les deux tubes ABC, DEF, *fig.* 14,
ont 15 pouces de longueur; leur diamètre est de 14,5 lignes.
Les portions coniques A, D ont la forme de la veine contractée du fluide, et sont appliquées à l'orifice P, *fig.* 1, qui a
18 lignes de diamètre, avec une charge 32,5 pouces. Les
coudes ou courbures EF, BC sont dans le plan de l'horizon.
Ces deux tubes étaient faits en cuivre, soudés à l'argent; ils
étaient fabriqués avec un très-grand soin. La courbure BC,
formant un quart de cercle, fut obtenue en remplissant ce
tube avec du plomb fondu, afin de lui conserver son diamètre intérieur pendant l'action du pliage. Le coude DEF
est construit à angle droit. La dépense, par ces deux tubes,
fut comparée avec celle du tube droit cylindrique de même
calibre, et dans des circonstances semblables. Les quatre
pieds cubes d'eau employèrent 45″ à passer au travers du
tube droit cylindrique, 50 secondes au travers de ABC, et
70 au travers de DEF.

Il est important que le tube BC, *fig.* 13, soit d'un dia-

(1) *Frontin*, de aquæduct, art. 205, 106 et 112.

(2) Art. 631 et suivans.

mètre égal partout; il ne doit y avoir aucune contraction, et il est aussi nécessaire qu'il ne soit point élargi quelque part; car de pareils élargissemens ont presque un aussi mauvais effet que les contractions. Le tube A O, *fig.* 12, avec ses parties dilatées, telles que D E, H I, fournit une quantité d'eau bien moindre que si le diamètre B était conservé dans toute sa longueur. L'expérience suivante s'accorde avec la théorie.

24me *Expérience.* — L'orifice circulaire A, *fig.* 12, a la forme de la veine contractée, et le reste du tube est interrompu par des élargissemens d'un variable diamètre; ce tube est appliqué à l'ouverture P, *fig.* 1. Les dimensions de ses diverses parties, mesurées en lignes, sont : le diamètre en A = 11,2; le diamètre en B, C, F, G etc. = 9; la longueur B C = F G, etc. = 20; la longueur C D = E F = G H, etc. = 15; le diamètre des parties élargies = 24. La longueur de ces mêmes parties est variable. Au premier essai, elles furent de 38 lignes, au second de 76, et les résultats de l'expérience dans les deux cas furent les mêmes.

N° des parties élargies.	Temps employé pour l'écoulement de 4 pieds cubes.
0	109''
1	147
3	192
5	240

J'appliquais ensuite au même orifice un tube ayant la même forme et le même diamètre que A B C, mais cylindrique partout, sans élargissement, et dont la longueur était de 36 pouces, égale à celle du tube avec ses cinq parties élargies; dans ce cas, la dépense des 4 pieds cubes d'eau fut obtenue en 148''.

Quand le fluide passe en C au milieu de la partie élargie D E, une partie du mouvement diverge de la direction C F vers les parties élargies. Cette partie du mouvement se consomme en remous, ou contre les parois, par conséquent il reste beaucoup moins de mouvement dans la branche qui suit. Telle est aussi la cause qui détruit ou affaiblit le pouls dans les artères au-delà des anévrismes.

D'après ces considérations, nous pouvons conclure que si la rugosité interne d'un tube diminue la dépense, le frottement de l'eau contre les aspérités n'en est pas la principale cause. Un tube rectiligne peut avoir la surface intérieure parfaitement polie ; il peut posséder un plus grand diamètre que celui de l'orifice auquel il est appliqué ; mais néanmoins la dépense sera beaucoup retardée, si le tuyau contient des parties élargies ou enflées. Ceci est une circonstance très-intéressante, à laquelle peut-être on n'a pas assez fait attention dans les constructions de machines hydrauliques. Ce n'est pas assez que les coudes et les contractions soient évitées ; car il peut arriver, par suite d'un élargissement intermédiaire, que tous les avantages que pourraient procurer une ingénieuse disposition des autres parties d'une machine, soient perdus.

PROPOSITION VIII.

Dans une machine soufflante par le moyen d'une chute d'eau, l'air est amené au fourneau par la force accélératrice de la gravité et la communication latérale du mouvement, combinées ensemble.

L'académie de Toulouse, en 1791, invita les physiciens à déterminer la cause du courant d'air qui se produit par la chute de l'eau dans certaines forges. Au lieu de cela, je me propose de développer l'action complète de cette sorte d'appareil soufflant, et de déterminer la meilleure forme de construction. *Kircher* est le premier, à ma connaissance, qui a expliqué la production du vent par une chute d'eau (1). *Barthe* le père a donné une théorie qui me paraît défectueuse sous plusieurs rapports (2). *Dietrich* pensait que ce vent était produit par la décomposition de l'eau (3). *Fabri*, dans le dernier

(1) Mundus subterr. Lib. xiv, cap. 5 ; édition 1662.

(2) Mémoires des savans étrangers, vol. iii, p. 578.

(3) Gîtes des minerais des Pyrénées, pages 48, 49.

siècle, avait une opinion semblable (1). Beaucoup de philosophes étaient bien familiers avec cette espèce de machine (2).

Je commencerai par une idée qui n'échappa pas à la pénétration de *Léonard de Vinci*. Supposons qu'un nombre de
balles égales se meuvent en contact les unes contre les autres, sur une ligne horizontale A B, *fig.* 15. Supposons que
leur mouvement soit uniforme et de 4 balles par seconde.
Soit BF égal à 16 pieds. Pendant chaque seconde, quatre
balles tomberont de B en F, et leurs distances respectives,
en tombant, seront à-peu-près B C = 1, CD = 3, DE =
5, EF = 7. Nous avons ici une représentation claire de la
séparation successive que la force accélératrice de la gravité produit entre des corps qui tombent les uns après les
autres.

L'eau de pluie s'écoule des gouttières par un courant continu; mais dans sa chute elle se divise, dans une direction
verticale, en parties qui choquent le pavé en produisant un
courant d'air distinct. Le courant qui s'échappe des gouttières
peut avoir un pouce de diamètre et choquer le pavé sur un
espace d'un pied. L'air qui existe entre les séparations verticales et horizontales de l'eau qui tombe, est poussé et entraîné par en bas. D'autre air succède latéralement, et de
cette manière un courant d'air ou de vent se produit autour
de la place choquée par l'eau. Je revenais à pied de la cascade qui tombe du glacier de La Roche-Melon, sur le ro-
cher de la *Novalèse*, près du Montcenis, et je trouvai une
force de vent telle que j'avais de la peine à y résister. Si
la cascade tombe dans un bassin, l'air est entraîné au fond,
d'où il se relève avec violence en dispersant l'eau tout autour
et sous la forme d'un nuage.

L'eau qui est précipitée dans les cavités intérieures des
montagnes emporte de l'air avec elle; cet air, après cela, se
fait issue par les crevasses du pied de la montagne, et produit ces bouffées naturelles (*ventaroli* 3) qui s'observent plus

(1) Physic. tract. i, lib. ii, prop. 243.

(2) Art. des forges, part. ii. — *Mariotte*, des eaux, part. i, disc. iii.
Transactions, numéro 473, etc.

(3) Ces ventaroli sont quelquefois produits par la différence de température entre l'air de la caverne et l'air extérieur. Il nous semble que

fréquemment dans les montagnes volcaniques, parce que ces montagnes sont plus généralement creuses en dedans.

Soit BCDE, *fig.* 16, un tuyau au travers duquel l'eau d'un canal AB tombe pour arriver dans un réservoir inférieur MN. Les parois du tube sont percées d'ouvertures circulaires, par où l'air entre librement pour fournir à l'eau celui qu'elle doit entraîner dans sa chute. Ce mélange d'eau et d'air tombe sur un massif de pierre Q; ensuite, rebondissant dans l'intérieur du réservoir MN, l'eau se sépare de l'air, tombe au au fond en XZ, d'où elle s'écoule dans un canal inférieur par un ou plusieurs égouts, ou ouvertures, tels que T, V. L'air étant plus léger que l'eau, occupe la partie supérieure du réservoir, d'où on le dirige par O et par un tube qui est adapté à cette ouverture à la forge.

25ᵐᵉ Expérience. — Je construisis une de ces machines soufflantes artificielles sur une petite échelle; le tube BD avait deux pouces de diamètre, et quatre pieds de hauteur. Quand l'eau eut rempli avec exactitude la section BC, et que toutes les ouvertures latérales des tubes DBEC furent fermées, le tuyau O ne fournissait presque point de vent.

Il est, par conséquent, évident que dans les tubes ouverts tout le vent provient de l'atmosphère, et qu'aucune portion n'est le résultat de la décomposition de l'eau. L'eau ne saurait être décomposée ni transformée en gaz par la seule agitation et percussion mécanique de ses parties. Les opinions de *Fabri* et de *Dietrich* ne sont point fondées en nature et sont contraires à l'expérience.

Il reste maintenant à déterminer les circonstances convenables pour la production de la plus grande quantité possible d'air dans le réservoir MN, et à mesurer cette quantité. Les circonstances qui favorisent la plus abondante production de vent sont celles-ci :

1º On sait que dans une parabole, si l'accroissement de x est supposé constant, y décroîtra presque dans le rapport

de $\dfrac{1}{\sqrt{x}}$. La séparation des balles, *fig.* 15, est plus rapide

les effets dont parle l'auteur sont plus souvent produits par cette cause que par les chutes d'eau. Sur ce sujet, et particulièrement sur les vents froids qui s'échappent de la terre, voyez Nicholson's philos. journal, i. 229, transa.

dans la partie supérieure de la chute que dans l'inférieure; afin d'obtenir le plus grand effet de l'accélération de la gravité, il est donc nécessaire que l'eau commence à tomber de BC, fig. 16, avec le moins de vitesse possible, et que la hauteur de l'eau FB ne soit pas plus grande qu'il n'est nécessaire pour remplir la section BC. Nous supposons que la vitesse verticale de cette section soit produite par une hauteur de chute et une section égales à celle de BC.

2° Nous ne connaissons pas, par une expérience directe, la distance à laquelle la communication latérale de mouvement entre l'eau et l'air peut s'étendre; mais nous pouvons admettre, avec confiance, qu'elle peut avoir lieu dans une section double de la première de celle que l'eau possède en entrant dans le tube. Supposons que la section du tube BDEG soit double de la section de l'eau en BG; et afin que le courant fluide puisse s'étendre et se diviser au travers de toute la section double du tube, plaçons des traverses ou une grille en BC, pour distribuer et écarter l'eau au travers de toute la capacité intérieure du tube.

3° Puisque l'air est sollicité à se mouvoir dans le tube O avec une certaine vitesse, il doit être comprimé dans le réservoir. Cette compression sera proportionnée à la somme des accélérations qui auront été détruites dans la partie intérieure KD du tube. Prenons KD = 1,5 pieds, nous aurons une pression suffisante pour donner la vitesse requise dans le tube O. Les parois de la partie KD, aussi bien que celles du réservoir MN, doivent être exactement bouchées partout.

4° Les ouvertures latérales de la portion restante du tube BK peuvent être tellement disposées et multipliées, particulièrement dans la partie supérieure, que l'air puisse avoir un libre accès dans l'intérieur du tube. Nous les supposerons telles que 0,1 pied de hauteur d'eau puisse être suffisant pour donner la vitesse nécessaire à l'air lors de son introduction par les ouvertures.

Toutes ces conditions étant obtenues, en supposant que le tube BD soit cylindrique, il s'agit de déterminer la quantité d'air qui passe, dans un temps donné, au travers de la section circulaire KL. Prenons, en pieds, KD = 1,5; BC = BF = a; BD = b; par la théorie ordinaire de la chute des corps, la vitesse en KL sera $7,76 \sqrt{(a + b - 1,4)}$;

la section circulaire $KL = 0,785\, a^2$. Admettant que l'air en
KL a acquis la même vitesse que celle de l'eau, la quantité
du mélange d'eau et d'air qui passe en une seconde au travers de KL, est égale à $6,1\, a^2 \sqrt{(a + b - 1,4)}$. Nous devons déduire de la quantité $(a + b - 1,4)$ cette hauteur qui
répond à la vitesse que l'eau a perdue par la portion de vitesse qu'elle communique à l'air nouveau qui s'introduit latéralement et sans interruption; mais cette quantité est si faible
qu'on peut la négliger dans le calcul. L'eau qui passe dans
le même temps d'une seconde au travers de BC, est égale à
$0,4\, a^2 \sqrt{(a + 0,1)}$; par conséquent la quantité d'air qui
passe en une seconde au travers de KL sera $= 6,1\, a^2$
$\sqrt{(a + b - 1,4)} - 0,4\, a^2 \sqrt{(a + 0,1)}$, prenant l'air même
dans son état ordinaire de compression sous le poids de l'atmosphère. Il est convenable, en pratique, de déduire $1/4$ de
cette quantité : 1° à cause des chocs que l'eau supporte en se
dispersant dans l'intérieur du tube, ce qui la prive d'une
partie de son mouvement, et 2° il doit arriver que l'air en
LK n'aura pas, dans toutes ses parties, acquis la même vitesse que l'eau.

Si le tube O ne décharge pas toute la quantité d'air fournie
par la chute, l'eau descendra en XZ; le point K s'élèvera
dans le tube, l'affluence de l'air diminuera, et une partie du
vent se fera issue par les ouvertures latérales de la partie
basse du tube BK.

Je n'examinerai pas ici le plus ou moins grand degré de
perfection des différentes formes de machines soufflantes qui
sont en usage dans les diverses forges, telles que celles des
Catalans et autres. Ces points peuvent être aisément déterminés par les principes que nous avons donnés.

(159)

PROPOSITION IX.

Il est possible, par le moyen d'une chute d'eau, de sécher une pièce de terrain sans le secours d'une machine, et quoique ce terrain gisse sur un niveau plus bas que le courant établi sous la chute.

Le moyen d'obtenir cet effet a été indiqué dans la première expérience de ce traité. Nous avons vu que l'eau contenue dans le vaisseau D E F B, *fig.* 3, s'écoule au travers du canal M B V, qui est plus haut que la surface de l'eau même, parce que le fluide qui passe au travers de A C emporte avec lui l'eau contenue dans le vaisseau.

Dans la chute artificielle qui est procurée aux canaux pour donner le mouvement aux moulins, quand l'eau s'échappe par le coursier rectangulaire de bois D B C F, *fig.* 17, placé presque horizontalement dans le milieu du canal, la surface de l'eau en K est de un ou deux pieds au-dessous du courant F L (1); l'eau en F tend à retourner et descendre selon F R; mais le courant, par son action latérale, l'entraîne constamment au-delà et ne lui permet pas de glisser en K. Si on pratique une ouverture G dans la paroi latérale du coursier, l'eau du terrain plus basse que le courant en F L sera enlevée. Dans une commission, avec plusieurs de mes collègues, je proposais d'appliquer ce principe à un cas pratique; le projet fut adopté et réussit parfaitement bien.

Le conduit rectangulaire D B F C doit être prolongé à une certaine étendue le long du canal inférieur; autrement l'eau pourrait couler en arrière de F en K, et contrarier l'assèchement par G. Les meuniers connaissent bien l'utilité de ce prolongement. L'expérience leur a appris qu'on prévient aisément par ce moyen le recul de l'eau dans le temps des inondations qui pourraient arrêter le mouvement des roues à eau. Pour cet objet ils établissent la partie supérieure D F à la hauteur des eaux que le moulin peut supporter. La ville de

(1) Cette dépression de niveau a déjà été observée par Guillielmini, *della natura de fiumi*, cap vii, fig 46. Bossut, art. 721.

Final, dans le territoire de *Modène*, m'ayant chargé de diriger et changer le cours d'une partie des eaux du *Panaro*, pour des circonstances nécessaires, je mis en usage ce prolongement de coursier D F, avec d'autres procédés, afin de maintenir l'activité des moulins dans le nouveau canal; je réussis; non-seulement au-delà de l'attente des habitans, mais encore au-delà de mes propres espérances.

PROPOSITION X.

Les remous, dans les rivières, sont produits par le mouvement communiqué des parties les plus rapides du courant, aux parties latérales qui se meuvent moins rapidement.

Peu d'auteurs ont examiné la cause et les effets des remous de l'eau dans les rivières; et ceux qui ont entrepris ces recherches ne paraissent pas avoir été heureux dans leurs investigations.

L'eau qui se meut dans un canal M N H, *fig.* 19, rencontre l'obstacle B A qui empêche son cours, et l'oblige de s'élever et de s'écouler dans la direction A C, avec un accroissement de vitesse. Supposez l'eau dormante en B C D A, le courant A C communique son mouvement aux parties latérales E (*prop.* 1.), et les entraîne en avant; la surface de l'eau dormante se déprime en E, et les particules les plus éloignées vers D sont sollicitées, d'après les lois de l'équilibre des fluides, à remplir la dépression. Le courant A C continue à entraîner les particules, et l'espace B D C A continue à s'exhausser. L'eau du courant A C, en vertu des mêmes lois, est sollicitée par une force constante qui l'entraîne vers la cavité E, pendant que son cours naturel, ou sa projection, la porte vers A C. Sous l'action de ces deux forces, l'eau A C acquiert une ligne courbe de mouvement en C D, et descend, comme cela aurait lieu sur un plan incliné qui deviendrait rétrograde en D E; elle arrive ensuite à choquer l'obstacle B A et le courant A C; après cela, par suite de plusieurs oscillations, elle acquiert un état d'équilibre et de repos. Mais le courant A C continue son action latérale; en second lieu il entraîne l'eau par C D en E, et la force ainsi à renouveler ses mouvemens dans la courbe C D E; de cette manière les remous continuent sans interruption.

Si la rivière doit passer dans une partie resserrée de son lit en N, les remous se produiront des deux côtés en P et Q, de la même manière que celui que nous avons observé en D C.

Supposons que le courant d'eau, après avoir choqué le banc G H, soit réfléchi suivant une nouvelle direction H S, la communication latérale du mouvement excitera des remous dans l'angle de réflexion R.

Quand deux courans d'une vitesse inégale se rencontrent obliquement dans le milieu d'une rivière, le courant le plus rapide produira des remous dans celui qui l'est le moins.

Supposons un courant d'eau qui s'écoule sur un lit d'une profondeur inégale. Si la section longitudinale des inégalités du fond présente une pente douce, telle que A B C, *fig.* 20, l'eau supérieure imprimera son mouvement par communication latérale à l'eau inférieure qui est près du fond, au-dessous de la ligne A C, et un courant se produira dans toute l'étendue de la section M B. Le courant qui s'est formé près du fond, en B, est détourné de sa direction par la pente B C, et cherche à s'élever à la surface en O, quelquefois sous la forme de tourbillons ou tournans. Si les extrémités du creux situé au fond de la rivière ont une forme d'angle abrupte, comme D E, F G, les remous se formeront, même au fond, dans une direction verticale à D, quelquefois aussi à G. Ces phénomènes peuvent être facilement observés dans un canal artificiel, dont les côtés sont en verre.

Les remous détruisent une partie de la force motrice du courant de la rivière.

Car l'eau qui descend par un mouvement rétrograde, comme C D E, *fig.* 19, ne peut se rétablir dans le courant de la rivière que par une nouvelle impulsion. Ce serait la même chose qu'une balle qui serait forcée de s'élever sur un plan incliné, quand une impulsion contraire de chute tend continuellement à la faire reculer. C'est le travail de Sisyphe.

On déduit de là, comme première conséquence, que dans une rivière dont le cours est permanent, et les sections du lit inégales, l'eau continue à s'élever davantage qu'elle ne le ferait si la rivière, dans son cours, était également resserrée aux dimensions de sa plus petite section. La cause de ce phénomène se rapporte à celle qui retarde la dépense au travers des tubes qui ont des parties élargies (*prop.* 7, n° 4). L'eau qui descend d'une élévation et par une partie resserrée N, *fig.* 19, dans un bassin PQ, perd presque toute sa vitesse acquise en descendant l'élévation, parce que la partie étroite a une pente inclinée vers la partie basse de la rivière, qui dirige la vitesse du courant horizontalement. *Guillielmini* avait bien remarqué qu'une chute n'influençait pas la vitesse du courant inférieur, parce que les remous de l'eau, dans le bassin PQ, détruisaient la vitesse produite par la chute. Cette vitesse accroît la profondeur et élargit le canal en PQ. Les remous se forment de deux côtés, au fond et à la surface, dans des directions horizontales et verticales. On ne saurait s'opposer à de pareils creux et élargissemens par des enceintes de murailles, car le bassin chercherait toujours à s'élargir par la base des constructions.

Si le canal a un nombre successif de contractions et d'élargissemens MN, sans cascade ni écluse, il se formerait encore, à chaque partie élargie, des remous qui diminueraient plus la vitesse que si le canal avait une section uniforme égale à M ou N. Il s'ensuivrait, par conséquent, que la surface de l'eau, après chaque dilatation, devrait s'élever afin de récupérer la vitesse perdue par les remous. Si nous nommons a la hauteur à laquelle l'eau doit s'élever au-dessus de l'élévation nécessaire pour vaincre le retard d'un lit d'une section uniforme, et m le nombre de dilatations et contractions égales, alternatives et successives, la hauteur de l'élévation dans le courant, ainsi alternativement dilaté en sus de celle de la même rivière, uniformément resserrée, sera égale à am. Je suppose ici que le fond de la rivière soit uniforme. Si le fond est de nature à être entraîné par le courant, les parties contractées s'entameront en le suivant, et la matière se déposera dans les parties plus larges.

La seconde conséquence qu'on peut tirer des principes ici établis, relativement à la perte de force produite par les remous, est d'une grande importance dans la théorie des rivières, et paraît avoir été négligée par ceux qui s'en sont occupés. Le frottement de l'eau contre les rives et le fond des rivières est très-loin d'être la seule cause du retard qu'elles éprouvent dans leur cours, retard qui nécessite par conséquent une descente continuelle pour que la vitesse soit maintenue. Une des principales et des plus fréquentes causes de retard dans le cours des rivières est aussi produite par les remous qui se forment incessamment dans les creux du lit, les cavités du fond, les inégalités des bancs, les flexions, les courbures de sa course, par les courans qui se croisent, ceux qui se choquent avec différentes vitesses. Une partie considérable de la force du courant est ainsi employée à rétablir l'équilibre du mouvement que le courant lui-même tend continuellement à déranger.

PROPOSITION XI.

Si l'eau d'un réservoir, qui coule par un orifice horizontal, est influencée par quelque mouvement étranger, il se formera un tournant creux au-dessus de l'orifice même.

Le citoyen *Bossut* a donné une bonne description de cette espèce de remous (1). Il est d'une nature différente que ceux que nous avons considérés dans les propositions précédentes ; mais les causes en sont, sous quelques rapports, semblables. Pour cette raison nous allons nous y arrêter particulièrement.

Soit DQ, *fig.* 18, un plan horizontal situé près de l'orifice EF, par où s'écoule le fluide du réservoir MN. Une particule fluide D, située dans ce plan, a un mouvement DB incliné par rapport à l'axe AB. Ce mouvement peut être décomposé en deux DC, CB ; supposons que le plan DQ descende parallèlement à lui-même le long de l'axe, avec le mouvement CB ; le mouvement DC de la particule D sur le plan DQ reste à être examiné. Ce mouvement imprime sur toutes les particules situées dans le plan DQ une force centripète vers le centre C.

Soit un autre mouvement quelconque, horizontal, qui ne corresponde pas en direction avec DC, et qui soit appliqué aux mêmes particules : d'après la direction de ces deux forces, les particules décriront autour du centre C des cercles dont les aires seront proportionnelles aux temps ; et par l'équi-

(1) Hydrodynamique, numéro 432.

libre de ces mouvemens ils peuvent affecter un mouvement circulaire horizontal.

Imaginons que pendant cette circulation horizontale, la particule D, dans son rapprochement de centre C, comme dans une spirale, décrive des orbites circulaires, dont les diamètres diminuent successivement; appelons la vitesse de rotation de la particule D = v, la distance du centre = r; le temps d'une révolution = t; et puisque les aires sont dans le rapport des temps, nous aurons presque $v = \frac{1}{r}$; $t = r^2$;

et la force centrifuge de la particule D sera $\frac{1}{r^3}$. Quand on observe attentivement les particules qui circulent autour de la surface de l'entonnoir en MN, nous voyons que l'effet qui a réellement lieu est presque $t = r^2$. Ainsi donc, puisque la force centrifuge, en approchant du centre c, s'accroît comme $\frac{1}{r^3}$, elle deviendra suffisante pour faire équilibre contre la pression supérieure SD, que produit la force centripète DC. Une cavité KRTHPV se formera donc, autour de laquelle le fluide tournant se soutiendra par la force centrifuge de rotation.

Soit DQPR représentant une zône fluide circulaire, dont les particules circulent autour de la cavité RP, d'après les lois que nous venons d'indiquer. Soit g la gravité d'une particule fluide; CR = a; RD = b; DX = z; XZ = z; et soit v la vitesse de la particule D. Si la force centrifuge de la particule était égale à sa gravité, la vitesse, d'après le théorème de *Huyghens*, serait égale à celle d'un corps tombant, par sa seule gravité, au travers d'un espace égal à $\frac{a+b}{2}$; et puisque les corps graves, en une seconde, parcourent un espace de 181 pouces = S, la vitesse de la particule D, d'après la même supposition, serait de $\sqrt{(2S(a+b))}$: la force centrifuge dans le cercle est comme v^2; la force centrifuge de D sera, par conséquent, réellement $= \dfrac{-v^2 g}{2S(a+b)}$) et puisque la force centrifuge est $= \dfrac{1}{r \, \delta}$; en

faisant $\dfrac{1}{(a+b)^3} : \dfrac{1}{(a+b-x)^3} :: \dfrac{-v^2 g}{2S(a+b)}$, un quatrième terme, nous aurons la force centrifuge de l'élément

de D X en X $= \dfrac{v^2 g (a+b)^2 z}{2S(a+b-z)^3}$; et celui du filet D X $=$

$A + \dfrac{v^2 g (a+b)^2}{4S(a+b-z)^2}$. Quand $z = o$, le courant est $= \varrho$;

d'où $A = \dfrac{-v^2 g}{4S}$. Prenant $z = b$, la force centrifuge du

filet D R sera $= \dfrac{b g v^2}{4 a^2 S} (2a + b)$. La quantité $b \, g$ est la gravité même du filet D R. La gravité de ce filet est donc à sa force centrifuge $:: v^2 (2a + b) : 4 a^2 S$.

Quand la zône fluide DRPQ est voisine de l'ouverture EF, la pression SD augmente; ainsi donc, la force centrifuge de la zône doit aussi s'accroître par la diminution du rayon de la cavité RC; de là nous pouvons déterminer la nature de la courbe que forme la section perpendiculaire de la cavité KRT. Pour plus de simplicité, supposons que la paroi du vaisseau a la même forme MD que celle de la cavité même, de telle sorte que DR $= b$ soit constant. Soit AC $= x$, et CR $= y$. Substituons y au lieu de a dans la formule précédente. Et puisque la gravité de filet DR est à la gravité du filet SD $:: b : x$, nous aurons, par les rapports composés, celui de la force centrifuge du filet DR à la pression SD $= bv^2$ $(2y + b) : 4 x y^2 S$. Ces quantités doivent être égales pour arriver à l'équilibre. Nous avons par conséquent, $x y^2 =$

$\dfrac{b v^2 y}{2S} - \dfrac{b^2 v^2}{4S} = O$; c'est l'équation de la courbe KRT. Elle

est de la soixante-quatrième espèce des lignes du troisième ordre, décrites par *Isaac Newton*. Sa convexité est tournée vers l'axe; elle a deux assymptotes, l'une d'elles AY est l'axe, et l'autre est MN, en supposant les deux points M et N à une distance infinie.

Si les positions admises dans cette théorie ne coïncident pas absolument avec la nature, elles en approchent de très-près. Cela est non-seulement possible, mais il existe des tournans d'eau naturels dont la cavité présente la partie convexe du côté de l'axe, et dont $i = r^2$ à peu de chose près, comme il est démontré par expérience.

26me *Expérience.* — Supposons l'orifice E F ouvert, et un mouvement quelconque imprimé au fluide, indépendamment de celui de sa gravité, et de la pression que les particules qui circulent tendent à produire; le tournant commence immédiatement, et paraît être plus rapide dans les parties du fluide qui avoisinent le fond. La cause en est que le mouvement D B est plus convergent et perceptible dans les parties qui sont les plus voisines de l'orifice E F (1). La force centripète D C produit ici ces effets plutôt que dans les parties élevées. Ces dernières, après cela, tombent dans la cavité qui commence à se former en dessous; par ce moyen elles acquièrent aussi une force centripète, et l'entonnoir ou la cavité s'ouvre à une plus grande hauteur que celle dans laquelle la convergence des filets fluides est observée, vers l'orifice E F, dans l'eau qui est moins agitée.

27me *Expérience.* — Si on place un corps flottant à la surface du fluide, d'une suffisante étendue pour empêcher la formation de la cavité; si le fluide est beaucoup agité, la cavité se prononcera à la partie basse, et l'air s'introduira par l'ouverture même de l'orifice E F. D'où il suit que la pression de l'atmosphère sur la partie supérieure du fluide n'est pas la cause de la cavité qui prend la forme d'un entonnoir.

28me *Expérience.* — Quand le fluide reste dans un état de tranquillité sans remous, le vaisseau se vide lui-même en 40 secondes; mais quand on imprime un mouvement circulaire, l'évacuation s'opère en 50 secondes, plus ou moins. On ne peut donc pas dire, en termes généraux, que les tournans absorbent et attirent au fond, contre l'ouverture E F, les corps plongés, avec une plus grande force que s'il n'y avait pas de circulation.

(1) *Bernouilli*, hydrodynamique, sect. 4, § 3. *Bossut*, art. 427.

29me *Expérience.* — Versez une couche d'huile sur l'eau du vaisseau ; aussitôt que l'entonnoir se forme, l'huile se précipite en bas et s'écoule avant la plus grande partie de l'eau inférieure, au-dessus de laquelle elle était versée. Les parties de l'huile participent moins au mouvement de rotation de l'eau inférieure ; ayant une densité moindre, elle s'écarte moins de l'axe que l'eau ; en conséquence de cela, comme elle occupe la partie intérieure de l'entonnoir, et qu'elle n'est point soutenue, elle s'échappe par en bas la première.

30me *Expérience.* — Tous les petits corps qui flottent sur l'eau dans le vaisseau se comportent de la même manière que l'huile, pourvu que leurs dimensions soient très-petites. Si le volume des corps flottans est un peu grand, pendant qu'il approche de la cavité pour tomber dedans, son extrémité, qui est la plus proche de l'axe, arrive dans l'endroit où la circulation est la plus rapide. Cette rapidité de mouvement, communiquée à une extrémité du corps flottant, est transmise, par les lois de la mécanique, au centre de gravité qui est plus éloigné de l'axe, dans une situation où le mouvement circulaire est moindre ; en conséquence, le corps se retire des bords de la cavité dans laquelle il était prêt de tomber ; après un court intervalle de temps, il est rappelé de nouveau, et ces mouvemens alternatifs continuent aussi long-temps que les circonstances qui les produisent. Enfin, si le corps qui flotte à la surface de l'eau, après que l'entonnoir s'est formé, est d'une dimension suffisante pour la couvrir entièrement, il détruit l'entonnoir dans la partie supérieure, quelquefois même dans la partie inférieure. La raison en est que le corps lui-même ne peut tourner autour de son centre, d'après la loi $v = r$; par conséquent,

il détruit, par le frottement, la loi $v = \dfrac{1}{r}$ dans les parties

du fluide qui sont en contact avec lui ; il détruit donc l'entonnoir lui-même.

PROPOSITION XII.

La communication latérale du mouvement a lieu aussi bien dans l'air que dans l'eau.

Un courant d'air au milieu d'un volume d'air en repos produit des ondulations et des remous autour du courant de la même manière que dans l'eau. On peut les observer dans la fumée qui s'élève des fourneaux, et elle produit un effet remarquable quand elle se projette en colonne épaisse d'un volcan agité. On peut en voir encore un effet dans les particules qui flottent dans une chambre obscure, quand un rayon solaire pénètre à l'intérieur, et que l'observateur souffle dessus.

Si le vent, par exemple, vient du sud, il arrive fréquemment que le côté nord d'une montagne est en même temps choqué par un vent du nord. Ce vent partiel et local n'est autre chose que le remous produit par la montagne elle-même, agissant comme un obstacle contre le vent principal, le vent du sud. C'est probablement pour la même cause que le vent quelquefois agit dans une direction contraire, sur les voiles d'un vaisseau, quand elles sont présentées trop obliquement à sa direction.

La vapeur d'eau qui s'échappe d'un éolipyle entraîne l'air ambiant avec elle, et le porte en retour contre les charbons brûlans opposés à la direction du courant de vapeur aqueuse. Il ne faut pas conclure, par conséquent, que la vapeur aqueuse est elle-même, dans ce cas, décomposée, qu'elle entretient par là la combustion du charbon.

Il est reconnu que les tubes de cheminées aident, par leur forme, l'élévation de la fumée; relativement à cette circonstance, nous avons tiré quelques inductions dans la *septième proposition*.

Dans les tuyaux d'orgue, l'air qui s'échappe des ouvertures de côtés (lumières) frotte latéralement contre l'extrémité de la colonne d'air renfermée dans le tuyau. Il la frotte d'un côté dans une direction longitudinale, et devient une sorte de lime élastique qui agit sur une surface élastique. Quoique la colonne d'air soit fluide, ses parties sont cepen-

dant si bien mêlées ensemble, que le mouvement de vibration excité au point de frottement, est bientôt communiqué
latéralement à toute la colonne, laquelle reçoit des vibrations
de telles sortes, qu'elles sont en équilibre entr'elles et avec
la vitesse du courant qui produit le frottement. Pour cet
effet, il est nécessaire que la colonne soit divisée elle-même
à différens points ou nœuds, distribués dans la longueur du
tuyau (1). C'est par des actions répétées que le vent qui
s'échappe par les ouvertures des côtés imprime à toute la
colonne contenue dans le tube un mouvement de vibration
plus grand que celui que les lois de l'impulsion et de la
communication latérale pourraient permettre d'obtenir par
une impulsion simple. Dans le haut-bois et autres instrumens semblables, munis d'un bec à anche, la cause qui
excite le mouvement de trépidation n'agit pas par côté sur
l'air contenu dans le tube ; mais elle le choque directement
dans le milieu : c'est pour cette raison qu'elle communique
ses vibrations à la masse entière avec beaucoup plus d'effet.

De la même manière, la force du son qui est propagé dans
l'atmosphère dépend de l'étendue de la section de l'air qui
est à l'extrémité du tuyau, et de l'amplitude des vibrations
de cette section. C'est cette surface qui choque l'atmosphère
et communique ses pulsations (2). Pour cette raison, les tubes coniques et divergens produisent un son plus fort que
ceux qui sont cylindriques ; et ces derniers un son plus fort
que ceux qui sont coniques, mais convergens. La première
cause du son qui agit à l'extrémité d'un tuyau ne peut jamais, d'elle-même, exciter des pulsations aussi fortes dans
l'atmosphère qu'elle n'en exciterait par la communication
latérale de l'air contenu dans un tuyau conique et divergent.

L'explication de ce phénomène sera comprise en observant, 1° que si un certain nombre de corps élastiques sont
disposés en progression, le premier imprimera au dernier,
par l'intermédiaire des autres, plus de vitesse qu'il n'en

[1] Mémoires de l'Académie, année 1762, page 431.

(2) Il est connu que la matière dont le tuyau est composé n'affecte
pas sensiblement le son.

Mécanique industrielle, 2me part. 15

communiquerait par un choc immédiat ; 2° que les vibrations excitées dans un tuyau ont une certaine permanence, qui leur permet de recevoir un accroissement de force par l'effet réuni des impulsions successives ; tandis que, dans une atmosphère ouverte, chaque pulsation est passagère et simple.

L'accroissement du son, dans les porte-voix, n'est-il pas en partie dû à la même cause de la communication latérale du mouvement plutôt qu'à la réflexion bornée des lignes sonores sur les côtés du tube lui-même?

J'appelle vibrations *résonnantes*, celles qui ont lieu dans un tube quand le son est excité ; je nomme vibrations *propagées*, où *pulsations*, celles qui transmettent le son au travers de l'atmosphère. J'ai déjà signalé la différence qui m'a paru exister dans ces deux sortes de vibrations, savoir : que les premières ont une certaine permanence et connexion entr'elles, telles que chacune d'elles excite une impulsion successive sur les premières, les supporte, les renforce ; tandis que les pulsations qui se succèdent dans l'atmosphère, par l'action répétée du corps résonnant, sont simples et indépendantes l'une de l'autre.

Mais ce qui suit établit une différence plus remarquable entre ces deux espèces de vibrations. Quand à l'extrémité d'un tube A B C une vibration résonnante est produite dans la section d'air, BC, *fig.* 2, l'expérience démontre que cette vibration devient un centre de pulsations propagées autour en PSQ ; car sur quelque côté que l'on soit placé, soit en P, soit en Q, on entendra le son du tube A B C presqu'autant que si on était en S. Mais quand il n'y a point de tube, et que la vibration en B C est une simple pulsation propagée dans l'air libre de A en B, dans ce cas la pulsation n'est point propagée latéralement ni complètement de P en Q, comme une vibration résonnante ; mais elle est contenue presque entièrement dans les limites B Z et C Y, avec une divergence d'environ 15 à 20 degrés. Ce fait a été discuté par divers physiciens, mais il ne saurait être controversé, puisqu'il est bien connu que nous n'entendons pas un écho, ou un son réfléchi, produit par une surface plane, jusqu'à ce que nous soyons placé dans la ligne de réflexion, ou très-près du plan. Si la pulsation de l'écho était propagée circulairement en avant de la surface réfléchissante, et divergent sur elle comme d'un centre, ne devrions-nous pas l'entendre dans une situation quelconque, en avant de la surface de réflexion? Nous devons par conséquent admettre, relativement aux pulsations propagées dans l'atmosphère, certaines exceptions, et mêmes limites qui touchent à la communication latérale du mouvement que nous avons signalé dans la *première proposition* et dans la *cinquième*, quand il était question de l'eau.

Additions relatives à la Veine contractée.

On a beaucoup écrit sur les directions convergentes qu'affectent les particules d'un fluide contenu dans un vase, en avant de celles qui sont émises, par une ouverture latérale des parois de ce même vaisseau, ainsi que sur la forme de la veine contractée. Les réflexions et les expériences que nous allons rapporter fourniront encore quelques éclaircissemens à ce sujet.

Je commencerai par défendre le principe fondamental de l'hydraulique contre l'opinion d'un homme savant, distingué par ses travaux et son zèle pour les progrès de la science; *Lorgna*, le fondateur de la Société italienne. Il prétend (1) que la veine contractée n'est autre chose que la continuation de la cataracte newtonienne, et que la rapidité du fluide qui s'écoule par une ouverture pratiquée à une plaque mince, est beaucoup moindre que celle d'un corps qui tombe de la hauteur de sa charge. Soit M D, *fig.* 22, l'axe de la veine qui s'échappe par B; le rayon de l'orifice circulaire B C = B D = 1; M B = *a*. *Lorgna* prétend que 0,472 *a* = H B, est la hauteur qui doit produire, dans un corps grave, la vitesse de l'écoulement B C. Il appuie cette proposition par des calculs déduits de l'action mutuelle des particules fluides contenues dans le vase. Mais après avoir été témoin de l'inutilité des efforts des plus grands géomètres à ce sujet, nous devons soupçonner toutes ces démonstrations comme fondées sur des principes mécaniques, très-vrais en eux-mêmes, mais dont l'application à une infinité

(1) Mem. della Società italiana, vol. iv.

de corps qui se meuvent et sont pressés dans toutes les directions est très-difficultueuse, sinon impossible. Voyons si la théorie de *Lorgna* s'accorde avec l'expérience. Supposant la vitesse du fluide en B, résultante de l'élévation $HB = 0,472\,a$, la vitesse du même fluide s'accroîtra dans le rapport $\sqrt{HB} : \sqrt{HD}$, et la veine en D sera contractée dans le même rapport. On tire de là $DE = \left(\dfrac{0,472\,a}{1 + 0,472\,a}\right)^{1/4}$, qui est la formule de la conoïde hyperboloïde de *Newton*. Si telle est la seule cause de la contraction, les dimensions de DE doivent s'accorder, à très-peu de chose près, avec cette figure quand elle est examinée expérimentalement. Mais elle en diffère beaucoup, comme on peut s'en assurer par le Tableau suivant.

AUTEURS DES EXPÉRIENCES.	Valeur de DE trouvée par la mesure actuelle.	Valeur de DE calculée par la formule précédente.
Poleni (de castellis, § 35) . .	0, 79	0, 97
Michelotti; (sperim. idraulic. tome 1er, expérience 46; tome 2, expérience 4).	0, 80	0, 99
Bossut (hydrodynamique, art. 437, expér. 5)	0, 818	0, 99
Moi-même, avec 35 pouces de charge et un orifice circulaire horizontal de 18 lignes de diamètre.	0, 798	0, 984

Il est évident que la contraction de la veine, telle qu'on la trouve par l'expérience, est comparativement plus grande que celle que peut produire la gravité même dans les courans descendans. Mais que pouvons-nous dire des jets horizontaux et ascendans, dans lesquels, assurément, l'accélération de la

gravité n'a pas lieu, mais dans lesquels, néanmoins, la contraction est observée presque de la même manière que dans
les courans descendans? La contraction du courant est par
conséquent très-différente de l'hyperboloïde newtonienne.

Désireux de prouver que la veine ne possède pas toute la
vitesse résultante de la hauteur du fluide au-dessus du centre
de l'orifice, *Lorgna* mentionne l'expérience de *Kraft* (1),
qui n'est pas applicable à la question, parce qu'elle fut faite
avec des tubes cylindriques, et nous avons vu que de pareils
tubes détruisent toujours une partie de la vitesse du fluide ;
par conséquent nous ne pouvons établir aucune règle de
celles que nous appliquerons aux orifices pratiqués dans une
plaque mince (2).

Il ne veut pas déterminer la vitesse des jets ascendans par
la hauteur à laquelle ils s'élèvent, parce qu'il appréhende que
la partie précédente du courant, ou jet, est sollicitée et soutenue par les parties qui se succèdent presque à la hauteur
de la charge. Néanmoins, si nous interrompons le jet tout-à-
coup, la dernière portion d'eau s'élève à la même hauteur
que celles qui précèdent, sans être soutenue ni suivie d'aucune colonne inférieure. Ces dernières portions doivent donc
avoir reçu, à leur passage par l'orifice, toute la vitesse qui
est nécessaire pour les élever presque à la même hauteur que
la surface du fluide dans le réservoir.

Bornons-nous, si cela peut être convenable, aux jets horizontaux ; l'expérience que j'ai relatée, comme un terme de
comparaison, me paraît être décisive. Sous une charge de
32,5 pouces, la ligne verticale P M, *fig.* 1, étant de 54 pouces, la ligne horizontale M N fut toujours de 81,5 pouces,
ce qui n'est que deux pouces de moins que si le jet avait conservé, dans la direction horizontale, toute la vitesse que les
corps graves acquièrent en tombant de 32,5 pouces de hauteur. Le diamètre de la veine contractée fut, à très-peu de
chose près, de 14,5 lignes. Puisque la quantité de 81,5
pouces en M N suppose, dans la veine contractée, une vi-

(1) Acta petrop, vol. viii.

(2) *Toricelli* remarque cette différence à la page 168 de ses œuvres :
« Quotiescumque autem aqua per tubum latentem decurrens, per
angustias transire debuerit, falsa omnia reperies. »

tesse de 149,5 pouces par seconde de temps, ce nombre multiplié par l'aire de la veine contractée elle-même, donne la dépense de quatre pieds cubes en 41 secondes, ce qui est aussi le résultat de l'expérience. Nous avons, par conséquent, trois mesures déterminées par expérience, qui s'accordent et se contrôlent mutuellement l'une par l'autre, savoir :

La quantité M N, la contraction du courant, et le temps de la dépense. Et puisque ces quantités observées par *Bossut*, *Michelotti* et *Poleni*, donnent presque les mêmes résultats, on ne peut long-temps douter, 1° que la contraction du courant est presque les 0,64 de l'orifice ; 2° que la vitesse de la veine contractée est presque la même que celle qu'un corps grave acquerrait en tombant de la hauteur de la charge.

Ces deux principes, déduits de l'expérience, sont vrais dans tous les cas où l'orifice est considérablement petit en proportion de la section du réservoir, où il est pratiqué dans une plaque mince, et où l'affluence intérieure des filets fluides s'opère d'une manière uniforme autour de l'orifice même. Mais qu'arriverait-il si l'affluence intérieure était modifiée d'une manière différente que ce qui existe ordinairement? Les expériences suivantes furent faites avec l'intention de s'assurer des effets les plus remarquables de ces modifications particulières, dans la direction des filets fluides qui se pressent les uns contre les autres pour passer au travers de l'orifice.

3ᵐᵉ *Expérience.* — *fig.* 21. Dans l'orifice A C B D, les deux côtés A, B sont parallèles à l'horizon ; les extrémités C, D sont arrondies ; la largeur de cette ouverture est de moins de deux lignes sur 18 de longueur ; la charge est de 32,5 ; la section du courant qui se fait issue par cet orifice prend d'abord la forme E F, après quoi les deux extrémités E, F s'approchent de plus en plus pour élargir le milieu de la section du courant ; à 4,5 pouces de distance de l'orifice, il prend la forme quadrangulaire G H ; le courant, après cela, s'étend lui-même dans une direction perpendiculaire, avec la forme d'un large éventail K L.

J'ai répété l'expérience en plaçant l'axe longitudinal de l'orifice C D verticalement. Dans ce cas, le même phénomène se produisait : E F devenant vertical et K L horizontal, tous deux conservant leur forme.

Les filets fluides qui, se faisant issue par l'orifice, passent près des bords A et B, sont très-voisins l'un de l'autre ; et étant convergens, ils tendent à s'unir à une petite distance de l'orifice. Les filets G et D sont plus éloignés, et peut-être moins convergens ; ils ne peuvent s'unir qu'à une plus grande distance que les premiers. Dans ce cas, par conséquent, il y a des mouvemens qui tendent à produire deux contractions, l'une plus proche, l'autre plus éloignée de l'orifice. Ces deux contractions se contre-balancent en partie l'une par l'autre. Leur mutuelle opposition transporte l'effet GH à une distance cinq fois plus grande que celle de la veine contractée d'un orifice circulaire ayant un diamètre de même largeur que celui de cet orifice.

Dans cette expérience nous voyons la cause d'un phénomène qui a été observé dans plusieurs cas par *Poleni* et d'autres qui n'en ont point donné l'explication. Dans tout orifice de figure rectiligne, pratiqué dans une plaque mince, les angles de la veine contractée répondent aux côtés de l'orifice, et réciproquement. Quand l'orifice quadrangulaire a la situation MNOP, la plus grande contraction du courant s'opère à une plus grande distance que dans une ouverture circulaire ; elle affecte la forme QRST. La raison en est que les angles opposés M, P sont plus éloignés l'un de l'autre que les côtés I, V ; d'où il arrive la même chose que dans l'orifice oblong ACBD. De la même manière, un orifice triangulaire, dans la situation X, produit une contraction de forme dans la situation Z, etc.

32me *Expérience*. — L'orifice étant de la forme CD, *fig.* 21, le lieu GH, où le courant est le plus contracté, a été trouvé distant de l'orifice, comme il est indiqué dans cette table.

Hauteur de la charge au-dessus de l'orifice C D.	Distance au point de la plus grande contraction.
pouces.	lignes.
32, 5	53
18, 0	48
10, 0	40
0, 0	36

L'orifice long CD nous montre, sous une dimension agrandie, la distance de la veine contractée à l'orifice. Par ce moyen les tables précédentes nous font voir, d'une manière très-sensible, que la contraction du courant a lieu à une plus grande distance sous de fortes charges que quand la charge est moindre.

33me *Expérience*. — Au centre d'un orifice circulaire AB, *fig*. 23, pratiqué dans une plaque mince, je disposais dans le réservoir le cône de métal DGE, avec une partie cylindrique CFGD, de telle façon qu'il fût mobile le long de son axe IV et que son sommet pût être avancé plus ou moins au travers de l'orifice AB vers le point V. Les mesures en lignes furent celles-ci : AB = 18; IE = 24; DG = 27; CD = 8. Cet appareil fut appliqué à l'orifice P, *fig*, 1. La charge étant de 32,5 pouces, les résultats furent ceux-ci :

Quantité E X dont le sommet du cône se projette en dehors de A B.	Distance de la veine contractée.	Distance de M N.	Temps de la dépense pour 4 pieds cubes d'eau.
lignes.	lignes.	pouces.	secondes.
11, 1	3, 1	76	85
6, 6	12, 3	77, 5	53
0, 0	14, 0	78, 5	43
le cône enlevé.	14, 3	81, 5	41

Je me propose de répéter et de varier cette expérience, afin de découvrir la cause du singulier phénomène qu'il présente.

34me *Expérience*. — *Fig*. 24. L'orifice étant une demi-circonférence dont le diamètre AB a 11, 2 lignes, j'appliquais dans le vase un plan QAB perpendiculaire à la plaque dans laquelle l'orifice était pratiqué. La ligne AB était per-

pendiculaire à l'horizon, et la charge était de 52,8 pouces.
Le jet se dévia horizontalement comme PFG, s'écartant de
l'axe CE vers le coté où était fixé le plan QP. L'angle FGE
fut de 9°5', et l'angle FCG de 36°. La section verticale du
jet avait la forme KL, la plus large partie du jet était en F.
Les quatre pieds cubes d'eau s'écoulèrent en 206 secondes.

Les résultats de cette expérience sont analogues à ceux des
expériences 31 et 33.

35me *Expérience*. — Le citoyen *Borda*, dans un intéres-
sant mémoire (1), rend compte d'un phénomène particulier
dont il a donné une démonstration simple, d'après le principe de l'égalité de pression que les fluides exercent dans
chaque direction. Si l'extrémité d'un tube est enfoncée dans
la partie intérieure d'un réservoir, la contraction de la veine
est plus grande, et la dépense moindre que si le tube était
appliqué aux parois mêmes du vase. J'ai répété cette expérience, et j'ai trouvé les mêmes résultats, quand le tube
était cylindrique d'un bout à l'autre, semblable à ceux dont
l'auteur faisait usage, et quand l'eau s'écoulait en un courant
plein. Je donnais, après cela, à l'extrémité intérieure du tube
la forme AC, *fig.* 4, de la veine contractée; dans ce cas, il
n'y avait pas une grande différence dans la dépense relative
aux deux situations du tube; car quand l'extrémité AC
était poussée dans l'intérieur du réservoir, le tube plein
rapportait, en 81 secondes, la même quantité d'eau qu'en
80 secondes, quand il était appliqué à la paroi du vase. On
peut supposer que si la partie AC eût eu plus exactement la
forme de la veine contractée, la petite différence d'une seconde aurait disparu.

(1) Mémoires de l'académie, 1766.

OBSERVATIONS

SUR LE MOUVEMENT DE L'EAU QUI S'ÉCOULE D'UN RÉSERVOIR, ET SUR LA CONTRACTION DU COURANT.

Par M. Eytelwein.

———

La vitesse de l'eau qui s'écoule par une ouverture horizontale est comme la racine carrée de la hauteur de la chute d'eau.

C'est-à-dire que la pression, et par conséquent la hauteur, est dans le rapport du carré de la vitesse; car la quantité qui s'échappe dans un temps très-court est dans le rapport de la vitesse; et la force requise pour produire la vitesse dans une certaine quantité de matière, dans un temps donné, est également dans le rapport de la vitesse; par conséquent la force doit être comme le carré de cette vitesse. Cette proposition est pleinement confirmée par les expériences de *Bossut*; les vitesses proportionnelles, avec les pressions 1, 4, 9, étant 2722, 5436 et 8135, au lieu de 2722, 5444, et 8166.

Il existe encore une autre manière de considérer cette proposition, qui n'est point mentionnée par *Eytelwein*, et qui fournit une assez bonne approximation. Supposons qu'une très-petite couche d'eau soit immédiatement placée au-dessus de l'orifice et mise en mouvement à chaque instant, par le moyen de la pression de tout le cylindre qui repose sur elle; supposons que toute la pesanteur de la colonne est employée à engendrer la vitesse de la petite couche d'eau, en négligeant son propre mouvement; cette couche sera sollicitée par une force d'autant plus grande que son propre poids, que la colonne est plus haute qu'elle, et cela au travers d'un espace plus court, en même proportion que la hauteur de la colonne. Mais là où les forces sont inversement comme les espaces décrits, les vitesses finales sont égales. Par conséquent, la vitesse de l'eau qui s'écoule doit être égale à celle d'un corps grave qui tombe de la hauteur de la charge d'eau, et qu'on trouve à peu de chose près en multipliant la racine carrée de cette hauteur en pieds par 8. Ce sera le nombre de pieds décrits en une seconde. Une hauteur de 1 pied donnera 8, celle de 9 donnera 24.

La circonstance bien connue de la contraction du courant ou de la veine d'eau qui s'échappe d'un orifice pratiqué dans une plaque mince, réduit l'aire de la section à la distance d'environ la moitié de son diamètre, à partir de l'orifice, de 1 à 0,66, ou 0,666 d'après *Bossut*, ou 0,634 selon *Venturi*, et 0,64 d'après les expériences propres de l'auteur ; c'est-à-dire que le diamètre serait réduit à 4/5.

La quantité d'eau écoulée est presque, mais non pas tout-à-fait suffisante pour remplir cette section avec la vitesse due ou correspondante à la hauteur ; pour trouver plus exactement la quantité écoulée, l'orifice doit être supposé diminué de 0,619, ou presque de 5/8. De là, nous pouvons multiplier la racine carrée de la hauteur par 5 au lieu de 8, et nous aurons la moyenne vitesse par un simple orifice.

Si nous appliquons le tube le plus court qui puisse donner lieu à l'adhérence du courant sur tous ses parois, ce qui nécessitera une longueur de deux fois le diamètre, l'écoulement sera environ les 13/16 de la quantité entière, et on trouvera la vitesse en prenant 6 1/2 pour multiplicateur.

La plus grande diminution est produite par l'insertion d'un tube dans un réservoir, de manière à ce qu'il se projette intérieurement. La cause en est probablement de ce qu'il s'opère une plus grande interférence dans les mouvemens des particules liquides, en approchant de l'orifice dans toutes les directions ; dans ce cas, l'écoulement est réduit à-peu-près à la moitié.

Un tube conique, qui approche de la figure de la veine contractée, procure un écoulement de 0,92, et quand ses bords sont arrondis, de 0,98.

Venturi a avancé que la décharge d'un tube cylindrique peut être augmentée par l'addition d'un tube conique, presque dans le rapport de 3 à 2 (1). Mais M. *Eytelwein* trouve cette assertion trop générale, et observe que quand le tube est très-long, à peine si on ressent quelque effet de l'addition d'un pareil tube conique. Il décrit le nombre d'expériences faites avec différens tubes, où le terme de comparaison était le temps de remplissage d'un vase au moyen d'un grand réservoir, qui n'était pas constamment plein, et qu'il était difficile de préserver de quelque agitation dans l'opération du remplissage. Or, cette circonstance n'affecta en rien les résultats des expériences. Il confirme cette assertion, qu'un tube composé conique peut accroître l'écoulement deux fois et demi autant qu'au travers d'un simple orifice ; cependant là où des tubes d'une grande longueur sont employés, les tubes additionnels paraissent avoir peu ou point d'effet.

L'auteur conclut par une table générale de coefficiens pour trouver la moyenne vitesse de l'eau qui s'écoule par la pression d'une charge donnée et sous diverses circonstances.

Pour la vitesse entière due à la hauteur, le coefficient par lequel sa racine carrée doit être multipliée, est 8,0458.

Pour un orifice de la forme de la veine contractée, 7,8.

Pour de larges ouvertures dont le fond est de niveau avec le fond du réservoir, pour des écluses dont les bases sont en ligne avec les orifices, pour les arches de ponts, 7,7.

Pour les tuyaux courts, deux ou quatre fois aussi longs que leur diamètre, 6,6.

Pour les ouvertures pratiquées dans les écluses sans murailles latérales, 5,1.

Pour les orifices dans les plaques minces, 5.

_____

(1) Le rapport assigné par *Venturi* est seulement de 24 à 12, (prop. VII). Il n'est, du reste, applicable qu'au cas particulier de ses expériences.

Sur l'Écoulement de l'Eau par des orifices rectangulaires, pratiqués aux parois d'un réservoir, et partant de la surface.

La vitesse variant presque comme la racine carrée de la hauteur, peut être ici représentée par les ordonnées d'une parabole, tandis que la quantité d'eau écoulée sera représentée par l'aire de la parabole, ou les deux tiers du rectangle circonscrit. De telle sorte que la quantité d'eau dépensée peut être trouvée en prenant les deux tiers de la vitesse due à la hauteur moyenne, et en établissant une compensation relative à la contraction de la veine, selon la forme de l'ouverture, ainsi qu'on l'a expliqué.

L'auteur a trouvé que ce mode de calcul s'accordait suffisamment avec les résultats des expériences de *Dubuat* et avec les siennes.

Il propose, par exemple, un lac dans lequel on a pratiqué une ouverture rectangulaire et qui n'est point assujettie à des murailles obliques et latérales. Cette ouverture a 3 pieds de large, et s'étend à 2 pieds au-dessous de la surface de l'eau. Dans ce cas le coefficient de la vitesse corrigée de la contraction est 5, 1, et la moyenne vitesse corrigée est $\frac{2}{3} \sqrt{2 \times 5}, 1 = 4, 8$. Par conséquent, l'aire étant 6, la dépense d'eau en une seconde sera 28, 8 pieds cubes, ou environ 4 muids.

Le même coefficient peut servir à déterminer l'écoulement par une écluse d'une grande largeur; il est facile d'en déduire la profondeur ou largeur nécessaire pour l'écoulement d'une quantité donnée d'eau. Par exemple, un lac porte une écluse de 3 pieds de largeur, et la surface de l'eau est établie à 5 pieds au-dessus. On demande de combien l'ouverture doit être élargie pour faire baisser l'eau d'un pied.

Ici la vitesse est $\frac{2}{3} \sqrt{5} \times 5, 1$, et la quantité d'eau $\frac{2}{3} \sqrt{5} \times 5, 1 \times 3 \times 5$; mais la vitesse doit être réduite à $^2/_3 \sqrt{4} \times 5,1$, et alors la section sera

$$\frac{^4/_5 \sqrt{5} \times 5,1 \times 3 \times 5}{^7/_3 \sqrt{4} \times 5,1} = \frac{\sqrt{5} \times 5 \times 5}{\sqrt{4}} =$$

$7,5 \times \sqrt{5}$; si la hauteur est 4, la largeur doit être

$$\frac{7,5}{4} \sqrt{5} = 4,19 \text{ pieds.}$$

De l'Écoulement de l'Eau par des orifices latéraux d'une grande étendue, et sous une charge d'eau constante.

On trouvera la dépense en déterminant la différence d'écoulement entre deux orifices de hauteur différente : mais dans la plupart des cas, le problème peut être résolu avec autant d'exactitude en ayant égard à la vitesse due à la distance du centre de gravité de l'orifice au-dessous de la surface.

De la Dépense d'un Réservoir qui n'est point alimenté d'eau.

Pour les vases prismatiques, toutes les particularités de l'écoulement de l'eau peuvent être calculées par la loi générale ; c'est-à-dire qu'il s'écoulera deux fois autant d'eau par un même orifice si le vaisseau est maintenu plein pendant le temps qui est nécessaire pour le vider. Quand les formes sont moins simples, les calculs deviennent plus compliqués ; ils sont d'ailleurs d'une petite importance.

Relativement à l'écoulement de l'eau entre des réservoirs composés ou divisés, l'auteur observe, d'après *Dubuat*, que la dépense de deux réservoirs au travers d'un orifice, au-dessous de la surface, est la même que si l'eau s'écoulait à l'air libre. De là il calcule la dépense quand l'eau doit passer par plusieurs orifices pratiqués dans les parois d'autant de réser-

voirs ouverts en dessus. Dans les cas où les orifices sont petits, la vitesse dans chacun d'eux peut être considérée comme
engendrée par la différence des hauteurs dans les deux réservoirs contigus, et la racine carrée de la différence représentera, par conséquent, la vitesse; laquelle doit, pour les divers orifices, être dans un rapport inverse des aires respectives; de telle sorte qu'on peut calculer, d'après cela, les
hauteurs dans les différens réservoirs, quand les orifices sont
donnés. M. *Eytelwein* alors considère le cas d'une écluse qui
est remplie par un canal d'une hauteur invariable, et détermine le temps nécessaire en le comparant avec celui d'un
vaisseau qui se vide lui-même par la pression de l'eau qu'il
contient, observant que le mouvement est retardé de la même
manière dans les deux cas, et il trouve que le calcul s'accorde
suffisamment bien avec les expériences faites sur une grande
échelle. Le mouvement de l'eau au travers de plusieurs compartimens fermés est également déterminé.

DU MOUVEMENT DE L'EAU
DANS LES RIVIÈRES.

———

On doit à M. *Eytelwein* une méthode très-simple pour déterminer la vitesse d'une rivière. Toutefois il faut observer que le raisonnement dont elle est déduite est un peu exceptionnel. Le frottement est à-peu-près comme le carré de la vitesse; non pas parce qu'un nombre de particules proportionnel à la vitesse est emporté et se frottent dans un temps relativement court, puisque, d'après l'analogie des corps solides, il ne se détruit pas davantage de force par le frottement quand le mouvement est rapide, que quand il est lent; mais parce que, quand un corps se meut selon une ligne d'une courbure donnée, la force de déviation est comme le carré de vitesses, et les particules d'eau en contact avec les côtés et le fond de la rivière doivent être déviées en conséquence des petites irrégularités des surfaces contre lesquelles elles glissent, et cela d'une manière semblablement courbée à-peu-près, quelle que puisse être d'ailleurs leur vitesse.

Pour une certaine vitesse, nous pouvons adopter cette hypothèse, que la principale partie du frottement est dans le rapport du carré des vitesses. Le frottement est aussi presque le même à toute profondeur, car le docteur *Robison* a trouvé que le temps de l'oscillation du liquide, dans un tube incliné, n'était pas accru par une augmentation de pression contre les parois, ce temps étant presque le même quand la principale partie du tube était située horizontalement comme quand elle était verticale.

Le frottement, cependant, variera selon la surface du liquide qui est en contact avec les parois solides, et en proportion de toute la quantité du liquide; c'est-à-dire que le frottement, pour une quantité donnée d'eau, sera directement comme les surfaces de côtés et de fond de la rivière, et inversement, comme toute la quantité d'eau dans la ri-

vière; ou si on suppose toute la quantité d'eau étendue horizontalement sur une surface égale aux parois de fond et des
côtés, le frottement sera inversement comme la hauteur à
laquelle la rivière, dans ce cas, pourra s'établir. C'est ce qu'on
a appelé la moyenne *profondeur hydraulique*.

Quand une rivière coule avec une vitesse uniforme, qu'elle
n'est accélérée ni retardée par l'action de la gravité, il est
évident que le poids total de l'eau doit être employé à vaincre le frottement ; et si l'inclinaison varie, la charge relative, ou la force qui sollicite le mouvement des particules,
sur le plan incliné, variera comme la hauteur du plan, quand
sa longueur est définie, ou comme la chute pour une distance
donnée ; conséquemment le frottement, qui est égal au poids
relatif, doit varier comme la chute, et la vitesse, qui est dans
le rapport de la racine carrée du frottement, doit être aussi
comme la racine carrée de la chute ; et si l'on admet que la
moyenne profondeur hydraulique s'accroît ou diminue, l'inclinaison restant la même, le frottement doit diminuer ou
s'accroître dans le même rapport : ainsi donc, afin de conserver l'égalité relative à la charge, il doit proportionnellement s'accroître ou diminuer par l'accroissement du carré de
la vitesse, dans le rapport de la moyenne profondeur hydraulique, ou bien la vitesse en raison de sa racine carrée.
Nous pouvons ainsi supposer que les vitesses seront, à la
fois, comme la racine carrée de la moyenne profondeur hydraulique et de la chute pour une distance donnée, ou comme
une moyenne proportionnelle entre ces deux valeurs. En prenant deux milles anglais pour la longueur donnée, nous
pouvons trouver la moyenne proportionnelle entre la moyenne
profondeur hydraulique et la chute relative à deux milles, et
chercher quelle relation existe pour la vitesse dans un cas
particulier, et par suite nous la trouverons pour tout autre.
D'après la formule de M. *Eytelwein*, cette moyenne proportionnelle est les 11/10 de la vitesse en une seconde.

Afin d'examiner l'exactitude de cette règle, nous allons
prendre un exemple qui peut ne pas avoir été connu de
M. *Eytelwein*. M. *Watt* observe (1) que dans un canal large
de 18 pieds au-dessus et de 7 au-dessous, de 4 pieds de
profondeur, ayant une chute de 4 pouces par mille, la vi-

[1] Voyez l'article *rivière* de l'encyclopédie britannique.

tesse était de 17 pouces par seconde à la surface, de 14 au milieu, et de 10 au fond ; de sorte que la moyenne vitesse pouvait être regardée comme de 14 pouces par seconde, ou un peu moins. Maintenant, pour trouver la moyenne profondeur hydraulique, nous devons diviser l'aire de la section $2 (18 + 7) = 50$ par la largeur du fond ajoutée à la longueur des parois inclinées, ce qui nous donnera $\dfrac{50}{20,6}$, ou 29,13 pouces : la chute pour deux milles étant de 8 pouces, nous avons $\sqrt{8 \times 29,13} = 15,26$ pour la moyenne proportionnelle, dont les $^{10}/_{11}$ sont 13,9 ; ce qui s'accorde exactement avec l'observation de M. *Watt*. Le professeur *Robison* déduisit du théorème donné par *Dubuat*, 12,568 pouces pour la vitesse, résultat beaucoup moins exact.

Pour un autre exemple, nous prendrons le *Pô* dont la chute est d'un pied pour deux milles, là où sa profondeur est de 29 pieds ; la vitesse observée est d'environ 55 pouces par seconde. Notre règle donne 58, résultat aussi approché de l'exactitude que la date de l'observation peut le faire espérer.

Ainsi donc, nous avons beaucoup de raisons pour être satisfait de la coïncidence d'une théorie aussi simple avec l'observation. Et pour trouver la vitesse d'une rivière d'après sa chute, ou sa chute d'après sa vitesse, il suffira de nous rappeler que la vitesse en une seconde est les $^{10}/_{11}$ de la moyenne proportionnelle entre la moyenne profondeur hydraulique et la chute relative à deux milles anglais. Toutefois ceci n'est vrai seulement que pour une rivière étroite qui s'écoule dans un canal égal.

Relativement à l'inclinaison des rives d'une rivière ou d'un canal, M. *Eytelwein* recommande que la largeur au fond soit les $^2/_3$ de la profondeur, et à la surface les $^{10}/_3$; les rives seront alors, en général, susceptibles de conserver leurs formes (1). L'aire d'une pareille section est deux fois le carré de la profondeur, et la moyenne profondeur hydraulique est les deux tiers de la profondeur.

(1) Quand le canal a les proportions indiquées dans le texte, l'inclinaison des rives dans l'eau est de 37° par rapport à l'horizon. L'inclinaison ordinaire du bord des canaux d'Angleterre est d'environ 34° ; et la relation entre la largeur et la profondeur varie beaucoup, selon la nature des transactions et l'espèce des bateaux de canal.

Le même auteur recherche ensuite l'écoulement de l'eau dans un canal dont le fond est horizontal : la vitesse, dans ce cas, paraît être un peu plus grande que dans un canal semblable, dont le fond et la surface sont parallèles.

L'auteur observe que la vitesse est plus grande près du côté concave que près du côté convexe des courbures. Cette circonstance est probablement occasionnée par la force centrifuge qui accumule l'eau de ce côté (1).

On ne peut donner aucune règle pour le décroissement de vitesse à certaines profondeurs ; cependant le maximum paraît être quelquefois un peu au-dessous de la surface. Dans l'Arno les vitesses sont à 2 pieds au-dessous de la surface de 39 1/2 pouces ; à 4 pieds, de 38 1/2 ; à 8, de 37 ; à 16, de 33 1/2 ; et à 17, de 31. Dans le Rhin, à 1 pied la vitesse est de 58 pouces ; à 5, de 56 ; à 10, 52 ; à 15, 43. L'auteur indique comme une approximation de la vitesse moyenne, de déduire de la vitesse superficielle 1/150 pour chaque pied de la profondeur totale ; ainsi, par exemple, si la profondeur est de 13 pieds et la vitesse superficielle de 5, on prendra 4 1/2 pour la vitesse réelle de la rivière. Ceci, toutefois, n'est réel que pour les rivières larges ; car dans le canal observé par M. *Vatt*, la vitesse superficielle ne devait diminuer que de 1/5 pour une profondeur de 4 pieds seulement, et nous pouvons, en général, arriver aussi près de la vitesse moyenne en prenant les 9/10 de la vitesse superficielle, quoique ceci puisse encore différer matériellement de la vraie moyenne. Mais en comparant ce résultat avec le premier théorème relatif à la vitesse, qui donne un résultat plus souvent au-dessus qu'au-dessous de la vérité, nous pouvons les comprendre tous les deux sous la forme suivante :

La vitesse superficielle d'une rivière est presque une moyenne proportionnelle entre la profondeur moyenne hydraulique et la chute relative à deux milles ; et la moyenne

(1) Quand la direction d'un courant est changée par suite d'une déviation de canal, la portion du courant plus distante du centre de courbure est sensiblement plus élevée de niveau que celle qui est plus voisine de ce même centre.

vitesse de toute l'eau est encore plus près des 9/10 de cette moyenne proportionnelle (1).

Nous pouvons trouver une double confirmation de ces principes dans le rapport du *major Rennel* sur le Gange. (Transactions ph. 1781, p. 87) On y voit que, à 500 milles de la mer, le chenal a 30 pieds de profondeur quand la rivière est la plus basse; que cette profondeur se continue jusqu'à la mer; qu'une section du fond parallèle à une des branches, dans une longueur de 60 milles, fut relevée par ordre de M. *Hastings*; que les sinuosités de la rivière sont si multipliées que sa déclivité se trouve réduite à moins de 4 pouces par mille. La vitesse moyenne du Gange est plus petite que trois milles par heure, à l'époque des sécheresses, c'est-à-dire que telle est la vitesse de la surface du fleuve. Maintenant, en passant quelque chose pour les bancs et pour les rugosités des rives, nous pouvons prendre 30 pieds pour la moyenne profondeur hydraulique. Si la chute pour deux milles est précisément de 2/3, nous devons avoir 2/3 × 20; et 1/20 = 4,47 pour la vitesse en une seconde, ou 3,05 milles par heures; résultat un peu plus grand que la vitesse observée par le major, en raison de ce que la chute a été estimée un peu trop grande.

D'après le même observateur, quand la rivière est pleine, elle contient trois fois le même volume d'eau, et son mouvement est accéléré dans la proportion de 5 à 5. Nous pouvons en conclure que la moyenne profondeur hydraulique est doublée au temps de l'inondation. Ainsi la vitesse doit s'accroître dans le rapport de 7 à 5; mais l'inclinaison de la surface s'augmente probablement de quelque chose en même temps, ce qui peut aisément faire supposer que la vitesse s'augmente encore de nouveau de 1,4 à 1,7.

(1) L'inclinaison de la surface des rivières est d'une importance plus grande qu'on ne le pense généralement. Relativement aux concessions ou priviléges d'eaux pour les moulins, beaucoup d'injustes décisions ont été prises, faute d'attention à cet égard. La chute, la moyenne profondeur hydraulique et la vitesse, au temps de l'observation, peuvent être aisément déterminées; et par la détermination de cette quantité, la moyenne profondeur hydraulique doit être accrue ou diminuée par un accroissement ou une diminution de la quantité d'eau. L'inclinaison de la surface correspondante à la quantité d'eau de la rivière, à chaque instant, peut être déterminée par les méthodes indiquées dans ce chapitre.

De l'Ecoulement et du Gonflement dans les cas de chutes, de contractions, dans les Rivières et Canaux.

Les méthodes employées pour déterminer l'écoulement de l'eau par des orifices rectangulaires, pratiqués aux parois d'un réservoir, à la surface du liquide, exigent ici quelques modifications, puisque l'eau arrive au lieu de la chute avec beaucoup de vitesse.

Il est évident, en outre, d'après les considérations mécaniques et hydrauliques, que la vitesse extrême excédera celle qui est relative à la profondeur du courant au lieu de la chute, et qu'elle correspondra à une hauteur égale à la somme des hauteurs capables de produire ces vitesses. On peut calculer ainsi l'effet résultant d'un barrage qui élève le niveau d'une rivière ; quelle largeur doit avoir une écluse pour produire une certaine élévation, et combien d'eau s'échappera par une écluse donnée en diverses circonstances. Quand un barrage est établi au-dessous du plus bas niveau de l'eau, on doit avoir égard à la différence des deux niveaux comme constituant la chute, le courant entier, au-dessous du niveau de la plus basse eau, acquérant sa vitesse additionnelle de cette seule différence.

L'étendue du gonflement produit par une élévation du niveau de la rivière, en conséquence de l'effet d'une écluse ou d'un barrage, peut être déterminée en calculant, par les règles qui servent à trouver la vitesse des rivières, l'inclinaison nécessaire pour produire un écoulement déterminé. La profondeur étant plus grande, l'inclinaison immédiatement au-dessus du barrage sera moindre ; mais l'effet de l'écluse ne se termine pas au point où la nouvelle surface, si elle est étroite, peut avoir placé la surface première ; car, sous le rapport des angles contournés, il s'étend presque deux fois aussi loin. L'effet d'une réduction de largeur d'une rivière peut être déterminé d'une manière presque semblable. L'auteur observe qu'une grande diminution en largeur d'une rivière ne produit qu'une petite élévation, résultat qui paraît être conforme à l'expérience ; mais que là où il est nécessaire, pour la navigation, d'avoir une certaine profondeur, on peut souvent l'obtenir par une chaussée établie en dehors des bancs, qui peut être suffisante pour augmenter la vitesse de la rivière et produire une excavation dans son lit.

Du mouvement de l'Eau dans les Tubes.

Ce sujet a été simplifié par M. *Eytelwein* de la même manière que pour les rivières et avec le même succès. Il observe que la charge d'eau peut être divisée en deux parties, l'une d'elles est employée à produire la vitesse, l'autre à vaincre le frottement ; que la charge ou la hauteur employée pour vaincre le frottement doit être directement comme la longueur du tuyau, et aussi directement comme la circonférence de section, ou comme le diamètre du tube, et inversement, comme le contenu de la section, ou comme le carré du diamètre ; c'est-à-dire, en somme, dans un rapport inverse au diamètre. Cette charge doit également varier, ainsi que le frottement, dans le rapport du carré des vitesses.

On tire de là $f = \dfrac{a l v^2}{d}$; f étant la charge ou la hauteur

due au frottement, et a la quantité constante. Ainsi $v^2 = \dfrac{f d}{a l}$.

Maintenant la charge employée au frottement correspond à la différence entre la vitesse actuelle et la hauteur actuelle, ou

$f = h - \dfrac{v^2}{b^2}$ dans cette expression b est le coefficient qui détermine la vitesse d'après la hauteur. En conséquence on a

$v^2 = \dfrac{b^2 d h - d v^2}{a b^2 l}$; et $v^2 = \dfrac{b^2 d h}{a b^2 l + d}$.

Maintenant $b = 6, 6$, et, d'après les expériences de *Dubuat*, $a b^2$ est fixé à 0,0211, qui s'accorde d'autant mieux que la vitesse tombe entre 6 et 24 pouces par seconde. D'après cela nous avons

$$v = \frac{43,6\,dh}{0,0211\,l + d}\,; \text{ ou } v = 45,5\sqrt{\left(\frac{dh}{l + 47\,d}\right)}\,;$$

toutefois il est plus exact de faire

$$v = 50\sqrt{\left(\frac{dh}{l + 50\,d}\right)}\,;$$ toutes les mesures étant exprimées en pieds anglais.

On peut tirer de cette équation plusieurs règles-pratiques utiles. Sous cette forme elle ne montre que la vitesse d'écoulement au travers des tubes, et elle équivaut à la règle suivante :

Pour déterminer la vitesse d'écoulement dans un tuyau, quand la hauteur de d'eau dans le réservoir au-dessus du point d'écoulement, et la longueur ainsi que le diamètre du tube sont donnés ; *multipliez 2500 fois le diamètre du tube, en pieds, par la hauteur en pieds, et divisez le produit par la longueur prise également en pieds, ajoutez 50 fois le diamètre, la racine carrée du quotient sera la vitesse d'écoulement en pieds par seconde.*

Soit, par exemple, un tube dont le diamètre est de 0,375 pieds, la hauteur de l'eau dans le réservoir au-dessus du point d'écoulement 51,5 pieds, et la longueur du tube 14637 pieds; on aura

$$\frac{2500 \times 0,375 \times 51,5}{14637 + (50 \times 0,375)} = \frac{48281,25}{14655,75} = 3,3$$

très-approximativement ; la racine carrée de 3,3 est 1,816 ; c'est la vitesse en pieds par seconde. Telles sont les mesures d'une conduite d'eau d'*Edimbourg*, décrite par *Smeaton*, dont la vitesse était de 1,815 par seconde.

Pour déterminer la quantité d'eau qu'un tuyau pourra fournir quand la hauteur du réservoir au-dessus du point d'écoulement, la longueur du tube et son diamètre sont connus, multipliez l'aire du tube en pieds par la vitesse en pieds, ainsi qu'il est prescrit par la règle précédente, et le résultat sera l'écoulement en pieds cubes par seconde.

Si, d'après ces règles, on compose l'équation de la quantité d'écoulement, et que nous nommions Q cette quantité, nous aurons $d \left(\frac{Q^2 (l + 50d)}{1542\ h} \right)^{1/5}$; d'où l'on pourra déduire le diamètre du tube capable de fournir l'écoulement donné; ou plus aisément log. $d = 1/5 (- 2,6515 + 2$ log. $Q +$ log. $(l + 50d) -$ log. h), quand d est exprimé en pouces et Q en pieds cubes par minute; en d'autres termes, pour trouver le diamètre d'un tube destiné à fournir une quantité d'eau donnée par minute, la hauteur de la surface dans le réservoir au-dessus du lieu d'écoulement et la longueur du tube étant connues;

Ajoutez ensemble le logarithme constant 2,651500, deux fois le logarithme de la quantité d'eau à écouler en pieds cubes par minute, et le logarithme de la longueur du tube en pieds. Soustrayez de la somme le logarithme de la hauteur du réservoir en pieds, et le cinquième du reste sera le logarithme du diamètre du tube en pouces approximativement.

Pour obtenir un résultat plus exact, répétez l'opération; mais au lieu de prendre le logarithme de la longueur seulement, ajoutez à la longueur 4,2 fois le diamètre en pouces trouvé par la règle, et prenez le logarithme de la somme au lieu de celui de la longueur; ensuite procédez comme auparavant.

Exemple. Un réservoir, pour le service d'une ville, doit être alimenté avec une vitesse de 12 pieds cubes par minute, la longueur du tuyau étant de 14637 pieds, et la chute de 51,5 pieds; on demande le diamètre du tube :

Logarithme constant,	2,651500
Deux fois le logarithme de 12,	2,158362
Logarithme de la longueur du tube (14637 pieds)	4,165541
	4,975403
Logarithme de la chute (51,5 pieds),	1,711807
Différence,	3,263596
Divisée par 5,	0,652719

C'est le logarithme du diamètre qui est donc de 4,495 pouces.

Le grand tuyau d'un des réservoirs d'eau de la ville d'É-
dimbourg avait 4,5 pouces de diamètre, et il délivrait 11,9678
pieds cubes d'eau par minute.

Pour obtenir une solution plus exacte, on peut répéter l'o-
pération de la manière suivante :

Logarithme constant,	2,651500
Deux fois le log. de 12,	2,158362
Log. (14637 + 4,2 × 4,495) = log. 14656,	4,166016
	4,975878
	1,711807
Log. de 51,5,	
	3,264071
Différence,	0,652814
Le 5me,	

C'est le logarithme du diamètre du tube en pouces =
4,496.

Cette seconde opération peut être négligée quand la longueur du tube est aussi considérable. Mais pour de plus
courtes longueurs cette correction devient importante.

Quand un tube de conduit est courbe à angle, ou plutôt
en arc, on doit diminuer la vitesse trouvée par les méthodes
précédentes, en prenant le produit de son carré multiplié par
la somme des sinus des divers angles ou inflexions, et ensuite
par 0,0038 ; ce qui donnera le degré de pression employé à
vaincre la résistance occasionnée par les angles ; en déduisant
cette charge de la charge correspondante à la vitesse, nous
trouverons ainsi la vitesse corrigée.

De l'Impulsion ou Pression hydraulique de l'Eau.

Il y a trois cas principaux relatifs à l'impulsion de l'eau
sur des surfaces planes perpendiculaires, 1o quand un jet
détaché choque un plan ; 2o quand le plan se meut dans une
étendue illimitée d'eau, ou que la surface est très-petite par
rapport au courant qui la choque ; 3o quand l'impulsion a
lieu dans une eau définie.

Mécanique industrielle, 2me part.   17

Supposons qu'un courant d'eau choque un plan, de manière à perdre tout son mouvement, il est évident que la force qui détruit le mouvement doit être égale à celle qui l'a produit, c'est-à-dire au poids de la colonne d'eau qui opère pendant le temps nécessaire pour lui faire acquérir une vitesse donnée ; et la quantité d'eau qui arrive pendant ce temps étant égale à deux fois la colonne dont la longueur est la hauteur due à la vitesse, la pression hydraulique doit être égale à deux fois la charge d'une pareille colonne. L'impulsion relative contre le plan en mouvement doit être déterminée par la différence des vitesses ; mais quand toute l'eau du courant choque contre le plan, l'effet de l'impulsion peut être déterminé plus simplement que si un corps solide choquait un plan avec la vitesse relative ; et c'est ce qui arrive à-peu-près dans les roues à eau frappées par-dessous.

Quand un jet détaché choque un plan, il résulte des expériences de *Bossut* et *Langsdorf*, que l'effet est égal au poids d'une colonne égale à deux fois la hauteur due à la vitesse. Mais le plan doit être au moins quatre fois aussi grand en diamètre que le jet. S'il est seulement d'une égale étendue, l'effet ne sera que la moitié aussi grand. Dans un courant indéfini, l'impulsion est aussi à-peu-près déterminée par la hauteur correspondante à la vitesse ; et il paraît que l'effet est presque doublé en empêchant le courant de diverger latéralement, en le confinant au moyen de planches.

Quant aux surfaces obliques, l'effet d'un jet détaché, dans sa propre direction, paraît varier comme le carré du sinus d'incidence. Mais quant aux mouvemens en eau libre, on doit ajouter à ce carré environ les $2/5$ de la différence du sinus au rayon ; cette correction est suffisamment exacte jusqu'à ce que l'inclinaison devienne très-grande. M. *Eytelwein* trouve que la résistance d'une sphère en mouvement est presque les $4/5$ de la résistance d'un cercle de même rayon. Peut-être était-ce un hémisphère ; autrement il serait difficile de concilier ce résultat avec d'autres expériences qui n'ont fourni que la fraction $2/5$.

Des roues à aubes frappées par-dessus.

La puissance qui agit sur de pareilles roues est divisée en deux parties, l'une qui dérive du poids de l'eau dans les augets, l'autre de l'impulsion de l'eau tombant sur eux. Le premier effet est constant; le second varie selon la vitesse; le maximum est trouvé quand la vitesse est moitié de celle de l'eau choquante. Mais la portion variable de la puissance étant la plus faible, cette règle est d'une petite importance en pratique, et la vitesse de la roue est généralement plus grande.

De la Résistance que l'Eau oppose au mouvement des bateaux dans les canaux.

(Par M. Mac-Neille.)

Les résultats que j'ai obtenus par expérience s'écartent tellement de ceux qui peuvent être déduits de la théorie, que c'est avec une grande défiance que je les soumets au public et à ceux qui s'occupent particulièrement de la navigation intérieure. Les observations suivantes sont faites dans l'espoir que ce désaccord entre la théorie et la pratique tendrait à faire faire des expériences plus rigoureuses sur cet objet, et plus particulièrement sur la forme la plus convenable à donner aux bateaux, non-seulement dans l'intérêt des Compagnies-Propriétaires des canaux, mais encore dans celui du Gouvernement qui sacrifie de grandes sommes à la navigation par la vapeur. J'ai la conviction que de grandes modifications ou des perfectionnemens peuvent être apportés dans les modèles des bâtimens ou des bateaux qui ne sont point mus par le vent, et que les passagers et les marchandises légères peuvent être transportés sur les canaux avec une vitesse regardée jusqu'à présent comme impraticable.

Les lois qui règlent la résistance et l'impulsion des liquides sont enveloppées d'une telle obscurité qu'un observateur franc est obligé d'avouer que les dissertations des savans et des physiciens, à cet égard, sont inutiles, et que les conclusions des logiciens ont été le plus souvent sans effets. Les assertions des premiers, dont on a conclu des propositions et des théories, ne sont fondées que sur des hypothèses ; les raisonnemens des seconds reposent sur des expériences trop limitées, et, dans quelques cas, sur des phénomènes mal observés. Il n'y a peut-être aucune branche de la science qui ait plus exercé l'attention des philosophes et qui ait produit si peu de résultats dont les praticiens puissent profiter.

C'est à ceux qui ont fait des recherches sur cet objet qu'il appartient de voir combien cette science est encore dans l'enfance ; bien qu'elle ait été illustrée par le nouveau calcul algébrique et les beaux travaux des savans français. Une longue expérience peut seule garantir l'adoption des règles ; car plus on observe la résistance des liquides, plus on s'aperçoit combien les mathématiciens se sont trompés en voulant déterminer par la théorie des formes qui ne sauraient nullement rivaliser avec l'esquif de l'Indien, le canot des Esquimaux et la jonque chinoise (1).

Ces observations s'appliquent à toute espèce de bâtiment, ou bateau, mû par une force autre que celle du vent ; et il importe de ne pas l'oublier quand nous procéderons à l'examen du cas particulier qui concerne la navigation des canaux. Tout corps destiné à se mouvoir dedans ou sur l'eau obéit à des lois semblables, et quoique les résultats qui vont suivre s'appliquent particulièrement aux bateaux de canal, cependant ils peuvent s'adapter à un corps quelconque, destiné à se mouvoir sur l'eau.

L'objet qu'on a spécialement en vue quand on place un bateau ou une barque sur l'eau, est d'obtenir un moyen de transport commode et avantageux pour les personnes et les marchandises. Il en est de même des voitures à roues destinées à parcourir les routes ordinaires, et des traîneaux qui glissent sur la neige. Il y a cependant une différence notable dans la manière d'obtenir les résultats. Dans chacun de ces cas, le corps a à se mouvoir sur une matière molle ou ré-

(1) On a beaucoup exagéré la vitesse prétendue des bateaux des îles Mariannes, connus sous le nom *de Proïs volans*. Depuis 1814, nous avons souvent eu l'occasion d'examiner attentivement ces sortes de barques, et nous avons pu nous assurer qu'elles éprouvaient une grande difficulté à suivre nos navires, quand ces derniers marchaient avec une vitesse de 16,000 mètres à l'heure.

sistante ; et tandis que, dans les deux derniers cas, les mécaniciens n'ont pourvu qu'imparfaitement aux inconvéniens
des ornières qu'occasionnent les roues des voitures ou les
lames des traîneaux, les constructeurs de bateaux semblent
avoir étudié comment leurs bateaux peuvent plonger avec le
plus de facilité dans la route qu'ils parcourent. Le cas peut
être différent avec un bâtiment de mer qui est mu par l'action
du vent sur les mâts, et avec un navire de guerre dont les
ponts sont chargés de canons pesans ; dans ces deux circonstances il est indispensable que le navire soit immergé
d'une certaine quantité. Il serait difficile de démontrer que
même un bâtiment de mer ne peut être tellement façonné
qu'il ne puisse se soulever de l'eau par suite de son mouvement. Il peut exister des façons d'étraves ou taille-mer telles
qu'elles soient susceptibles de favoriser la submersion du
navire. Une roue de charrette à jante tranchante s'enfoncera
dans le sol suivant une ligne déterminée par la pesanteur, de
même qu'un bateau sur l'eau ; et un bateau flottant, aussi
bien qu'une roue de charrette, s'élèvera au-dessus de l'eau
quand il sera mu rapidement, si la forme de sa proue et de
ses fonds favorise cet effet. La différence de densité est,
sans nul doute, plus grande dans un cas que dans l'autre,
mais l'eau résistera à la pénétration du bateau de la même
manière, sinon au même degré, que la roue qui cherche à
pénétrer dans un sol mou ou peu résistant. Malgré des conclusions si évidentes pour ceux qui connaissent les lois de la
pesanteur et les propriétés de la matière, si aisées à calculer
quand on a quelques idées sur la combinaison des forces, on
voit qu'elles ont été constamment négligées relativement aux
mouvemens des corps flottans, mus à différentes vitesses, dans
des conditions de tirant d'eau égales.

A l'époque où il était généralement reçu que la résistance
d'un vaisseau en marche sur l'eau croissait dans le rapport du
carré des vitesses, le mérite du transport par les chemins de fer
et les canaux fut l'objet d'une discussion animée dans le
public. Des expériences furent entreprises en vue de confirmer
la loi des résistances. Mais il ne vint point à l'idée de
ceux qui les entreprirent, dans l'impossibilité d'augmenter,
comme pour les routes, la densité du liquide et par conséquent son impénétrabilité, d'arriver aux mêmes résultats,
en obligeant les bateaux à se soulever de la surface par un ac-

croissement de vitesse et une forme de proue convenable.

Ces faits sont évidens pour ceux qui ont vu la pierre plate ricocher sur l'eau, le boulet de canon rebondir semblablement sur une mer unie ; qui ont cherché à opposer une résistance à un filet d'eau qui sort avec vitesse d'une pompe à incendie, ou qui sont familiarisés avec les effets qu'offre la résistance de la matière. Aucune application de ces idées n'avait été faite à la navigation, jusqu'à ce que M. *Houston de Johnstone Castle* entreprît des expériences sur un léger bateau mu dans un canal ; et il est très-surprenant que même les plus grands partisans de ces bateaux rejettent encore les faits précédens comme peu concluans.

Dans le mois de juin 1830, M. *Houston* parvint à établir sur le canal d'Ardrossan, en Écosse, entre Paisley et Glascow, un bateau en tôle mince, long, très-léger et peu profond. Depuis cette époque, de semblables bateaux ont continué un service réglé, transportant environ soixante passagers à une distance d'environ douze milles, avec une vitesse de huit milles à l'heure, y compris les momens d'arrêt. Des perfectionnemens subséquens dans la construction des bateaux, aussi bien que dans la manière de conduire les chevaux de halage, permirent de regarder ces vitesses comme un minimum. La note suivante, et qui est authentique, donne une idée des prix de passage.

	Distance.	Salon.	Salle commune.
Prix entre Glascow et Paisley,	8 milles.	9 p.	6 p.
Entre Glascow et Jonhstone,	12	12	9
Entre Paisley et Hohnston,	4	5	5

Alors ces bateaux transportaient douze cents voyageurs par jour ; et pendant les huit derniers mois de 1852, malgré la présence du choléra, ils en transportaient 26100.

M. *Thomas Graham*, dans sa lettre aux propriétaires et voyageurs de canaux, dit : « Les expériences à grandes vitesses ont été faites et confirmées sur le canal d'Écosse le plus étroit, le plus sinueux, le moins profond, c'est-à-dire le canal d'Ardrossan et Paisley, qui communique entre Glascow, Paisley et le village de Jonhstone, et dont la longueur est de 12 milles. Le résultat a réfuté complètement les calculs de la théorie qui établissaient la difficulté d'obtenir, à un prix convenable, de grandes vitesses sur les canaux; ils ont prouvé également que cette grande vitesse ne causait aucun préjudice aux berges ou rives de ces mêmes canaux.

La vitesse habituelle pour le transport des passagers sur le canal d'Ardrossan a été, pendant deux années, de neuf à dix milles par heure; et bien qu'on ait exécuté, pendant cet intervalle de deux années, jusqu'à 14 voyages par jour avec une pareille vitesse, les berges n'ont éprouvé aucun dommage.

Les bateaux ont environ soixante pieds de long sur cinq et demi de large; mais ils pourraient être plus larges si le canal était moins étroit. Ils supportent avec facilité de 60 à 80 passagers, ils en ont transporté, dans l'occasion, jusqu'à 110. Le prix total du bateau est d'environ 125 livres sterlings. La coque est faite en tôle mince, supportée par une membrure de fer très-légère, et la couverture, en toile peinte, est soutenue par une charpente en bois. Ils sont aérés, légers et plus confortables que les coches. Les passagers ont la faculté de se mouvoir d'un bout à l'autre des cabines. Le prix des passages est de deux sous par mille dans le salon, et de un sou et demi dans la salle commune. Les passagers sont tous à couvert, ayant aussi la faculté d'être à découvert. Ces bateaux sont halés par deux chevaux du prix de 50 à 60 livres sterlings la paire. Leur relais est de 4 milles, et ils le parcourent en 22 ou 25 minutes, y compris les momens d'arrêt nécessaires pour déposer ou prendre des voyageurs. Chaque cheval fournit trois ou quatre relais, alternativement, par jour. Au fait, ces bateaux sont tirés sur ce canal peu profond et étroit avec une vitesse que beaucoup d'ingénieurs renommés avaient démontrée, et que le public croyait impossible d'obtenir.

M. *Graham* fait connaître aussi les avantages que ce mode de transport possède sur les chemins de fer. « La dépense entière pour parcourir, avec des chevaux et un bateau rapide, quatre distances de douze milles ou 48 milles par jour, en y comprenant l'intérêt du capital, plus vingt pour cent mis en réserve annuellement pour le remplacement des bateaux, le dépérissement du capital, et les cas possibles d'accidens imprévus ou de perte de chevaux, forment une somme d'environ 700 livres sterlings. Ou prenant le nombre de jours de travail qui est environ de 312 par année, on trouvera que la dépense journalière est d'environ 2^{ls} 4^{sch} 3^{p}, c'est-à-dire de onze pences par mille (22 sous). La distance de Liverpool à Manchester est de trente milles; or, pour transporter à cette distance, sur le canal de Paisley, un des plus sinueux, des plus étroits et des moins profonds de la Grande-Bretagne, de 80 à 100 voyageurs, avec une vitesse de dix milles par heure, le coût actuel est de 1^{ls} 7^{sh} 6^{p}. Tels sont les faits, ils sont incroyables, mais il est donné à tout le monde de les contrôler.

Il peut paraître surprenant que les propriétaires des canaux dont la propriété diminuait considérablement de valeur par suite de la concurrence des chemins de fer, aient été assez insoucians pour laisser écouler environ trois années sans faire des efforts pour poursuivre un exemple aussi avantageux; mais il n'en est pas moins vrai que ce système bon, praticable et lucratif, est favorable non-seulement à rehausser leur dividende, mais encore à donner à leurs propriétés une valeur et une extension beaucoup plus grandes que celles qu'elles ont obtenues depuis le commencement de la navigation des canaux en Angleterre.

Beaucoup de pays leur offrent un tel transport de voyageurs et de marchandises, qu'ils les mettraient dans le cas de concourir avantageusement non-seulement avec les routes à barrières, mais encore avec les chemins de fer.

Nous devons supposer que les propriétaires de canaux n'ajoutent pas une très-grande confiance aux rapports qui ont été faits sur la grande vitesse qu'on a obtenue sur le canal de Paisley, sur la facilité avec laquelle les chevaux pouvaient être employés à de pareils transports rapides, et sur la faible surge produite sur les rives du canal.

L'esprit de recherche de M. *Telford* ne pouvait rester en repos en présence de pareils faits; il m'engagea à faire quelques expérience préliminaires sur une petite échelle, et c'est à sa libéralité que nous devons la première série d'expériences faites entièrement à ses frais dans la galerie nationale (*Adelaïde Street*). Elles eurent lieu dans une chambre convenablement disposée, avec toutes les commodités désirables, et durèrent, sans interruption, pendant trois semaines.

Le canal où ces expériences furent faites avait 70 pieds de longueur sur 4 de largeur, sa profondeur était d'un pied. On construisit un petit bateau en feuille de cuivre très-mince, de 3 mètres 10 de longueur sur une largeur de 0,21 ; son tirant d'eau lége était de 0,038, et chargé de 0,089. Le poids du bateau était, dans le premier cas, de 10 kilog.; et dans le second, de 17,80 ; sa forme, du reste, était en tout semblable à celle des bateaux rapides du canal de Paisley. Les vitesses différentes étaient données au bateau au moyen d'un poids suspendu à un cordon qui passait sur une poulie confectionnée avec soin ; ce cordon allait ensuite s'attacher sur l'avant de l'étrave du bateau. Au reste, on ne mesurait les vitesses qu'à partir du moment où elles étaient uniformes, ce qui arrivait environ à 40 pieds après son point de départ; la distance parcourue était de 30 pieds. Les vitesses varièrent depuis 2 jusqu'à 13 milles à l'heure. Voici le résumé et les moyennes de plusieurs expériences.

Vitesses en mètres par seconde.	POIDS		Différence entre la théorie et l'expérience.
	suspendu au cordon.	calculé d'après le carré de la vitesse.	
mètres.	kilog.	kilog.	kilog.
0, 93	0, 20	0, 20	
1, 28	0, 45	0, 40	— 0, 05
1, 46	0, 66	0, 52	— 0, 14
2, 33	1, 42	1, 33	— 0, 09
2, 40	1, 42	1, 41	— 0, 01
2, 63	1, 42	1, 57	+ 0, 15
3, 21	2, 63	2, 51	— 0, 12
3, 36	2, 63	2, 75	+ 0, 12
4, 28	3, 85	4, 49	+ 0, 64
4, 98	4, 46	6, 08	+ 1, 62
5, 31	5, 07	6, 92	+ 1, 85
6, 08	5, 71	8, 94	+ 3, 23

On observera, par la table précédente, qu'à mesure que la vitesse augmente, la force de traction ne s'accroît pas dans le rapport du carré des vitesses, et que la différence indiquée dans la dernière colonne, entre les résultats de la théorie et de l'expérience, devient plus grande à mesure que la vitesse augmente.

J'appelle l'attention particulièrement sur ces expériences pour démontrer combien est peu fondée l'opinion qui établissait qu'il était impossible d'obtenir, avec économie, de grandes vitesses sur les canaux. Toutefois je ne considère pas l'ancienne loi fondée sur le carré des vitesses comme erronée ; car elle peut être vraie tout autant que le bateau conserve ses mêmes lignes d'eau, sa même assiette. Mais comme il en est autrement quand la vitesse du bateau est accrue jusqu'à un certain point, que le bateau s'émerge comme on le verra plus haut, et s'élève à la surface de l'eau, que la section transversale et plongée diminue, nous en donnerons plus tard l'explication.

De semblables faits sont si contraires à l'opinion générale des savans, qu'il était désirable qu'ils fussent constatés par de nouvelles expériences avant d'être livrés à la publicité. C'est ce que, heureusement pour la science, entreprit de faire le colonel *Page*, président de la compagnie du canal de Kennet et Avon ; il parvint à déterminer la compagnie du grand canal à faire les dépenses d'une série d'expériences exécutées au moyen d'un bateau de canal de grandeur ordinaire. Il acheta en Ecosse un des bateaux rapides du canal de Paisley, l'Hirondelle qui plus tard fut appelée le Graham et Houston, du nom des deux personnes qui avaient le plus contribué au succès des transports rapides sur les canaux d'Ecosse.

Ce bateau fut essayé sur le canal de Paddington, et on obtint les résultats qui sont indiqués dans le Tableau suivant. Il est inutile de dire que c'est au moyen de chronomètres très-exacts et de dynamomètres éprouvés et contrôlés d'avance, que les mesures de temps et de tirage furent obtenues ; les bords du canal avaient été jalonnés, et plusieurs observateurs étaient chargés, chacun en particulier, d'observer le temps, la force de traction, à l'instant du passage de la même partie du navire, au jalon ou à la marque faite sur les bords du canal.

Expériences faites sur le Soutton et Graham.
(Canal de Paddington.)

Vitesse en mètres par seconde.	TIRAGE		Vitesse en mètres par seconde.	TIRAGE	
	mesuré au dynamomètre.	calculé d'après le carré de la vitesse.		mesuré au dynamomètre.	calculé d'après le carré de la vitesse.
	kilog.	kilog.		kilog.	
1, 12	11, 4	11, 4	2, 72	72, 5	67, 8
1, 15	9, 5	12, 1	2, 76	79, 3	69, 8
1, 30	13, 6	15, 4	3, 44	67, 1	107, 4
1, 38	13, 4	17, 7	3, 46	69, 5	108, 8
1, 39	14, 2	18, 0	3, 56	68, 9	112, 5
1, 95	27, 9	34, 4	3, 57	74, 3	116, 0
2, 32	71, 9	48, 9	3, 68	86, 1	123, 2
2, 44	86, 1	54, 4	3, 78	93, 0	130, 0
2, 45	68, 0	54, 7	3, 83	89, 0	136, 0
2, 48	67, 2	56, 0	4, 21	105, 0	161, 0
2, 55	66, 6	59, 0	4, 41	130, 0	181, 0
2, 56	64, 1	59, 2	4, 66	129, 0	195, 0
2, 61	69, 8	61, 9	4, 91	141, 0	219, 0
2, 63	76, 4	63, 2	5, 36	160, 0	265, 0
2, 69	69, 8	66, 8			

Le bateau qui a fourni les résultats contenus dans le tableau précédent avait une longueur de 21m 3 de bout en bout et une largeur en dehors de 1m 67; il était chargé de 15 personnes pesant 1080 kilogrammes. Pour les petites vitesses il était tiré par deux hommes, et par deux chevaux pour les grandes; il faisait presque calme. Le bateau parcourait un espace de 364 mètres, divisés en quatre parties égales de 91 mètres chacune, devant lesquelles on marquait le temps du passage (1).

Ces résultats sont très-différens de ceux qu'on peut attendre, en supposant les lois qui règlent le mouvement d'une surface uniformes à différentes vitesses. Mais les formules qui conviennent aux corps présentant toujours la même section de résistance, ne sont point applicables à ceux qui s'élèvent hors de l'eau quand ils se meuvent avec une grande vitesse.

Cette circonstance empêche que les précédentes expériences aient beaucoup de connexion avec celle de M. *Walker*, ou de M. *Palmer*, ou des académiciens *Bossut* et *Condorcet* (2); excepté dans les petites vitesses entre un demi mille et trois milles et demi à l'heure. Au-dessous de ces vitesses, et même jusqu'à quatre milles et demi, les bateaux rapides ne sont pas sensiblement soulevés au-dessus de l'eau. Dans ces cas, les résultats peuvent être d'accord avec ceux qu'on avait trouvés précédemment, c'est-à-dire que la force du tirage des bateaux paraît augmenter comme le carré des vitesses (3).

(1) Nous extrayons presque textuellement ce que nous rapportons ici, des annales des ponts-et-chaussées, afin qu'on puisse faire la comparaison entre les résultats obtenus en 1833, les raisonnemens au moyen desquels on cherchait alors à expliquer les phénomènes de moindre résistance, et ceux par lesquels, comme on le verra dans la suite de cet ouvrage, on est parvenu plus tard à donner une solution complète aux anomalies en question.

On remarquera qu'on n'explique pas ici la cause de l'augmentation de résistance qui a lieu à des vitesses inférieures à celle de 3,44 par seconde.

(2) Annales des ponts-et-chaussées.

(3) Depuis 2 m. 32 par seconde jusqu'à 3, 44, la résistance augmente dans un rapport plus grand que celui du carré des vitesses (voir le tableau ci-dessus); la raison en sera donnée plus tard.

De même, comme on peut s'y attendre, une loi semblable s'applique aux grandes vitesses comparées entr'elles en changeant la base des comparaisons. Ainsi, au lieu de comparer la résistance d'une vitesse de deux milles et demi à l'heure, avec celle d'une vitesse de dix milles, si nous changeons la base de comparaison et que nous comparions les résistances des vitesses de neuf milles et de dix milles, nous pouvons encore supposer la loi du carré des vitesses; la même section ou presque la même section étant, dans ce cas, opposée au fluide.

Des bateaux, différant de forme, de poids et de dimensions, peuvent, pour les mêmes vitesses, s'élever plus ou moins hors de l'eau, et par conséquent les rapports des résistances, correspondant à diverses vitesses pour un même bateau, seront différens.

De ceci l'on doit conclure que toute formule fondée sur le rapport du carré des vitesses ne peut donner la force de tirage à diverses vitesses, à moins qu'elle ne soit aussi fonction de la forme des dimensions et du poids des bateaux.

Comme il n'y avait aucune raison de douter de l'exactitude de la loi du carré des vitesses lorsque la section d'immersion restait la même, nous devions conclure que le bateau se soulevait au-dessus de l'eau, d'une hauteur qui produisait la différence de résistance entre l'observation et le calcul. Cependant nous voulûmes éclaircir ce point d'une manière satisfaisante.

On avait remarqué que la proue du bateau s'élevait au-dessus de l'eau quand la vitesse augmentait, et qu'elle revenait à sa hauteur primitive quand la vitesse diminuait; afin de voir si cette élévation de la proue était accompagnée d'un abaissement correspondant à la poupe, on construisit un pendule que l'on plaça sur le fond du bateau dans le milieu de sa longueur. Lorsque le bateau partait, le pendule indiquait d'abord une élévation à la proue et un abaissement à la poupe, mais au bout de quelques instans, lorsque le bateau agissait bien régulièrement, le pendule indiquait que la quille était moins inclinée, tandis que l'exhaussement de la proue restait toujours le même. Ainsi il était démontré que la proue s'élevait d'abord, et la poupe quelques instans après. De là on pouvait inférer que le remous ou la vague étant en raison de l'enfoncement du bateau, il n'augmentait pas avec la vitesse; ce qui sera d'ailleurs prouvé par les expériences ci-après.

Lorsqu'une baleine harponnée fuit dans la mer avec une vitesse de 25 à 30 milles à l'heure (11 à 13 mètres par seconde), la proue de la chaloupe qu'elle entraîne s'élève ordinairement au-dessus de la mer, assez haut pour qu'on voie cinq à six pieds de quille, quoique la corde du harpon fasse avec l'horizon un angle de près de 45°. Ainsi l'exhaussement des *bateaux rapides* hors de l'eau ne vient pas d'un mode particulier de halage, comme on l'a dit, mais bien de ce que le bateau ne peut diviser le fluide quand il s'avance rapidement, comme il le fait quand il marche plus lentement.

L'exhaussement ne vient point non plus du rétrécissement du lit des petits canaux, qui empêcherait l'eau de s'échapper latéralement, puisqu'il a lieu également dans une mer ouverte.

Tous ceux qui ont observé la marche des corps à la surface de l'eau, reconnaîtront qu'il y a une vitesse à laquelle un projectile même de fer ne peut s'enfoncer dans ce fluide qu'après avoir ricoché; et en raisonnant par analogie on est amené à conclure qu'il y a une vitesse avec laquelle un bateau glisserait sur la surface de l'eau sans y pénétrer.

On a mesuré l'enfoncement du bateau, à divers points, avec autant d'exactitude que le temps et les moyens dont on pouvait disposer l'ont permis.

Extrait

Extrait des expériences faites sur le bateau le Graham et Houston, à différentes vitesses.

Vitesses en mètres par seconde.	Exhaussement à 2m, 50 de la proue, par rapport à la surface de l'eau.	Abaissement à 2m, 50 de la poupe, par rapport à la surface de l'eau.	Différence.	Observations.
mèt.	mèt.	mèt.	mèt.	
1, 20	0, 000	0, 000	0, 000	Le bateau ne contenait que dix personnes et 155 kilogrammes. Par suite d'accident, les forces de traction n'ont pas été mesurées.
1, 20	0, 000	0, 000	0, 000	
1, 20	0, 000	0, 000	0, 000	
1, 30	0, 000	0, 000	0, 000	
2, 90	0, 030	0, 018	+ 0, 012	
3, 00	0, 031	0, 018	+ 0, 013	
3, 40	0, 066	0, 002	+ 0, 064	
3, 50	0, 036	0, 002	+ 0, 034	
4, 10	0, 066	0, 012	+ 0, 054	
4, 50	0, 068	0, 012	+ 0, 056	
4, 90	0, 063	0, 016	+ 0, 047	
4, 90	0, 068	0, 013	+ 0, 055	
1, 00	0, 000	0, 007	— 0, 007	Le bateau chargé de onze personnes et de 2280 kilog.
1, 00	0, 000	0, 007	— 0, 007	
1, 00	0, 000	0, 010	— 0, 010	
1, 10	0, 000	0, 007	— 0, 007	
1, 90	0, 000	0, 025	— 0, 025	
2, 40	0, 025	0, 020	+ 0, 005	
2, 40	0, 022	0, 017	+ 0, 005	
4, 30	0, 078	0, 017	+ 0, 061	
4, 50	0, 078	0, 017	+ 0, 061	
4, 60	0, 090	0, 017	+ 0, 073	
4, 70	0, 076	0, 015	+ 0, 061	

Pour déterminer la hauteur du remous, ou de la vague, produit dans les différentes vitesses, on opéra ainsi :

On planta sur la rive du canal cinq piquets marquant quatre distances de 91 mètres chacune. Sur ces piquets étaient marquées, de pouce en pouce, des divisions, dont le zéro était placé précisément au niveau de l'eau, déterminé avec beaucoup d'exactitude. Vis-à-vis de chacun de ces piquets on en avait placé d'autres dans un alignement perpendiculaire au canal, et qui devaient servir à déterminer le moment où le bateau passait devant les premiers. On avait pris les profils du lit du canal devant les cinq premiers piquets. Un observateur se tenait dans le bateau à 10 pieds de la poupe, et disait : *temps !* au moment où il se trouvait dans l'alignement des piquets ; et dans le même moment l'observateur qui était au piquet devant lequel on passait, mesurait la hauteur à laquelle s'élevait la vague au-dessus de zéro ; d'autres observateurs prenaient note du temps.

Extrait

Extrait des Expériences faites sur le canal de Paddington avec le bateau rapide le Graham et Houston, pour déterminer la hauteur de la vague produite par le bateau marchant à différentes vitesses. (6 avril 1835.)

Vitesses.	Hauteur de la vague à 3 mètres de la poupe.	Chargement du bateau.	Vitesses.	Hauteur de la vague à 3 mètres de la poupe.	Chargement du bateau.
mèt.	mèt.		mèt.	mèt.	
3, 8	0, 08		4, 0	0, 11	
4, 0	0, 13		4, 0	0, 14	
4, 0	0, 14		4, 0	0, 18	46 personnes.
4, 0	0, 12		4, 2	0, 13	
4, 7	0, 08		4, 5	0, 16	
4, 8	0, 09	27 personnes.	4, 5	0, 09	
4, 8	0, 09		4, 9	0, 15	
5, 0	0, 12		4, 9	0, 13	
5, 3	0, 15				
5, 3	0, 09				MM. Telfort, Babbage, Gill, capitaine Basil Hall, général Wilson, et plusieurs autres savans assistaient à ces expériences.
5, 3	0, 12				
5, 4	0, 10				

RECHERCHES EXPÉRIMENTALES

Sur les lois de certains phénomènes hydrodynamiques qui accompagnent le mouvement des corps flottans, et dont on n'a pas, jusqu'à présent, tenu compte dans la détermination des lois connues de la résistance des fluides.

(Par M. *John Scott Russel*.)

Dans l'été de 1834, je fus amené à examiner avec un soin particulier quelques phénomènes des fluides, ayant été consulté sur les moyens d'établir un nouveau genre de navigation à grande vitesse. J'étais bien persuadé de l'état imparfait de la partie de la théorie hydrodynamique qui concerne la résistance des fluides relativement au mouvement des corps flottans; je savais que dans son application à la pratique, on avait trouvé des écarts si grands entre les résultats prédits et les phénomènes observés, qu'il était impossible d'admettre les principes théoriques comme guides certains; et qu'on ne pouvait consciencieusement en recommander l'emploi.

J'entrepris donc une série de recherches relatives aux lois de la résistance des fluides afin d'obtenir des règles applicables à la pratique de la navigation et à l'architecture navale. J'ai employé à ces recherches deux étés, et je suis encore en train de les poursuivre.

Ce qui suit contient l'exposé des expériences faites pendant les deux étés de 1834 et 1835, et la solution de quelques phénomènes irréguliers, l'explication et l'application de certaines lois qui ont été développées. Les expériences furent conduites sur une grande échelle, et les formes données aux corps-flottans furent celles qui sont le plus généralement adoptées et approuvées dans les constructions de navires, aussi bien que dans celles de certains solides déterminés pour la théorie. Les navires employés avaient depuis 31 jusqu'à 75 pieds de longueur. Des chronomètres exacts et des dynamomètres de différens genres furent employés et observés par des savans et habiles observateurs, afin de donner aux expériences la plus grande précision. En 1834, la puissance employée fut celle des chevaux appliquée directement aux bateaux; mais cette puissance parut trop variable pour obtenir des expériences délicates, et en 1835 on imagina un moyen de la rendre plus uniforme par l'application d'un appareil particulier. Avec cet appareil on fit des expériences sur la résistance de quatre navires d'environ 70 pieds de longueur, à différens degrés d'immersion, et depuis trois jusqu'à 15 milles de vitesse par heure.

Les résultats des recherches dirigées en vue de déterminer les lois qui se lient à la résistance exercée par un fluide sur un corps flottant qui se meut sous différentes vitesses, paraissent fournir les conclusions suivantes :

La résistance ne suit pas la loi du carré des vitesses, excepté dans le cas où la vitesse du corps en mouvement est faible et la profondeur de l'eau considérable.

L'accroissement de résistance est plus grand que celui qui est dû au carré des vitesses, selon que la vitesse s'approche d'une certaine quantité, qui est déterminée par la profondeur de l'eau.

A cette époque elle atteint un premier maximum qui, dans ce cas, par certaines façons du corps flottant et par certaines dimensions du fluide, peut devenir infini.

Immédiatement après cette époque, elle marche à un point minimum, où la résistance devient beaucoup moindre que celle qui serait due au carré de la vitesse, et enfin elle continue à recevoir une augmentation dont le rapport est moindre que celui qui résulterait de la proportionnalité au carré de la vitesse.

Selon la loi de progression qui a été établie, la résistance atteindra un second point de maximum quand la vitesse aura atteint celle d'environ 29 milles à l'heure, après quoi elle diminuera rapidement avec chaque accroissement de vitesse.

Extrait des expériences, montrant la relation qui existe entre la résistance et la vitesse.

EXEMPLE 1.		EXEMPLE 2.	
Vitesse.	Résistance.	Résistance.	Carré des vitesses.
3, 7	28, 0		14, 3
4, 0	33, 75	39	16, 0
5, 0	51, 0		25, 0
6, 1	91, 0	111	38, 4
7, 1	217,	255	51, 5
7, 5	265,	330	57, 3

Point du premier maximum et minimum.

8, 5	215	210	72, 6
9, 0	234	235	81, 8
11, 3	246		129, 0
12, 3		352	153, 6
15, 1		444	229, 5

La courbe de résistance décrite d'après ces exemples, au lieu d'être une parabole, sera représentée par les lignes tracées dans les figures 15 et 16.

A X et A Y sont les coordonnées rectangulaires, la vitesse mesurée est représentée par A Y, et la résistance par A X. A P est la parabole résultante du carré des vitesses; A M m R, la ligne de résistance; M, le point du premier maximum, et m, le point du minimum.

Les causes de ces déviations de la loi du carré des vitesses ont été recherchées avec soin dans le cours des observations qui forment la première partie de cet extrait; la seconde partie contient les détails des expériences de 1834, et la troisième ceux de 1835.

La première cause de déviation qui se présente est l'émersion du solide due à la vitesse de son mouvement, et par suite de laquelle l'immersion dynamique du corps flottant est rendue moindre que son immersion statique dans le fluide.

La loi relative à l'émersion par suite de la vitesse du solide est déduite de considérations élémentaires et coïncide avec les expériences.

Ayant déterminé l'effet du mouvement sur le corps flottant lui-même, relativement au fluide, j'ai ensuite examiné l'effet produit sur les particules du liquide même par le mouvement du corps flottant. Dans cette partie de mes recherches j'ai découvert des phénomènes les plus singuliers, avec lesquels on peut expliquer, d'une manière satisfaisante, la cause des anomalies de résistance qui donnent à beaucoup de faits et d'expériences-pratiques une explication satisfaisante, et qui montrent le chemin de beaucoup de perfectionnemens dans les constructions des vaisseaux, la navigation des rivières, des canaux, lacs, et autres applications qui touchent à l'hydrodynamique. Ces phénomènes prennent leur source dans la formation et la propagation des vagues du fluide, par suite du mouvement du corps flottant.

Il a paru, dans le cours de ces recherches, que le rétablissement de l'équilibre rompu par le corps en mouvement s'effectue, non pas autant par suite des courans qui s'opèrent dans le fluide, ainsi qu'on l'a supposé jusqu'à présent, que par la succession des vagues produites sur l'eau, dans laquelle il se forme des soulèvemens qui partent de l'avant du corps en mouvement et qui se propagent avec une certaine vitesse dans la direction du mouvement du corps ou de la cause perturbatrice. Il paraît que ces vagues se meuvent avec une vitesse presque uniforme, qu'elles se propagent à de très-grandes distances, que leur vitesse n'est pas, à un certain degré, liée à la forme particulière des navires, qu'elle n'est pas entièrement dépendante de la vitesse du corps qui l'a produite, qu'elle est seulement due à la profondeur de l'eau; que cette vitesse est égale à celle qu'acquerrait un corps tombant dans le vide, au travers d'un espace égal à la moitié de la hauteur du fluide; enfin il paraît que la hauteur de la vague elle-même au-dessus du fluide n'accroît seulement sa vitesse que d'une quantité relative à l'accroissement de profondeur du liquide dans ce point, cette profondeur étant comptée à partir du sommet de la vague.

Il résulte encore de ces mêmes expériences, que le point du premier maximum de résistance coïncide parfaitement avec le point auquel la vitesse du mouvement du corps flottant devient égale à la vitesse du mouvement des vagues propagées.

Il paraît de plus que l'effet de la formation de ces vagues, quand la vitesse du corps flottant est moindre que celle des

vagues, est de soulever, depuis l'avant vers l'arrière du corps
flottant, des vagues successives, dont l'accumulation a reçu le
nom de *vague antérieure*, et de créer une dépression postérieure dans cette partie du fluide où les vagues ont pris naissance ; de changer ainsi la forme de la surface liquide, de
telle manière que l'axe du corps flottant, d'abord horizontal,
ne se maintient pas ainsi long-temps et s'élève antérieure-
ment pour s'abaisser postérieurement ; il se forme ainsi un
angle considérablement incliné, un grand accroissement de
section antérieure et de déplacement du solide, et par suite,
quand la vitesse du corps est moindre que celle de la vague,
une grande augmentation de résistance. Il paraît en outre
que quand la vitesse du solide est plus grande que celle de la
vague, il reste en équilibre stable sur la crête de la vague
qui s'accumule vers son milieu ; que l'avant et l'arrière sont
émergés, d'où il résulte une diminution dans la surface ré-
sistante.

Il est possible que la diminution de résistance éprouvée
par le corps flottant, à une vitesse plus grande que celle de
la vague, puisse provenir de la diminution du choc qui s'o-
père dans le liquide à une vitesse moindre que celle de la
vague ; comment se fait-il, en effet, que le phénomène de la
surge de derrière, si destructif pour les rives des canaux, et
si dangereux dans la navigation des basses eaux, disparaît
entièrement quand la vitesse est plus grande que celle de la
vague.

L'effet du mouvement d'un corps flottant, pour changer la
forme du fluide, est le moindre quand la vitesse est très-petite
ou très-grande ; il est le plus grand quand sa vitesse approche
le plus de celle de la vague.

Les recherches de 1834 me suggérèrent l'idée des formes
à grandes résistances. Un navire désigné sous le nom de *la
Vague* fut construit avec une pareille forme. Ce navire fut
l'objet des expériences de 1835. Il paraît que la résistance de
ce navire était beaucoup moindre que celle des bateaux élé-
gamment construits, auxquels il fut comparé ; et j'observai
ce phénomène, que les façons de ce navire ne déviaient pas
sensiblement des façons de moindre résistance. Il me semble
démontré que, à toute vitesse supérieure à dix-sept milles
par heure, aucun jet, aucun soulèvement d'eau à l'étrave,
aucun courant, ne s'étendrait hors des limites occupées

par le navire, d'une manière sensible ; mais le solide partageait une surface unie et la quittait telle sans l'avoir altérée. Dans le mouvement des navires d'autres formes, il fut observé que l'eau était soulevée de l'avant de l'étrave et que les boursoufflemens qui en résultaient s'étendaient même à une distance bien au-delà de la ligne de mouvement du vaisseau.

L'équation de la courbe de moindre résistance fut trouvée en supposant que le mouvement latéral imprimé aux particules fluides reçoit un égal accroissement dans un temps égal, en partant de zéro jusqu'à un maximum donné de vitesse ; après quoi, par une diminution égale dans un temps égal, elles doivent être de nouveau ramenées au repos, à cette distance requise et nécessaire de la première position, où le passage du plus grand diamètre du corps plongé puisse s'effectuer. La courbe ainsi obtenue est concave en dehors de l'étrave, et devient convexe sur les côtés, à la plus grande largeur, ayant un point intermédiaire de flexion contraire.

Nous avons donné, en commençant, quelques explications du sujet qui nous occupe, tirées de faits, d'observations-pratiques et expérimentales qui m'ont été communiquées, ou dont je suis moi-même l'auteur. La navigation des rivières peu profondes, des lacs, mers, canaux, fournit plusieurs explications des principes que j'ai développés. Les canaux de Hollande et les rivières d'Amérique, aussi bien que de notre pays, sont exploités par un système-pratique suffisamment expliqué par la propagation des vagues ; mais les perfectionnemens dont ils sont capables ne peuvent être effectués qu'en se conformant aux nouvelles lois que nous avons découvertes. Par la propagation des vagues et la progression des vaisseaux sur ces mêmes vagues, une nouvelle méthode est ouverte pour obtenir, sur la surface des eaux, une vitesse qui avait été regardée jusqu'à présent comme impraticable.

PARTIE 1re.

Observations générales sur le phénomène qui accompagne le mouvement des corps flottant à la surface d'un liquide en repos.

Les défauts d'accord entre la théorie et les résultats de l'expérience tiennent presque invariablement à l'omission de plusieurs circonstances particulières qui tendent à altérer les hypothèses fondamentales. Les erreurs de cette nature sont nombreuses dans les sujets qui traitent de l'hydrodynamique : les hypothèses variées adoptées sur les fluides par *Newton, Bernouilli, Euler, d'Alembert,* et leurs sectateurs, les ont conduits à établir une loi relative à la résistance des fluides, qui s'accorde très-exactement avec les phénomènes de certains corps dans telles circonstances et telles vitesses ; mais cette loi ne saurait s'adapter à la solution du cas d'un solide plongé en partie, aussi bien que d'un corps flottant qui se meut à la surface d'un fluide en repos. Cette loi qui se lie à la résistance du fluide avec la seconde puissance, la vitesse du corps, est en accord parfait avec le mouvement des corps qui sont entièrement plongés et avec le mouvement des corps flottans qui jouissent de certaines vitesses et qui sont placés dans certaines circonstances ; mais elle a été trouvée inapplicable aux corps flottans placés dans d'autres circonstances, et mus à de très-grandes vitesses. Il s'en faut de tant que (nous l'avons déjà indiqué au commencement de ce mémoire) non-seulement la résistance ne suit pas la loi du carré des vitesses, mais elle varie depuis la première jusqu'à la quatrième puissance, et même en raison inverse de quelques-unes de ces puissances. Nous ajoutons aux exemples que nous avons déjà donnés plus haut, deux nouveaux tableaux, l'un montrant un accroissement de résistance correspondant à une très-grande vitesse, et l'autre une diminution de résistance, avec un accroissement de vitesse plus grand que le premier. Les expériences furent faites le 18 octobre 1834, avec un corps flottant, dont la masse entière était de 12579 livres. Les circonstances furent toutes semblables dans les deux expériences ; la dernière colonne donne la résistance obtenue au moyen du dynamomètre.

EXEMPLE 1er.

	Espace parcouru.	Temps en secondes.	Vitesse en pieds.	Résistance en livres.
Expérience I.	1000 pieds	117,5	8, 51	233
Expérience II.	1000 pieds	93,5	10, 69	425

EXEMPLE 2.

	Espace parcouru.	Temps en secondes.	Vitesse en pieds.	Résistance en livres.
Expérience III.	2640 pieds	302	8, 76	261
Expérience IV.	500 pieds	35	14, 28	251

Dans le premier de ces exemples, les vitesses étant à-peu-près dans le rapport de 85 à 106, les résistance sont à-peu-près comme la troisième puissance des vitesses. Dans le second cas, les vitesses étant accrues depuis 5,9 milles à l'heure jusqu'à 9,6, la résistance est trouvée diminuée dans le rapport de 26, 1 à 25, 1.

Relativement à l'imperfection de cette branche de la science, je puis encore recourir au témoignage de deux personnes éminemment compétentes, et aux efforts desquelles nous devons beaucoup. M. *Whewell* dit (transactions philosophiques, 1853) : « Les phénomènes des vagues, le mouvement de l'eau dans les tubes, canaux et rivières, le mouvement des vents, la résistance des fluides contre les corps en mouvement, sont tous des cas que nous sommes encore très-loin d'avoir analysés d'une manière conforme avec l'expérience, et pour lesquels nous manquons même d'une approximation suffisante. » M. *Challis* pense de la même manière. Dans son rapport fait à l'association britannique, sur l'état de la science hydrodynamique, il dit : « Mon travail sert à montrer que cette partie de la science est dans un état très-imparfait, et que peut-être, sous ce rapport, elle est la plus susceptible de recevoir des perfectionnemens. » Il ajoute que : « un singulier fait relatif à la résistance des corps en partie plongés dans l'eau, a été observé, savoir, qu'un bateau tiré sur un canal avec une vitesse de 4 ou 5 milles à l'heure, s'élève sensiblement au-dessus de l'eau, et que, par suite, sa résistance est beaucoup moindre que ce qu'elle devrait être dans un cas contraire. » Enfin il observe que, bien que la théorie n'a jamais prédit quelque chose de cette nature, maintenant que le fait est proposé en solution, il est probable que bientôt elle sera à même d'en rendre compte, en lui appliquant les principes connus de mécanique.

Ces recherches ont donc eu pour but d'observer avec soin les conditions de quelques-uns de ces phénomènes irréguliers, de réduire au domaine des lois communes certains faits anomals, afin d'obtenir une approximation suffisante et applicable à un système de théorie correct, en harmonie avec l'hydrodynamique pratique dont ils avaient été jusqu'à présent séparés. Si les argumens que j'ai employés dans la suite découlent exactement des expériences que j'ai ajoutées, on verra qu'on avait négligé, dans les calculs théoriques de la résistance des fluides contre les corps flottans et en mouvement, deux élémens importans de cette résistance, qui affectent les petites vitesses d'une très-petite quantité qui a pu, par conséquent, échapper à l'observation, jusqu'à ce que certains résultats pratiques aient donné aux effets une plus grande importance. Ces deux élémens sont, 1° l'émersion du corps flottant, qui est dès-lors une fonction de la vitesse du mouvement et de la mesure de la gravitation ; 2° la génération des vagues par le mouvement du corps flottant, lesquelles sont propagées dans le fluide, et qui affectent la forme de la surface, la position du corps flottant et la résistance.

SECTION 1re.

Effet produit par le mouvement sur l'immersion d'un corps flottant.

On a adopté comme explication du cas où le mouvement d'un corps flottant est facilité à de très-grandes vitesses, que la puissance motrice, en tirant partiellement le navire hors de l'eau, diminuait son immersion, et, par conséquent, la section ou l'aire de résistance du solide; et de plus, que si la force motrice était appliquée à la partie antérieure du navire, de manière à élever la proue au-dessus de la surface du liquide, la diminution de l'immersion de cette partie rendrait compte suffisamment de l'amoindrissement de la résistance. Ces suppositions ne sont point confirmées par l'observation. La quantité de force requise pour produire l'effet en question, par l'une ou l'autre méthode, a été trouvée plus qu'équivalente à la diminution de résistance produite par une force semblable; et il a été observé au contraire, comme la chose sera rendue sensible dans la suite, qu'une grande et notable facilité de mouvement a été éprouvée quand la direction ou l'effet de la force motrice était abaissée, au lieu d'être élevée; enfin qu'une certaine élévation de la proue, ou de la partie antérieure du navire, au lieu de faciliter le mouvement, augmente la résistance.

Pour déterminer la vraie condition d'immersion des corps flottans à diverses vitesses, et rapporter les phénomènes à quelques principes connus de mécanique, j'entrepris, en 1834, la première série de mes expériences pour cet objet. Un esquif d'expérience, très-léger, tirant peu d'eau et muni d'un appareil pour déterminer la résistance et l'immersion, fut construit. Des chronomètres, dynamomètres et deux modifications du tube de *Pitot* furent employés. Douze ouvertures pratiquées au fond du bateau, surmontées de tubes gradués en verre, permettaient à l'eau de s'y élever selon le niveau extérieur et de mesurer l'immersion statique et dynamique du corps flottant. Le bateau ainsi fourni fut soumis à des expériences soigneuses de vitesses, qui varièrent depuis 3 jusqu'à 20 milles par heure.

Ces expériences donnèrent des résultats concluans. On

trouva que dans chaque cas l'immersion statique du corps
flottant était moindre que l'immersion dynamique. Les résultats qui suivent sont pris dans les expériences de 1834. L'immersion statique étant de 2,7 pouces, les immersions dyna-
miques, observées à différentes vitesses en milles par heure,
furent les suivantes :

Vitesses, -0-3,016-4,00,-5,165-6,431-7,253-8,11-9,164-10,237-20
Immersion,-2,7 - 2,6 - 2,8 — 2,2 — 1,9 — 1,8 — 2,2 — 2,3 — 2,0 — 1,8

Après avoir déterminé l'existence de l'émersion dynamique, je m'efforçai de découvrir la connexion qui peut exister
entre elle et la vitesse du mouvement. Le singulier changement d'immersion relatif à la vitesse 8,11 et à celle qui suit
immédiatement, m'inquiéta beaucoup dans mes essais. Je
m'imaginais d'abord que mes expériences pouvaient avoir été
fautives, mais j'obtins encore, dans d'autres expériences, de
semblables résultats. Cependant je reconnus que ces anomalies étaient d'accord avec la loi, car on verra dans ce qui suit,
qu'à la vitesse de 8,11 le fluide supporte un notable changement de formes, qui accroît l'immersion au milieu du corps
flottant, et la diminue dans les autres parties. Laissant de
côté l'indication 8,11 et celles qui la suivent, et prenant
celles au-dessous de ce point et un peu dans le voisinage,
nous allons maintenant examiner si quelques principes connus pourraient nous fournir une loi qui puisse concorder avec
ces phénomènes.

Plusieurs séries d'expériences étendues, faites avec le tube
de *Pitot*, conduites par des personnes habiles, et dont l'exactitude fut confirmée par l'accord des phénomènes exir'eux, ont
établi ce principe comme un axiome d'hydrodynamique, que
la résistance d'une petite unité de surface contre le fluide, que
ce soit le fluide ou cette surface même qui soit en mouvement, est égale à la pression statique d'une colonne fluide
ayant pour hauteur celle due à la gravité pour cette vitesse.
Ceci n'avait pas été établi d'une manière satisfaisante par les
expériences antérieures, et même n'est pas encore reçu généralement comme incontestablement vrai ; aujourd'hui mes
seules expériences avec le tube de *Pitot* peuvent être suffisantes pour démontrer que ce principe est tout-à-fait vrai,
et qu'il est simplement réciproque au théorème, savoir,
que la pression statique d'une colonne liquide engendre

une vitesse de jet égale à celle qui est requise par un corps grave pour tomber librement par sa pesanteur au travers d'une hauteur égale à la profondeur du liquide. Cette quantité statique étant la mesure de la pression du fluide sur la surface antérieure du solide plongé, sera aussi la mesure de la pression environnante du fluide dans chaque direction, et par conséquent celle de la pression de l'eau sur le navire, cause de son émersion. La pression qui s'exerce par en bas, résultat de la gravité, lui est contraire. La mesure de cette pression est le poids de la colonne d'eau déplacée par le corps, dont la profondeur est égale à celle de l'immersion statique du solide, et chacune de ces pressions est, à diverses vitesses, égale à l'autre et opposée de direction.

Soit S la section transversale de l'immersion statique, v la vitesse du mouvement, g la mesure de la gravité, s la section d'immersion dynamique, vs le volume du fluide déplacé par la section statique, et vs' le volume de fluide déplacé par la

section dynamique, $\dfrac{v^2}{2g}$ sera la hauteur due à la vitesse v.

Si p est la densité du liquide, nous aurons

$$s'vp = svp - \frac{v^2 p}{2g}.$$

$$s'v = s\left(v - \frac{v^2}{2g}\right)$$

$$\text{et } s' = s\left(1 - \frac{v}{2g}\right)$$

Procédant de cette équation de la section dynamique, pour déterminer la variation de la résistance totale, d'après la condition de la proportionnalité de la loi du carré des vitesses, en fonction de la portion de section du solide qui reste plongée, à l'équation générale $R = sv^2 \dfrac{p}{2g}$.

En substituant, nous déduisons, dans ce cas de section diminuée,

$$R' = sv^2\left(1 - \frac{v}{2g}\right)\frac{p}{2g}.$$

dont les équations différentielles successives sont relativement à v,

$$\frac{d\,R'}{d\,v} = \left(2\,v - \frac{3\,v^2}{2\,g}\right)\frac{p}{2\,g} \qquad (1)$$

$$\frac{d^2\,R'}{d\,v^2} = \left(2 - \frac{5\,v}{g}\right)\frac{p}{2\,g} \qquad (2)$$

$$\frac{d^3\,R'}{d\,v^2} = \left(-\frac{3}{g}\right)\frac{p}{2\,g} \qquad (3)$$

Si on tire de l'équation (1)

$$\frac{d\,R'}{d\,v} = \left(2\,v - \frac{3\,v^2}{2\,g}\right)\frac{p}{2\,g} = o$$

Nous obtiendrons, dans le cas du maximum ou du minimum,

$$2 - \frac{3\,v}{2\,g} = o \text{ et } v = \frac{4\,g}{5}.$$

En substituant cette valeur dans l'équation (2), nous obtiendrons

$$\frac{d\,R}{d\,v} = \left(2 - \frac{8}{2}\right)\frac{p}{2\,g}$$

Quantité négative; d'où il suit que R est un maximum
quand $v = \frac{4\,g}{3}$; et $s' = o$ quand $v = 2\,g$.

Ces expressions peuvent être converties dans les lois qui
suivent.

Lois de l'émersion dynamique et de la diminution de résistance.

1° Si un corps flottant est mis en mouvement avec une
vitesse donnée, la pression qu'il exerce par en bas sur le
fluide, en vertu de la gravité, est diminuée d'une quantité
égale à la pression de la colonne du fluide ayant la hauteur
due à la vitesse du mouvement.

2° La section d'immersion dynamique est moindre que la
section dynamique d'émersion, dans cette même proportion,
dans laquelle la différence entre la vitesse de mouvement et

la hauteur qui y est relative, est moindre que la vitesse du corps flottant.

3º La résistance étant prise en raison du carré de la vitesse de cette partie de section seule qui reste plongée, la résistance combinée s'accroîtra dans le rapport du carré des vitesses dans le voisinage seulement des petites vitesses ; elle s'accroîtra très-lentement à de plus grandes vitesses, et même diminuera à mesure qu'elles s'augmenteront encore.

4º La résistance accroît très-lentement depuis 25 jusqu'à 29 milles à l'heure, auquel point la vitesse étant les 4/3 de celle qui est la mesure de la force de gravité pour un point donné de la surface de la terre, ou environ 43 pieds par seconde, et 29 milles par heure, la résistance a atteint le maximum, décroît rapidement, et continue ainsi.

5º A 43,8 milles à l'heure (quand $V = 2g$), le corps flottant émerge entièrement au-dessus du fluide, et effleure la surface.

Il faut observer que les phénomènes correspondans à ces résultats seront modifiés, quand la profondeur du fluide sera faible, par la vague et autres élémens de résistance, que nous considérerons dans une autre partie de ce mémoire.

Il faut aussi observer que la forme du corps flottant n'est pas un élément de la formule d'émersion ; que cette loi est générale. Cette observation est d'autant plus nécessaire que M. *Challis* a donné une formule d'émersion pour une sphère qui résulte de l'addition de toutes les forces élémentaires agissant par en haut sur la sphère, laquelle est obtenue par la résolution des forces obliques sur chaque point de la sphère en coordonnées d'actions horizontales et verticales. Le cas particulier traité par M. *Challis*, quoique vrai pour une sphère, ne saurait s'appliquer à un corps allongé. La loi de diminution de résistance et d'immersion que j'ai développée, est générale dans son application et tout-à-fait indépendante des formes casuelles. Elle repose sur ce principe très-simple, que la gravité agissant sur un corps solide dans un temps défini est une quantité constante ; que le déplacement du liquide par le poids du corps étant une quantité qui s'accroît à la fois avec la vitesse et avec la quantité de ce déplacement, il doit être, en définitif, égal en quantité, de même qu'il est opposé, en direction, à la pression du solide par en bas, produite par sa gravité.

SECTION II.

Sur les mouvemens qui sont communiqués aux particules du liquide par le mouvement d'un corps flottant.

Beaucoup des essais qui ont été faits pour vérifier par expérience, ou pour découvrir empiriquement les lois du mouvement des corps flottans, ont été manqués par suite de la circonstance de dérangement produit dans le fluide par l'action progressive du solide. Les particules qui sont ainsi déplacées sont jetées de côté par la partie antérieure du corps, et, après, s'affaissent sur ses autres parties; ou elles sont rejetées en avant du corps qui est, après cela, poussé sur elles une seconde fois; ou bien, elles s'amoncellent sous certaines formes, et les accumulations et les irrégularités de pression qui en résultent produisent des courans liquides donnant lieu à de mutuelles collisions dans la masse divisée, à la surge et autres phénomènes qui entrent tous comme élémens de résistance dans la production du phénomène qui en résulte, qui la modifient assez pour donner des résultats qui sont tout-à-fait incompatibles avec la théorie, et qui sont en apparence de désaccord. Ainsi donc, cette théorie, qui entreprendra d'assigner la mesure de résistance d'un fluide sur un solide, avec la supposition que la surface du fluide reste horizontale, et que la partie antérieure du solide trouve une surface liquide de niveau et plane, procède sur des données imparfaites.

La seule de ces causes perturbatrices qui ait été jusqu'à présent considérée en théorie, repose sur les courans latéraux qui prennent naissance à l'étrave et se prolongent de l'arrière du corps en mouvement.

Celles que j'ai ajoutées sont les vagues *antérieures, postérieures et centrales.*

Je fus d'abord conduit à examiner les perturbations produites par l'introduction d'un corps solide dans un liquide en repos, par la rencontre d'une série d'anomalies, d'irrégularités, dont il a été fait mention dans mes essais sur la mesure de l'immersion et de la résistance des corps, à diverses vitesses. Il y eut certaines vitesses auxquelles le corps parut plus enfoncé dans l'eau, et était tellement contrarié, qu'une autre force employée pour accélérer la vitesse du corps semblait seulement accumuler la résistance sur l'eau, pendant qu'à d'autres vitesses, plus grandes ou plus petites que celle-ci, le corps changeait soudainement de position, s'émergeait instantanément au-dessus du liquide, à une hauteur considérable par rapport à son élévation statique. Ensuite, ce qui arrivait dans telle portion du liquide, n'arrivait pas dans telle autre, quoique à des vitesses égales. La résistance excédait quelquefois la puissance et retombait, dans une autre partie du liquide, au-dessous de la première, quoique le corps fût dans les mêmes conditions de vitesses. Telles furent les irrégularités que la seule loi d'une émersion graduelle en fonction de la vitesse et de la gravité ne peut seule résoudre. J'entrai ainsi dans une série de recherches en vue de découvrir et de déterminer les causes inconnues de ces défauts d'équilibre du fluide, occasionnés par la présence du corps flottant. Je suis en état maintenant d'expliquer clairement, et avec brièveté, le résultat de mes recherches, annonçant d'avance, en même temps, que les faits se présentèrent d'abord à moi comme extraordinaires, et qu'il en sera de même probablement pour ceux qui liront ceci pour la première fois. J'ajouterai, cependant, que de même qu'ils me parurent étonnans dans le commencement, de même ils me paraissent maintenant comme des conséquences nécessaires, et très-bien expliquées des maximes ou principes élémentaires.

En dirigeant mon attention sur les circonstances du mouvement communiqué au fluide par le corps flottant, j'observais, de bonne heure, un singulier et beau phénomène qui est important, et que je décrirai minutieusement sous l'aspect auquel il s'est présenté à moi. Ce que j'en dirai est relatif à l'agitation violente et tumultueuse qui se prononce au-dessus des petites ondulations que le vaisseau a formées autour de lui, quand ce dernier, mû à une très-grande vitesse, est arrêté soudainement. L'eau se soulevait en gerbes, de formes variées, et en masses, bien terminées autour du centre de figure du vaisseau. Cette masse accumulée s'élevant en crête, commençait à se ruer de l'avant et sur les côtés de la proue du bateau avec une grande vélocité, et passant tout-à-fait en avant, elle conservait sa forme et paraissait se dérouler en avant et isolément sur la surface du liquide en repos. On aurait dit une vague *large, solitaire et progressive*.

Je quittai immédiatement le navire, et voulus accompagner la vague à pied. Mais ne pouvant suivre son mouvement rapide, je montai à cheval aussitôt et je parvins à l'atteindre en peu de minutes, je la trouvai poursuivant sa marche solitaire avec une vitesse uniforme sur la surface du liquide. Après l'avoir suivie pendant plus d'un mille, je la trouvai qui s'abaissait graduellement jusqu'à ce que je la perdisse de vue dans les détours du canal. J'ai souvent observé ce phénomène toutes les fois qu'un navire marchant avec une grande vitesse était spontanément arrêté. Mais les circonstances qui accompagnaient ce phénomène étaient si uniformes, et les conséquences qu'on pouvait en tirer, si évidentes, si importantes, que je résolus de faire de la vague le sujet de nombreuses expériences.

D'abord il me parut très-probable que l'existence de ce phénomène, de la vague *solitaire*, doit exercer une très-grande influence sur la quantité et la nature de la résistance du fluide qu'éprouve un corps en mouvement avec une vitesse donnée, selon que cette vitesse est égale, plus grande, ou plus petite que celle de la vague. En faisant, à ce sujet, une série d'expériences croisées, l'exactitude de l'anticipation fut établie; il parut que la vitesse de mouvement de la vague *solitaire* jouit d'une relation particulière, à un certain point bien défini de transition, avec la résistance du fluide.

Je trouvai aussi que, dans chaque circonstance de mouvement progressif d'un solide dans l'eau, le fluide déplacé engendrait des vagues qui étaient renvoyées dans la direction du mouvement du corps, et propagées avec une vitesse constante, qui était tout-à-fait indépendante de la vitesse du mouvement du corps, et que l'étendue, la disposition et la vitesse de ces vagues constituaient un élément très-important de la résistance du fluide, relativement aux corps flottans. Je dirigeai donc mes recherches sur la découverte de la loi de la génération des vagues, de leur mouvement, et sur la nature de leur propagation et de la résistance qu'elles occasionnent.

SECTION III.

Sur la loi qui règle la formation et la propagation de la vague progressive qui est produite par le mouvement des corps flottans.

Il est très-important que la vague dont nous parlons soit distinguée de certaines élévations produites sur la surface de l'eau et qui lui sont étrangères. J'ai observé au moins quatre espèces de vagues : — la vague ridée ou dentée ; — la vague oscillante ; — la vague surge, — et la vague *particulière, solitaire, progressive, grande vague d'équilibre fluide*. Relativement au navire, j'ai aussi observé plusieurs autres vagues : — la grande vague première de déplacement ; — la vague secondaire d'inégalité de déplacement ; — la grande vague postérieure de replacement, — et la seconde vague de replacement. C'est la grande vague première de déplacement qui seule va être l'objet de nos recherches.

La vague a été engendrée par deux effets : par l'addition d'un solide à une portion limitée du fluide en repos, et par l'addition d'une quantité donnée de liquide. Un bateau chargé étant spontanément hâlé avec une grande force vers l'embouchure d'un canal étroit, pousse devant lui l'eau déplacée sous la forme d'une vague. Un bateau étant sujet à varier soudainement de vitesse, soit qu'il se meuve plus rapidement ou plus lentement, ou qu'il soit arrêté soudainement, poussera devant lui une vague assez sensible. Et dans tous les cas, dans un liquide uni, quand il se mouvra avec une vitesse moindre que celle de la vague, il sera sujet à supporter l'effet d'une série de vagues qui le précéderont. Si pareillement, par le moyen d'écluses, ou autrement, on ajoute spontanément une certaine quantité d'eau à un canal limité, l'élévation du liquide se propagera à la surface sous la forme d'une vague.

On a trouvé que la manière dont s'engendrait la vague, soit par un grand ou petit navire, long ou court, aigu ou obtus, profond ou bas, soit par l'addition d'une certaine quantité d'eau, ne peut, en aucune manière, excepté en grandeur, produire une modification de forme ou de vitesse. Il est remarquable aussi que la vitesse du mouvement du corps qui l'a engendrée ne peut affecter en rien la vitesse de la vague résultante ; une vague, par exemple, de 8 milles à l'heure étant aussi bien produite par un corps qui se meut avec une vitesse de 2,5,6 milles à l'heure qu'à 12 milles à l'heure.

Une simple observation m'a convaincu, de bonne heure, que la vitesse de propagation de la vague était imputable entièrement à la profondeur du liquide. Après avoir donné lieu à une vague dont la vitesse par heure était de 8 milles, sa vitesse fut soudainement accélérée quand elle parvint à un endroit du canal plus profond. On construisit aussi le canal alternativement large et étroit ; mais il n'en résulta aucun changement sensible. Mais quand la vague eut gagné une partie du canal qui possédait la première profondeur, sa vitesse redevint ce qu'elle était d'abord.

Une autre observation, également simple, servit à montrer qu'une vague élevée ou grande possède une vitesse plus grande qu'une vague petite. Quand une petite vague précédait une grande, la dernière finissait invariablement par atteindre la petite ; et quand la grande vague précédait la petite, leur distance s'accroissait constamment.

Dans les canaux d'une section rectangulaire, par de nombreuses expériences, on trouva que la vitesse ne différait pas sensiblement de celle qu'acquérait un corps grave en tombant librement par sa gravité au travers d'un espace égal à la moitié de la profondeur du liquide.

Dans les canaux dont la section transversale offrait diverses profondeurs, la vitesse fut trouvée diminuée au-dessous de celle due au maximum de profondeur, et égale à la moyenne des vitesses dues aux diverses profondeurs.

Les expériences sur la grandeur des vagues montrèrent que la vitesse de la plus grande, c'est-à-dire de la plus haute, paraissait être plus grande que celle des plus petites, à-peu-près dans le rapport qui est obtenu, en supposant la profondeur du canal accrue d'une quantité égale à la hauteur de la vague sur le niveau de la surface du liquide en repos.

Les expériences sur la date de la vague, c'est-à-dire sur l'époque où elle a été formée, la distance qu'elle a parcourue, et la route qu'elle a traversée depuis sa génération et la place de l'observation, montrèrent que, après avoir traversé depuis

100 jusqu'à 2500 pieds dans un canal sinueux, sa forme et sa vitesse n'ont point été altérées.

Je n'ai point voulu charger ce mémoire de toutes les observations et recherches relatives à la formation et à la propagation des vagues; mais j'ai donné, de ces recherches, celles qui ont un rapport particulier avec les expériences de résistance que j'ai maintenant à discuter. Le sujet est relatif à la vague des canaux dans lesquels ces expériences ont été faites.

Les expériences sur la résistance furent faites dans un canal de 5,5 pieds de profondeur dans le milieu, mais qui diminuait irrégulièrement de profondeur vers les bords. La vitesse de la vague, dans ces expériences, fut trouvée d'environ 8 milles à l'heure, c'est-à-dire 11 à 12 pieds par seconde, variant selon la hauteur de chaque vague, d'après la loi déjà exposée.

Les très-petites vagues, dont la hauteur n'excédait pas le 0,1 de la profondeur du liquide en repos, étaient considérablement retardées au-dessous de la vitesse due à la longueur, et se mouvaient plus lentement que les vagues plus grandes, dans une moindre profondeur.

L'extrait suivant, provenant de séries séparées de recherches, dirigées exclusivement pour l'examen des lois de la vague, servira à montrer le degré de correspondance du phénomène avec la loi déjà mentionnée, et la connexion qui existe entre la vitesse de la vague et la profondeur de liquide. La quatrième colonne est obtenue en ajoutant à la première la moyenne de la seconde et de la troisième.

BATEAU LA VAGUE.

Dans un canal rectangulaire de 13 pouces de largeur et 75 pieds de long.

Profondeur de l'eau à l'état de repos, en pouces.	Hauteur de la vague au-dessus du niveau du fluide, en pouces.		Profondeur totale comptée du sommet de la vague.	Temps pour 70 pieds, en secondes.	Vitesses en pieds par secondes.
3, 25	1, 2	0, 6	4, 15	23, 0	3, 04
4, 0	1, 3	0, 8	5, 1	21, 5	3, 26
4, 5	1, 0	0, 5	5, 25	20, 5	3, 47
5, 5	1, 5	1, 3	6, 9	18, 0	3, 9
6, 25	2, 5	1, 5	8, 25	16, 5	4, 49
6, 25	3, 5	2, 5	9, 25	15, 5	4, 52
9, 0	2, 5	1, 0	10, 65	14, 5	4, 82
9, 0	3, 0	2, 5	11, 75	14, 0	5, 00
9, 0	3, 5	2, 3	11, 90	13, 5	5, 19
9, 5	1, 0	0, 6	10, 3	14, 5	4, 82
9, 5	2, 5	1, 2	11, 3	14, 0	5, 00
13, 0	1, 0	0, 5	13, 75	14, 0	5, 00
13, 0	2, 0	1, 1	14, 55	13, 0	5, 38
13, 0	3, 0	1, 4	15, 2	12, 0	5, 83
37, 0	9, 0	5, 0	44, 0	» (1)	10, 598
66, 0	4, 0	4, 0	70, 0	»	14, 087
66, 0	6, 0	6, 0	71, 0	»	14, 284
66, 0	9, 0	9, 0	75, 0	»	14, 727

(1) Les quatre dernières expériences ont été faites dans un canal large de 12, 3 pieds.

SECTION IV.

Sur la forme que reçoit la surface du liquide par le mouvement d'un corps flottant.

Ce n'est seulement que dans l'état d'un repos parfait que la surface du liquide d'un réservoir peut être considérée comme un plan horizontal. Le déplacement de quelque portion du fluide dérange l'équilibre de toutes les particules liquides dans le voisinage de la cause perturbatrice ; et ce n'est qu'après un assez long intervalle de temps, et après des échanges multipliés d'oscillations, de mouvement et de positions, que l'équilibre est rétabli ainsi que le plan horizontal.

Quand un corps flottant passe d'un point du liquide à un autre, il communique du mouvement à toutes les particules liquides situées dans le voisinage de sa route ; de même, ces particules liquides situées sur la route distribuent du mouvement à celles sur lesquelles elles sont poussées, et l'agitation se communique ainsi aux parties éloignées du solide. Dans certains cas le mouvement des particules anticipe sur celui du corps, si bien que quand le corps les rencontre il ne les trouve ni à l'état de repos, ni situées dans un plan horizontal. Cette circonstance constitue un élément important de la résistance éprouvée par les corps flottans.

La forme qu'un fluide acquiert quand il est troublé par un corps qui se meut avec une vitesse moindre que celle de la vague, est très-différente de celle qui a lieu quand la vitesse du corps est plus grande que celle de la vague.

Les phénomènes relatifs aux vitesses moindres que celles de la vague, qui sont les plus généraux et les plus importans, sont dus à la *grande vague antérieure de déplacement*, à la *vague postérieure de replacement*, et au *courant latéral*. La vague secondaire d'un déplacement excessif et la vague secondaire de replacement, sont des phénomènes d'une nature particulière et accidentelle, résultant de la forme de la cause perturbatrice.

La grande vague antérieure de déplacement est produite par la translation du fluide sur la route du solide. La masse du fluide déplacé forme une élévation vers la partie antérieure du vaisseau qui est continuellement propagée en avant en forme de vague, dans la direction du mouvement et avec une vitesse due à la moitié de la profondeur de l'eau. Cette accumulation antérieure se maintient constamment par le continuel déplacement du corps en mouvement, et forme une vague unie et bien définie, s'étendant de quelques pieds de l'avant du vaisseau et croisant toute la largeur du canal. Le sommet arrondi de cette vague est bien avant du vaisseau quand il est mu à une petite vitesse; à une petite vitesse aussi la vague est petite, mais elle s'augmente à mesure que la vitesse augmente, et en même temps le vaisseau est poussé en avant contre la plus haute partie de la vague.

Le courant latéral du liquide entoure le vaisseau depuis l'étrave jusqu'à l'arrière, c'est un phénomène qui toujours accompagne la vague antérieure. L'élévation du fluide antérieur au solide, par son introduction dans l'espace occupé par le fluide antérieur et le déplacement de la partie postérieure du solide de l'espace occupé d'abord par lui, forme une élévation et une dépression dont l'inégalité détermine le courant avec une vitesse donnée et dans une direction opposée à celle du mouvement du solide.

La grande vague postérieure de replacement est tout-à-fait différente en nature de celle de génération, et la loi de sa propagation ne doit, en aucune manière, être confondue avec elle. Elle est de l'espèce des vagues oscillantes, et dégénère souvent en une surge ou vague brisante. Elle se forme de la manière suivante.

Le mouvement du solide ayant poussé en avant les particules du liquide dans la forme d'une vague antérieure, elle reste là quand la partie postérieure du solide a atteint un certain point du canal; il en résulte un vide et une dépression correspondante de la surface liquide; dans ce vide deux courans opposés se produisent; le courant latéral qui s'exerce de l'avant à l'arrière et qui est renvoyé par la pression antérieure du fluide; il rencontre près de l'arrière un courant opposé en direction, et est renvoyé lui-même de côté, par la pression de cette partie du liquide, derrière le vaisseau qui a récupéré son élévation première. La collision de ces courans opposés occasionne des volutes d'eau au point de rencontre où s'accumule le liquide, et une série d'oscillations jusqu'à ce que l'équilibre du liquide soit rétabli pour reformer le plein horizontal. A chaque vitesse cette vague postérieure conserve une position constante de l'arrière du vaisseau. Sa vitesse est ordinairement égale à celle du vaisseau ; cependant sa position varie quelquefois, s'approchant du milieu du vaisseau à de petite vitesse, et retombant de l'arrière à mesure qu'elle augmente ; quelquefois même elle est à une distance considérable de l'arrière.

Quoique la vitesse du vaisseau continue à être faible, la surge de l'arrière peut être facilement reconnue dans une espèce d'ondulation qui suit le sillage de l'arrière du vaisseau ou dans le voisinage, et qui, l'accompagnant à de courts intervalles, forme ainsi une série de petites vagues de même espèce. A de plus grandes vitesses, cette surge se forme en volute qui brise à une distance plus ou moins grande de l'arrière et s'étend en écharpe sur les bords du canal où elle va se briser avec bruit.

La forme qu'acquiert le liquide quand la vitesse de la vague a été trouvée de 8 1/4 milles environ, a été donnée dans les dessins 17, 18, 19 et 20. La *fig.* 17 représente le liquide à l'état de repos ; la *fig.* 18, quand la vitesse est de 4 milles à l'heure ; la *fig.* 19, quand elle est de 6 milles, et la *fig.* 20, quand elle est de 7 3/4.

Quand la vitesse du solide est plus grande que celle de la vague, la nature du mouvement communiqué au fluide est tout-à-fait différente que celui qui lui est donné à des vitesses plus basses. La vague antérieure ne presse pas long-temps l'avant du vaisseau, mais la proue la fend, le fluide déplacé ne s'accumule plus à la proue, mais il passe de chaque côté du vaisseau, formant des élévations latérales de fluide, qui ont l'effet d'augmenter la profondeur du liquide autour des flancs du vaisseau, et de former une vague sur le sommet de laquelle le vaisseau peut être balancé en position d'équilibre. Au fait, cette vague est formée par le déplacement du fluide, mais se mouvant avec une vitesse moindre que celle du vaisseau, elle devient par conséquent postérieure à la proue, au lieu d'être antérieure. Elle constitue ainsi une grande vague centrale de déplacement.

A une vitesse plus grande que celle de la vague, la surge de l'avant a de nouveau disparu.

Puisqu'il paraît que la forme du fluide est changée par suite de la marche d'un corps flottant sur sa surface, et qu'il ne conserve pas long-temps la position horizontale ; puisque ainsi la forme du fluide est différente, quand la vitesse est moindre ou plus grande que celle de la vague ; puisque le mode de déplacement et de replacement est différent, on peut s'attendre à ce que la loi de la résistance doit supporter une importante modification aux points de transition. Nous allons examiner cette circonstance particulière.

SECTION V.

Sur la nature de l'accroissement de résistance éprouvée à des vitesses moindres que celle de la vague.

Du grand changement qui s'opère dans la forme du liquide par le mouvement d'un corps flottant, mu à une vitesse moindre que celle de la vague, il résulte évidemment qu'un vaisseau placé en arrière de la vague est dans des circonstances très-différentes de la condition hypothétique par suite de laquelle il serait mu dans une situation horizontale et sur une surface dont le niveau est en repos. La proue du vaisseau est pressée contre la vague antérieure, l'arrière est déprimé dans le creux de la vague ; la quille est inclinée contre la direction du mouvement, sous un angle qui, quelquefois, s'élève à 20 degrés. Une surface additionnelle de déplacement horizontal se produit, qui s'accroît comme le sinus de l'angle d'élévation de la quille. En essayant encore d'accélérer la vitesse du vaisseau dans le voisinage de cette vague, les variations qui en résultent dans les mêmes conditions du vaisseau augmentent encore les causes de ces variations ; l'augmentation d'immersion de la proue dans la vague augmente la vague antérieure formée par le déplacement du fluide, et la surface oblique élargie que présente le fond du vaisseau, presse en avant, avec un excès de vitesse, la vague sur le penchant de laquelle il s'élève ; il en résulte aussi une plus grande dépression à l'arrière, qui donne lieu à de plus forts courans et à une surge plus élevée ; en somme, il paraît qu'un accroissement de force appliqué graduellement au vaisseau, en vue de rendre sa vitesse égale ou plus grande que celle de la vague, a l'effet, en même temps, d'accroître, avec plus de rapidité, les forces retardatrices ; on atteint bientôt une limite qu'il a été, dans beaucoup de cas, trouvé impossible de dépasser. C'est cette circonstance de l'accroissement rapide de résistance, en approchant de la vitesse de la vague, qui a donné naissance à cette idée fausse que là était la dernière limite de vitesse qu'on puisse atteindre sur les eaux peu profondes. Il y a des circonstances où cette limite est finale, quand le canal est très-peu profond et le bateau très-grossier de forme. J'ai vu, en pareilles circonstances, dans un chenal qui avait environ 5 pieds de profondeur, le canal se découvrir de l'arrière dans le creux de la vague, et assez pour que l'arrière du vaisseau ne flottât plus et touchât sur le fond, pendant que l'avant était soulevé contre la grande vague antérieure; elle s'élevait de plus de deux pieds au-dessus du niveau, arrosant les rives, et la vague postérieure, se ruant contre elle avec bouillonnement et en écumant, se répandait sur les bords du canal en menaçant de destruction le vaisseau; ce qui se serait accompli sans doute si on ne l'eût arrêté. On ne voyait point, du rivage, les personnes du vaisseau qui était enfoncé dans le creux formé entre la vague antérieure et la vague postérieure.

Un accroissement de vitesse contre la vague donne donc lieu aux circonstances suivantes :

1º Accroissement d'immersion de l'avant dans la vague antérieure.

2º Inclinaison telle de l'axe longitudinal du corps flottant, qu'elle change la forme du corps déplaçant.

3º Accroissement de section verticale et par conséquent de résistance, dans le rapport du sinus d'inclinaison.

4º Accroissement de la vitesse du courant latéral.

La Table suivante, extraite des expériences de 1835, servira à montrer le rapide accroissement de résistance qu'on éprouve en approchant de la vitesse de la vague, qui, dans ce cas, est de 8 milles à l'heure.

(Voir la Table d'autre part, page 236.)

EXEMPLE 1er.		EXEMPLE 2.	
Vitesse en milles.	Résistance en livres.	Vitesse en milles.	Résistance en livres.
5, 05	52, 25	5, 05	95, 0
5, 45	78, 5	5, 45	100, 5
5, 68	82, 5	6, 19	152, 0
6, 49	111, 0	6, 49	312, 0
6, 81	125, 0	6, 81	386, 0
7, 57	255, 0	6, 81 à 7	392, 0
7, 5 à 8	330, 0		
8, à l'heure,	vitesse de la vague.		

Les exemples suivans montreront le faible accroissement de vitesse que l'on obtient dans le voisinage de la vague même, avec des augmentations de force considérables.

Espace en pieds.	Temps en secondes.	Force en livres.	Espace en pieds.	Temps en secondes.	Force en livres.
100	10	124, 7	100	9, 5	172, 2
100	10	127, 5	100	9, 25	200, 0
100	10	150, 5	100	9, 25	212, 2
100	10	157, 5	100	9, 0	227, 7
100	10	197, 7	100	9, 0	239, 7
100	10	207, 0			

La vitesse de la vague était d'environ 100 pieds en 8,5 secondes.

SECTION VI.

Sur la nature de la diminution de résistance qui résulte d'une vitesse plus grande que celle de la vague.

Ayant maintenant compris la manière dont un corps flottant qui se meut contre la vague antérieure, dérange l'équilibre et altère la forme du fluide pour accumuler les élémens d'une résistance excessive, il sera facile de concevoir comment l'absence de ces élémens, qui a lieu à des vitesses plus grandes que celle de la vague, peut prévenir l'accroissement continuel de la résistance, et il sera également visible que le nouvel arrangement des particules du fluide déplacé, rend la vague, à cette période de vitesse, un élément de moindre résistance; en un mot, la vague qui d'abord, à de petites vitesses, était un élément de résistance en plus, devient maintenant un élément de résistance en moins.

Admettons que le vaisseau a donné naissance, par suite de son mouvement, à une vague antérieure, qu'il soit entièrement soulevé au-dessus de l'eau, ou que son centre de figure corresponde au sommet de la vague, l'étrave étant en avant de la vague et l'étambot derrière elle; admettons aussi que le vaisseau soit d'une figure telle qu'il puisse rester dans un état de parfait équilibre sur la surface du liquide ayant la forme d'une vague, enfin que la vitesse du vaisseau soit telle qu'elle le maintienne dans cette position relative à la vague, alors on obtiendra les résultats suivans.

1° Le vaisseau prendra la position horizontale et présentera la section transversale de moindre résistance.

2° L'immersion du vaisseau est accrue par l'élévation de la vague autour de son centre de gravité, mais le déplacement antérieur et postérieur étant diminué, l'immersion entière sera constante.

3° La vitesse du vaisseau étant plus grande que celle de la vague, les vagues provenant du fluide déplacé tombent sans cesse derrière les points d'où elles se sont soulevées, formant une série continuelle de grandes vagues centrales poussant le vaisseau sur leur sommet.

Or telles sont précisément les circonstances où se trouve

un vaisseau qui se meut avec une vitesse plus grande que celle de la vague, ainsi qu'on le voit par la *fig.* 21.

On se demandera comment il peut se faire qu'un vaisseau puisse être placé en pareilles circonstances? comment la résistance de la vague antérieure peut être vaincue, et le vaisseau perché sur son sommet? On admet que ce soit un problème pratique impossible à résoudre; qu'il y a des formes de vaisseau qui ne peuvent se prêter à une pareille position d'équilibre stable au sommet de la vague. Cependant ce problème est résolu pratiquement, tous les jours, sur tous les canaux navigables de l'Ecosse. Des vaisseaux d'une plus grande longueur que la vague, bien façonnés, construits avec légèreté, tirés par de bons chevaux et guidés par d'habiles postillons, sont, par une saccade, hâlés spontanément au sommet de la vague (1); et ensuite leur halage se continue avec aisance sous une vitesse de 10 à 12 milles à l'heure.

La progression de la résistance depuis zéro jusqu'à une vitesse plus grande que celle de la vague suit cependant un ordre facile à concevoir. Supposons que la vague ait une vitesse de 8 milles à l'heure; à de plus basses vitesses, de 2 et 3 milles à l'heure, les résistances relatives sont à-peu-près dans le rapport du carré des vitesses. Mais avec un accroissement de vitesse, l'excès de résistance, au-dessus de celle qui est due à la vitesse, s'accroît aussi et à-peu-près en raison inverse de la différence entre la vitesse du vaisseau et celle de la vague; si bien que le rapport composé s'accumule très-rapidement à un très-haut degré dans le voisinage de la vague. Ce degré ou cette limite peut, dans certains cas, être infini; mais là où il ne l'est pas, les résistances ne tardent pas à diminuer spontanément à une quantité moindre que celle relative aux petites vitesses avant la vague; elle accroîtra dans un rapport qui sera plus faible que celui du carré de la vitesse, et pour deux causes : d'abord par suite de la diminution d'immersion due à la vitesse, secondement par la diminution de l'immersion antérieure expliquée plus haut, et qui est due à l'effet de la vague centrale. La résistance supporte ainsi un maximum et un minimum, comme nous l'avons indiqué déjà.

(1) Dans ce moment leur vitesse est d'environ 6 à 8 milles à l'heure.

Les expériences suivantes, faites avec un dynamomètre, donnant seulement des nombres ronds, feront voir la manière dont s'utilise ou s'exerce la puissance des chevaux à des vitesses plus grandes ou plus petites que celles de la vague, ainsi que la force requise pour placer le vaisseau sur la vague. La vitesse de cette dernière étant d'environ 8 milles à l'heure, et la charge du vaisseau, son poids compris, étant de 12579 livres. On employait deux chevaux.

	Espace en pieds.	Temps en secondes.	Résistance en livres.	Vitesse en milles par heure.
	100	11, 5	180	5, 92
	200	11, 0	200	6, 19
	300	11, 0	250	6, 81
Derrière la vague.	400	10, 0	300	7, 57
	500	9, 0	300	7, 57
	600	9, 0	350	7, 57
	700	9, 0	400	7, 57
	800	9, 0	500	8, 52
	900	8, 0	400	9, 04
	1000	7, 5	300	9, 04
Sur la vague.	1100	7, 0	270	9, 04
	1200	7, 0	280	9, 04
	1300	7, 0	270	9, 04
	1400	7, 0	280	9, 04
	1500	7, 0	270	9, 04

Bien que ces expériences ne donnent pas la mesure rigoureuse de la force relative aux différentes vitesses, elles montrent cependant la manière dont la force des chevaux s'exerce pour *surmonter la vague*. La Table suivante est dressée sur des expériences très-positives et rigoureuses, continuées pendant un long trajet sur le même bassin, avec le bateau nommé le *Raith*. Son poids et sa charge étaient de 10239 livres. (17 octobre 1834.)

Puissance motrice	Vitesse en milles par heure	Vitesse en livres par seconde	Temps en secondes	Espace parcouru		
112 livres	4, 72	6, 8	587	2640	Expérience 1re	Derrière la vague
261	5, 92	8, 6	302, 3	2640	Expérience 2me	
275	6, 19	8, 9	295, 3	2640	Expérience 3me	
250	9, 04	13, 5	74, 0	1000	Expérience 4me	Sur la vague
268, 5	10, 48	15, 3	65, 0	1000	Expérience 5me	

Ici la résistance est plus grande à 6 milles par heure contre la vague, qu'à 9 milles par heure sur la vague. Et la résistance à 10 2/5 milles est un peu plus faible qu'à 5 9/10 milles par heure.

Il est aisé de voir comment la vague influe sur la résistance dans le cas où le vaisseau a été élevé sur elle, et continue à se mouvoir précisément avec la même vitesse; il n'est pas aussi facile de se rendre compte, au premier coup-d'œil, des phénomènes qui accompagnent les vitesses qui sont plus grandes que celles de la vague, parce que, dans ce cas, le vaisseau doit laisser la vague par derrière. Mais on doit observer que de nouvelles vagues se forment à chaque instant du mouvement du vaisseau au travers du liquide, quelle que puisse être sa vitesse; car le fluide déplacé, poussé en avant, engendre une série de vagues qui se meuvent avec une vitesse moindre que celle du vaisseau, et qui tombent en arrière de sa position, derrière l'avant. Le fluide déplacé, qui, dans le cas d'un mouvement moindre que celui de la vague, passe en avant du vaisseau, produisant une accumulation étendue, ne peut encore de nouveau passer en avant avec une vitesse plus grande que celle qui est due à la profondeur et à cette vague; il reste, par conséquent, en arrière pour remplir le vide qu'opère le vaisseau quand il a passé outre. Le fluide déplacé est, par conséquent, poussé de côté par l'avant du vaisseau, et forme des accumulations latérales des deux côtés, dans le genre d'une vague continue, sur la crête de laquelle le centre du vaisseau se soutient dans une position d'équilibre stable. La légère puissance de cette crête est la cause de la diminution de résistance de section antérieure.

On trouve toujours que la commotion produite par le fluide est beaucoup plus grande à des vitesses moindres qu'à des vitesses plus grandes que celle de la vague. L'étrave du vaisseau, dans ce dernier cas, entre dans une eau qui est parfaitement unie et calme, puisque aucune vague n'a pu passer avant le vaisseau pour en troubler l'uniformité. L'eau qui est poussée de côté par l'avant du vaisseau, forme une accumulation latérale proportionnée à l'augmentation de volume et relative à l'entrée spontanée du solide dans l'eau, et quand le vaisseau a passé en avant, l'abaissement subséquent de la crête latérale rétablit l'équilibre. Le désordre d'une vague antérieure est ainsi rendu impossible, et la cause d'une surge destructive de l'arrière l'est également; car l'eau déplacée remplit le vide dans lequel la surge de derrière se serait autrement produite.

Il est évident, ainsi, que la nature des mouvemens communiqués au fluide, à des vitesses plus grandes que la vitesse de la vague, est radicalement différente qu'à de moindres vitesses. Les courans latéraux, les surges brisantes, ne peuvent long-temps exister. Le fluide est simplement divisé par l'avance du vaisseau dans l'eau, s'arrêtant sur ses côtés jusqu'à ce qu'il ait passé, et reprenant son niveau premier sans effort quand le vaisseau qui l'a divisé a passé outre.

Les applications pratiques de ces faits et phénomènes sont d'une grande importance dans la navigation des canaux et des rivières basses.

SECTION VII.

Expression générale de la loi de résistance d'un solide

donné, dans un fluide défini.

Si l'immersion du corps flottant était la même que celle d'un solide entièrement submergé dans le fluide, si la surface du liquide restait horizontale, et si les particules fluides restaient en repos jusqu'à ce qu'elles reçussent immédiatement l'action du solide, et qu'en même temps là où le liquide est déplacé horizontalement par le solide, il ne se produisait aucun écart vertical de particules, alors l'expression simple et usuelle ci-dessous

$$R = \frac{v^2}{2\,g} \times m\,s\,p \qquad (1)$$

représenterait la résistance, égale au poids d'une colonne de fluide ayant pour hauteur celle due à la vitesse v. g étant la mesure de la gravité, s la section antérieure et tranversale de la partie submergée du solide quand il est en repos, m étant une constante représentant la résistance modifiée par suite de la forme de la partie antérieure du solide, et p la densité du fluide, à laquelle on pourrait aussi ajouter une quantité constante due à l'adhésion, mais que nous avons omise pour simplifier.

Si cependant nous insérons l'élément de diminution d'immersion, nous aurons (*section* 1re)

$$R' = \frac{v^2}{2g} \times p \times ms \left(1 - \frac{v}{2g}\right) \quad (2)$$

Si maintenant on tient compte de l'élément du changement de position du corps, et de l'augmentation d'immersion antérieure quand il est derrière la vague, nous aurons, en désignant par θ l'angle d'élévation de l'axe du solide, par δ la différence de section antérieure, ou hauteur de la vague formée sur le solide, modifiée par la constante n; nous aurons pour l'unité de vitesse donnée en relation de w, vitesse due à la vague,

$$R'' = \frac{v^2}{2g} \times P \left\{ ms \left(1 - \frac{v}{2g}\right) \times (1 + \sin \theta) \right.$$
$$\left. + \frac{n \delta v}{w - v} \right\} \quad (3)$$

Quand la vitesse est plus petite que celle de la vague, la quantité $\frac{n \delta v}{w - v}$ est positive, w étant plus grand que v, et l'effet de la vague est alors d'accroître la résistance; à mesure que v augmente, $w - v$ diminue, et reste encore positif. Si les côtés du canal et du vaisseau étaient indéfiniment élevés, et l'augmentation de force uniforme et très-lente, le phénomène donnerait lieu au cas indiqué quand

$$\frac{n \delta v}{w - v} = \frac{n \delta v}{o} = \infty$$

la résistance serait infiniment grande; quand la vitesse v devient plus grande que celle de la vague w, sin. θ étant égal à zéro, l'expression $\frac{n \delta v}{w - v}$ devient négative, son dénominateur étant devenu négatif ; l'expression est donc réduite à celle-ci :

$$R'' = \frac{v^2}{2g} \, p \left\{ m\,s \left(1 - \frac{v}{2g}\right) - \frac{n\,\delta\,v}{v - w} \right\} \qquad (4)$$

c'est le cas où la vitesse est plus grande que celle de la vague.

La ligne de résistance A P correspondante à l'équation (1) est une parabole, A X étant l'axe, et A Y la tangente au sommet. Les résistances sont représentées par les abscisses parallèles à A X, A étant l'origine. (Voir la *fig.* 22.)

La ligne de résistance A M₂ E correspondante à l'équation (2) a toutes ses abscisses plus petites que celles de la courbe précédente, et un point de maximum quand $v = \frac{1}{3}\,g$, et un point de minimum quand $v = 2\,g$ (*fig.* 23.)

La ligne de résistance A W *m* M₂ R qui correspond à l'équation (3), s'incline en dessus de la parabole quand $\dfrac{n\,\delta\,v}{w - v}$ est plus grand que $m\,s\left(\dfrac{v}{2g} - \sin.\theta\right)$; elle devient infinie quand $v = w$, et tombe au-dessous de la parabole, quand la vitesse devient plus grande que celle de la vague, ou quand $v > w$. (*fig.* 22.)

Les lignes de résistance qui dérivent des expériences faites en 1834 sont données dans la *fig.* 23. Les vitesses sont mesurées sur A Y, et les résistances sont parallèles à A X, les lignes de résistance A B, A C, A D, A E, A F et A G sont déduites de l'analyse des expériences faites en 1835.

SECTION VIII.

Applications-pratiques et exemples de la loi de la vague, relativement à la navigation des rivières peu profondes.

Les mariniers font une application journalière des phénomènes expliqués dans la 3me section ; ils savent bien reconnaître l'approche d'un grand bateau, quoique encore éloigné, quand il se meut avec une grande vitesse. Son approche se fait même sentir à plusieurs milles d'éloignement. Cet indice consiste dans la vue de la vague ou d'une série de vagues qui le précèdent et qui sont mues à une plus grande vitesse que celle du vaisseau. Un vaisseau qui s'est arrêté spontanément, ou qui a fait varier sa vitesse, renvoie devant lui une grande vague très-bien déterminée qui jouit d'une vitesse relative à la profondeur du canal et qui est tout-à-fait indépendante de la vitesse du vaisseau. Ces vagues arrivent bien avant le vaisseau et augmentent la profondeur du canal dans cet endroit. J'ai prévu, sur la rivière de Clyde, l'approche d'un grand bateau à vapeur, quoiqu'il fût encore à la distance de deux milles et demi; le mouvement de la vague se prononçait par une oscillation successive de la mâture des vaisseaux qui se trouvaient à l'ancre. J'ai souvent été frappé d'une pareille indication, et quoique je n'eusse aucun motif de suspecter l'approche d'un vaisseau, cependant elle a été toujours suivie de l'arrivée d'un vaisseau inattendu. Une tempête éloignée de l'Océan donne lieu fréquemment à de pareilles annonces; les vagues se mouvant avec une vitesse de 50 et 60 milles à l'heure, venaient briser sur les rivages éloignés, en lames sourdes et profondes.

Les effets de la formation des vagues sous une plus grande vitesse que celle du vaisseau, formant une accumulation antérieure, une dépression postérieure, et la surge de derrière, ainsi que nous l'avons vu, fournissent une explication satisfaisante du phénomène de navigation des canaux et rivières.

Il est bien connu qu'il est très-difficile de bien naviguer à la rame ou à la voile dans les eaux basses; ceci est une conséquence de l'accroissement de résistance due à la situation de la vague en avant du bateau. Mais si par suite d'une forte impulsion, le vaisseau se place sur la vague, le sillage devient plus facile que dans des eaux plus profondes. Dans une eau de deux pieds de profondeur il est difficile d'acquérir la vitesse de 4 ou 5 milles par heure, et comparativement plus facile d'obtenir celle de 6, l'une plus faible, l'autre plus grande que la vitesse de la vague. Il est également prouvé que dans des basses eaux l'étambot raclera le fond quand l'étrave sera entièrement libre, bien que le navire tire un peu moins d'eau que le canal n'en offre. Ceci est un résultat direct de la dépression produite par la vague antérieure et la surge de derrière.

La différence d'immersion d'un vaisseau au-dessous de la surface du fluide, dans ses différentes vitesses, relativement à celle de la vague, rend une compte satisfaisant d'une longue série de phénomènes autrement inexplicables.

Il a été souvent observé qu'un vaisseau en mouvement touchera le fond dans une eau assez profonde pour le soutenir quand il est en repos, et il est également reconnu qu'un vaisseau peut passer sur un bas fond quand il y toucherait à l'état du repos. Dans le premier cas sa vitesse trop faible le maintient derrière la vague, et on a vu quelle dépression l'arrière supportait dans cette circonstance ; dans le second cas sa vitesse est égale à celle de la vague, il est placé sur son sommet, la position est horizontale, et il se trouve en effet soulevé par elle. J'ai vu, dans une eau de cinq pieds de profondeur, un vaisseau tirant deux pieds d'eau seulement toucher le fond dans le creux d'une vague dont la vitesse était de 8 milles à l'heure ; pendant qu'à 9 milles de sillage la quille n'était pas à moins de 4 pieds du fond.

Souvent, dans certains canaux, quand les bateaux sont trop chargés, ce n'est qu'en leur donnant une très-grande vitesse qu'on parvient à leur faire franchir des bas fonds, sur lesquels ils auraient touché s'ils n'eussent, par ce moyen, profité de l'avantage qu'il y a à se mouvoir sur le sommet de la vague.

J'ai été informé du fait suivant, qui provient d'une source authentique. Le bateau à vapeur le *Trenton*, sur la Delaware, en passant sur des bas fonds avec une grande vitesse, emportait avec lui un volume d'eau suffisant pour le faire flotter, quand il eût infailliblement touché s'il s'y fût trouvé à l'état du repos ; le volume d'eau n'était autre chose que la vague, la vitesse du navire étant de 13 milles à l'heure.

Il y a des circonstances de localités qui exigent qu'un vaisseau abaisse considérablement sa vitesse, ne pouvant acquérir la plus grande, pour franchir des bas fonds. Quand deux vaisseaux se rencontrent à contre bord, l'effet de la vague est encore beaucoup plus sensible, car, à l'instant où les deux vagues coïncident, l'élévation est égale à leur somme, et quand les dépressions coïncident, le creux de la vague est encore égal à leur somme. Ainsi, bien que chacun des deux vaisseaux pût très-bien flotter précédemment, ils peuvent aussi, dans ce cas de rencontre, toucher au fond du canal.

Aussi, en pareille circonstance, est-on convenu de diminuer les vitesses de chaque côté. Il est, au reste, évident que, dans une rivière comme la Clyde, les vitesses de 7, 8 et 9 milles à l'heure, derrière la vague, sont très-désavantageuses, tandis que, si on peut se placer sur la vague, le sillage deviendra assez facile pour n'exiger qu'une force égale pour atteindre aux vitesses de 12 et 13 milles à l'heure, en même temps la surge de derrière disparaît et le danger de toucher le fond pareillement.

Dans les rivières où l'eau est en mouvement, un nouveau et singulier phénomène se produit; la vague, à une vitesse donnée contre le courant, peut, dans certaines circonstances, requérir moins de force pour produire ses effets, que dans la direction même du courant; ainsi j'ai vu le courant possédant une vitesse d'environ un mille à l'heure, et la vague celle de 4 milles, sur la surface de l'eau, quand la vitesse du vaisseau contre le courant, et relativement à la terre, était de 4 milles à l'heure; j'ai vu, dis-je, ce dernier rester en avant de la vague et supporter l'effet de la diminution de résistance qui en était la conséquence; tandis que le vaisseau étant mu dans le sens du même courant, avec sa vitesse de 4 milles par rapport à la terre, rester derrière la vague et supporter la résistance due à cette cause : la vitesse de la vague, dans le premier cas, était de 3 milles à l'heure par rapport à la terre; dans le second cas, elle était de 5 milles. D'autres phénomènes curieux et analogues ont été reconnus dans des circonstances où le mouvement de la vague était contre le courant. J'ai vu une vague se mouvant dans une direction opposée à un courant, quand elle eut acquis une vitesse égale, rester dans un état de repos sans changer de forme, stationnaire comme un monticule sur le niveau, jusqu'à ce que l'adhésion ou le frottement des particules liquides l'eut fait disparaître. Il résulte de ces remarques que, dans certains cas, la navigation des rivières peut tirer un bon parti de l'action de la vague.

SECTION IX.

*Applications et exemples de la loi de la vague, relativement
à la navigation pratique des canaux.*

Les canaux navigables sont susceptibles de recevoir l'application la plus avantageuse de l'interposition de la vague, et ses principes peuvent produire un nouveau perfectionnement très-important dans le système pratique.

Ce grand perfectionnement qui vient d'être introduit dans le transport par canaux est dû, dit-on, à l'effet du hasard; il fut découvert accidentellement sur le canal de *Glascow et Ardrossan*, qui est de petite dimension. Un cheval très-ardent du bateau de M. *William Houston*, un des propriétaires, fut effrayé et s'emporta, tirant après lui le bateau; on observa alors, à l'étonnement de M. *Houston*, que la surge de derrière, qui usait les rives, avait disparu, et que le vaisseau était passé sur une eau comparativement plus unie qu'en même temps la résistance avait considérablement diminué. M. *Houston* eut l'adresse de faire concevoir la valeur de ce fait à la compagnie du canal dont il faisait partie, et de l'engager à établir, sur le canal, des vaisseaux mus à de grandes vitesses. Les résultats de cette découverte furent très-avantageux, sous le rapport mercantile, et le transport, à grande vitesse, des voyageurs, a considérablement accru les revenus des propriétaires du canal. Les passagers et leurs bagages sont transportés sur des bateaux légers, d'environ 60 pieds de longueur et 6 de large, fabriqués en tôle mince et tirés par une paire de chevaux. Le bateau arrive d'abord avec une petite vitesse contre la vague, et, à un signal donné, un effort spontané des chevaux le place au sommet de la vague, où il se meut ensuite avec une résistance diminuée sous une vitesse de 7, 8 et 9 milles par heure.

Après ce succès, cette innovation fut appliquée à d'autres canaux, et de nombreuses expériences furent faites, mais qui varièrent en résultats. Dans quelques-uns, avec de certains bateaux, on observa des phénomènes semblables et on obtint de pareils résultats favorables; mais dans d'autres les expériences manquèrent complètement. On ne trouva pas que l'eau, dans son agitation, se comportât d'une manière plus avantageuse, ni que la résistance supportât une diminution quelconque. Les raisons de ces anomalies n'étaient pas alors connues. Beaucoup de savans nièrent les résultats obtenus, tandis que ceux qui en avaient été témoins ne savaient en assigner la cause d'une manière satisfaisante.

Quant à nous, il ne nous sera plus difficile d'expliquer ces anomalies par la loi de la vague. Dans le canal où le fait fut d'abord observé, ayant 3 ou 4 pieds de profondeur, et dont la vitesse de la vague était de 6 milles à l'heure, il est évident que la résistance de la vague antérieure était rencontrée à une vitesse moindre, et que la résistance était diminuée quand la vitesse du bateau était de plus de 6 milles à l'heure. Maintenant, en faisant les mêmes essais dans un canal de 5 à 6 pieds de profondeur, dont la vague doit avoir une vitesse de 8 milles à l'heure, on ne doit pas obtenir une diminution de résistance tant que la vitesse n'excédera pas celle de la vague; au contraire, elle doit s'accumuler contre elle et diminuer après l'avoir dépassée. Dans un canal de 8 à 9 pieds de profondeur, la vague a une vitesse de 11 milles à l'heure, il faut donc dépasser cette vitesse pour profiter de l'avantage de la diminution de résistance.

Quand une fois le sommet de la vague est atteint, ou sa vitesse surpassée, une force comparativement plus faible peut entretenir le mouvement. Mais la résistance augmente si rapidement dans le voisinage de la vague, qu'il peut devenir impossible de l'atteindre. Si l'accroissement de vitesse est lent et continu, la vague sera pressée et s'accumulera autour de l'avant du bateau; de telle sorte qu'une force additionnelle accroîtra seulement la grandeur de la vague, et, ajoutant ainsi à sa vitesse, empêchera le bateau de passer au travers ou de s'élever au-dessus. Ce que j'ai établi à cet égard s'accorde parfaitement avec les expériences que j'ai données et avec l'expérience des praticiens. Il est clair, par ces expériences, qu'immédiatement en deçà de la vague une grande augmentation de force n'est pas accompagnée d'un semblable accroissement de vitesse, tandis qu'à l'instant du passage sur la vague, la vitesse fait, avec une force donnée, une transition soudaine à une très-haute vitesse. Ainsi on a éprouvé qu'il était très-difficile, ou presque impossible, de passer la vague avec un mouvement lentement accéléré. Une impulsion spontanée pour passer d'une faible à une grande vitesse, est le procédé le plus facile pour effectuer le changement, et il ne convient pas de chercher à l'obtenir par la transition d'une très-haute vitesse avant la vague, à une très-haute vitesse après elle. Mais quand on a en vue de se placer au-dessus de la vague, la vitesse doit être d'abord diminuée jusqu'à ce qu'elle devienne égale, à-peu-près, à la moitié de celle de la vague; par ce moyen la vague antérieure passe avec aisance de l'avant avec sa propre vitesse, la surge de l'arrière peut l'atteindre et remplir le vide qu'elle laisse derrière elle, et la surface de l'eau se nivelle à peu de chose près. Si maintenant, dans de pareilles circonstances, une impulsion spontanée est donnée au bateau, il atteindra facilement une vitesse plus grande que celle de la vague.

Un changement dans la profondeur du canal produit un changement marqué de résistance dans le voisinage de la vague. Certaines parties du canal de Glascow et d'Ardrossan varient en profondeur, et quand le bateau qui a été placé sur le sommet de la vague arrive à un endroit plus profond, on trouve que sa vitesse diminue; cet effet est la conséquence de l'accroissement de vitesse de la vague, due à l'augmentation du fond.

Le vent agissant sur la surface d'un canal et dans le sens de sa longueur, a assez de force pour pousser à son extrémité une certaine masse d'eau pour l'y accumuler. Un canal d'une étendue de 25 milles, dans la direction est et ouest, peut supporter une dénivellation de deux pieds à une de ses extrémités, par suite d'un vent violent de la partie de l'ouest, l'extrémité est s'étant élevée d'un pied au-dessous du niveau ordinaire quand l'autre extrémité ouest s'est abaissée d'un pied au-dessous du même niveau. On a observé, en pareil cas, que pour maintenir le vaisseau sur la vague, il était nécessaire de lui donner une plus grande force à l'extrémité plus profonde, et une moindre à l'autre.

Dans les canaux où on emploie la force des chevaux comme moyen de halage, on éprouvera de grands empêchemens et de grandes pertes en donnant à l'eau une profondeur qui produira une vague assez rapide pour qu'elle approche de la limite de vitesse que ces animaux ne peuvent soutenir. Quand la profondeur excède 7 ou 8 pieds, la force nécessaire pour atteindre la vague ou la vitesse de 9 milles à l'heure est de l'espèce de celle à laquelle les chevaux ne peuvent exercer avantageusement leur force, elle leur est tout au plus suffisante pour se transporter seuls et sans charge. En pareil cas, pour prévenir quelques irrégularités dans l'application de la force mouvante, et ne pas permettre à la vague d'empiéter sur le vaisseau, une vitesse de 12 ou 13 milles à l'heure serait nécessaire. Quand la profondeur du canal est telle qu'elle ne donne lieu qu'à une vitesse de vague modérée, relativement à la force dont les chevaux sont capables, de plus grandes vitesses peuvent être obtenues sans dommage pour les chevaux ; et cette vitesse peut être maintenue avec certitude à 9 ou 10 milles à l'heure.

Un des canaux d'Angleterre, il y a environ trois années, fut fermé à la navigation ordinaire par suite de pertes d'eau qui réduisirent sa profondeur de 12 à 5 pieds. On s'aperçut que le mouvement des bateaux légers fut rendu plus facile. Dans un canal de *Pensylvanie*, une de ces parties n'étant pas suffisamment fournie d'eau, et sa profondeur de 5 pieds étant réduite à deux, on s'aperçut avec étonnement que les bateaux cessaient de racler le fond par l'arrière, et étaient mis en mouvement beaucoup plus facilement que dans les autres portions plus profondes du canal.

Dans un canal où la vitesse de la vague correspond presque à celle qui a été trouvée la plus convenable d'affecter aux transports, par exemple de 10 à 11 milles par heure, et tel est le cas du canal de *Forth* et *Clyde*, dont le maximum de profondeur est d'environ 9 pieds ; dans un canal de ce genre, dis-je, cette vitesse est impraticable, ou au moins très-désavantageuse, puisqu'elle donne lieu à un effort constant contre la vague. Or voici comment on est, cependant, parvenu à résoudre la difficulté : un mille est parcouru avec une vitesse de huit milles à l'heure ; on ne souffre pas ainsi beaucoup par suite de l'éloignement de la vague antérieure ou de son accumulation sur la proue. A la fin de ce mille on rapproche le bateau des bords moins profonds du canal, on pousse les chevaux au galop et on parcourt un autre mille avec une vitesse de 13 ou 14 milles à l'heure ; on est, par conséquent, en avance de la vague ; en continuant cette méthode d'une manière alternative on obtient une vitesse moyenne de 10 1/2 à 11 milles, avec une résistance dont la moyenne est moindre que la résistance moyenne des deux vitesses intermédiaires.

Dans chaque canal on doit employer deux vitesses différentes, selon les transactions; une faible pour se tenir assez en arrière de la vague et ne pas en être influencé; l'autre suffisamment rapide pour se tenir en avant de la vague et ne point supporter les variations de la force motrice. La première doit être une vitesse moitié de celle de la vague, la seconde plus grande que celle de la vague d'un quart. L'une et l'autre peuvent être obtenues.

Quand on doit construire un canal pour un genre donné de transport, on doit choisir une profondeur qui puisse admettre celle de ces vitesses, en avant et en arrière de la vague, qui est requise pour le service du canal; la vitesse de la vague doit être considérée comme une limite dont il convient de s'écarter autant que possible, soit en avant soit en arrière.

Quand le service doit se faire au moyen de bateaux d'un faible tirant d'eau, le canal doit être aussi bas que possible, et s'il doit servir à de plus grands bateaux, la profondeur doit être accrue autant que possible, afin de reculer, autant qu'il se peut faire, la vague à une distance au-delà de la vitesse du bateau, et prévenir ainsi la résistance due à l'accumulation antérieure.

La largeur du canal affecte un peu la résistance produite par la vague, quoiqu'elle n'affecte pas directement sa vitesse. En s'opposant à la dispersion de la vague, le rétrécissement du canal augmente sa hauteur, et il en résulte qu'à de basses vitesses la résistance est augmentée, tandis qu'elle diminue pour de grandes vitesses. Mais, en général, la profondeur est d'une plus grande importance que la largeur du canal.

Pour de petites vitesses seulement, un canal large et profond, mais spécialement profond, doit être adopté. Pour de grandes vitesses, il doit être étroit et surtout peu profond, afin que la vitesse avec laquelle la vague peut être surmontée soit petite.

Il y a aussi certaines conditions de forme et de volume des bateaux en relation des vitesses de transport et de celle de la vague qui sont les plus convenables; mais c'est une recherche que je n'ai pas encore complétée.

Nous ne devons pas omettre d'observer qu'un bateau sur le sommet d'une vague obéit mieux à son gouvernail que quand il est en arrière et contre elle. Dans ce dernier cas, l'avant étant enfoncé dans la vague répond difficilement au gouvernail, tandis que, dans l'autre cas, cette difficulté ayant disparu et le fluide déplacé enveloppant le centre de gravité, l'action de rotation autour de l'axe vertical qui passe par ce même centre de gravité est singulièrement facilitée.

Il arrive encore une circonstance non moins curieuse que les précédentes, c'est qu'à l'instant du passage aux grandes vitesses, le bateau est beaucoup mieux balancé que dans d'autres circonstances.

Il résulte des expériences faites en 1835, qu'un bateau a fourni les résultats suivans :

Force motrice en livres.	Poids transportés en livres.	Vitesse en milles par heure.
71, 5	19222	4, 0
86, 0	19222	4, 5
112, 7	19222	5, 2
246, 0	8022	11, 3
264, 0	19262	13, 6
331, 0	10262	15, 1

Ces chiffres résultent des expériences faites sur un bateau qui fut construit d'après les formes qui ont été désignées comme celles de moindres résistances.

Tableau contenant la vitesse de la vague dans plusieurs canaux d'Angleterre.

NOM DU CANAL.	Largeur à la surface, en pieds.	Largeur au fond, en pieds.	Profondeur en pieds.	Vitesse de la vague en milles par heure.
Canal de l'Union, fond argileux.	40, 0	30, 0	maximum 5, 3	7, 847
Canal de Paisley et d'Androssan, fond boueux.	28, 27	Irrégulière.	moyenne 5, 3	6, 096
Canal de l'Union, à la station de l'aqueduc de Slateford.	12, 35	12, 0	maximum 5, 6	7, 594
Même station.	»	»	Profondeur réduite à 3, 4	7, 08
Canal de Glascow et d'Androssan, station du port Eglington.	Variable, côtes verticaux.	»	5, 5	8, 316
Canal de l'Union, station du Tunnel, fond de roche irrégulier.	17, 75	11, 0	5, 5 envir.	8, 836

POMPES A FEU.

Les pompes à feu destinées au service des incendies n'é-
taient que peu ou point connues à la fin du seizième siècle.
La relation la plus ancienne qui fasse mention de pompes de
cette espèce est contenue dans les archives d'Augsbourg
(Allemagne, 1518). On les décrit « comme des instrumens
pour le feu, » ou « comme des seringues à l'usage des incendies. » Elles furent construites, dans ce temps-là, par un
orfévre de *Fribourg*, *Anthony Blatner*, qui devint, à cette
époque, citoyen d'Augsbourg. Ces seringues paraissent avoir
été d'un volume considérable, puisqu'elles étaient montées
sur des roues et qu'elles étaient manœuvrées au moyen de
leviers. Elles paraissent aussi avoir été érigées avec quelques
dépenses notables. *Gaspard Schott*, jésuite bien connu, rapporte que de petites machines de cette espèce étaient employées dans son pays (Koingshofen) dans l'année 1617. Cet
écrivain donne une courte description d'une machine plus en
grand, qui fut essayée à *Nuremberg* en 1657. Cette machine
fut construite par *Jean Haufsch*, et montée sur un traineau
de dix pieds de longueur sur quatre de largeur. Elle était
tirée par deux chevaux. Elle consistait en deux cylindres
horizontaux placés dans une citerne qui avait huit pieds de
long, quatre de haut et deux de large. Elle était mise en
fonction par 28 hommes et elle produisait un jet d'eau d'un
pouce de diamètre, qui s'élevait à une hauteur de 80 pieds.
C'est la machine de cette espèce, construite sur une grande
échelle, dont on ait le plus ancien souvenir.

Nous ne suivrons pas les pompes à incendies dans tous
leurs perfectionnemens ou changemens de dispositions. Nous
nous contenterons de donner la description de deux de ces
machines les plus modernes qui nous ont paru les plus remarquables par leur compacité et leur nouveauté. La *fig.* 24
représente une vue de côté d'un de ces machines, les principales parties sont représentées en section.

La citerne *a b* est en chêne; elle a environ 7 pieds de longueur, sur deux de largeur; les caisses *d* et la partie supérieure *c* sont faites en sapin, à cause de sa légèreté et parce qu'une grande force n'est pas nécessaire dans cette partie. La citerne est supportée au moyen de ressorts sur quatre roues. L'axe postérieur est courbé comme une manivelle pour donner un jeu convenable aux ressorts et permettre l'emploi de grandes roues, sans être obligé d'élever trop haut le corps du système. L'avant-train du chariot est placé sous la partie de devant de la citerne, qui est façonnée pour cet objet. Cette partie est d'ailleurs munie d'un timon et d'une flèche de même que dans les autres voitures à chevaux. *f f* sont des manches destinés à faire mouvoir la barre *ee*. Le tube aspirateur se visse au moyen d'un écrou en *h*. Quand il n'est pas en place, on bouche l'ouverture au moyen d'un bouchon à vis de même pas.

Les tubes de décharge se vissent de chaque côté du chariot en *i*. La caisse *d* est destinée à transporter deux tubes aspirateurs de 6 pieds de longueur et deux autres embranchemens de tubes, l'un court et l'autre long. Le reste de l'équipement se compose d'environ 6 longueurs de tubes en cuir de 80 pieds, de cordages, de clefs à vis, de pelles, timon, scie, etc. Ces objets sont arrangés en ordre dans la partie antérieure et élevée de la boîte de la machine. Tout étant contenu en dedans et rien au dehors, cette machine présente un ensemble compact et même élégant. Le dessus de la machine forme un bon siège pour les pompiers, leurs pieds appuyent sur la caisse *d*, tandis que le conducteur occupant la caisse placée en avant, peut facilement guider une paire de chevaux qui suffisent pour tirer ce chariot, avec une grande vitesse. En *k*, dans la partie coupée, on voit la base et la caisse d'aspiration, les valves et les cylindres. A une des extrémités de la citerne est vissée le robinet à trois fins *l*; à l'autre extrémité un tube de laiton est aussi vissé, et établit une communication avec le vaisseau à air *m* et le tube de décharge *i*. *n* est la première boîte de la valve d'aspiration, divisée en deux compartimens, chacun contenant une valve, et fermés au-dessus par une plaque de fonte vissée au moyen d'écrous en cuivre; une pièce de cuir est interposée pour faire le joint étanche. *o* est la seconde chambre où va se rendre l'eau refoulée; elle est également divisée en deux compartimens, fermés de la même manière. Les valves sont des plaques de laiton façonnées et rodées pour bien s'appliquer sur leurs sièges sans aucune addition de cuir. Si une de ces valves venait à manquer, il serait seulement nécessaire d'enlever un des plateaux de fermeture qui peuvent l'être sans déranger les autres parties de la machine. r est un des cylindres; ils ont 6 pouces en diamètre et 7 de course de piston; ils sont en laiton fondu, allésés avec soin et établis sur la sole k au moyen de vis à écrous en cuivre; une feuille de cuir est interposée dans les joints. Le piston q est formé de deux plateaux circulaires de laiton placés dans des espèces de coupes ou chapeaux en cuir dur; ils sont, après, vissés l'un contre l'autre. La partie supérieure des cylindres dépasse un peu le niveau de la citerne, de telle sorte que quand cette dernière est pleine d'eau, le liquide ne peut passer au-dessus du piston et se mêler avec l'huile qui les lubrifie. Des projections de la barre transversale s la lient aux pistons, lesquels sont munis de fourches et de guides qui leur conservent le parallélisme. Le grand axe ee manœuvré sur des appuis s s s en laiton. La sole k est un peu inclinée de h en i, afin que l'eau puisse se rendre dans une seule partie de la machine quand elle a cessé de fonctionner.

Dans la *fig.* 25 on a dessiné une machine à mouvement circulaire et alternatif, qui nous a paru d'une simplicité remarquable.

Cette machine est montée sur une citerne supportée par des roues. a est le cylindre à eau; il est en fer ou laiton. b est une vanne ou le piston situé selon le rayon du cylindre. Cette vanne est entièrement composée de métal, elle est susceptible de s'étendre comme dans les pistons métalliques des machines à vapeur. cccc sont quatre valves qui ouvrent toutes de bas en haut. d est un vaisseau à air; l'orifice d'expulsion est situé à la partie basse; e citerne qui peut être remplie immédiatement sur le lieu de l'incendie; on peut aussi y appliquer un manche d'aspiration. La machine est manœuvrée par l'élévation et l'abaissement des manches hh fixés à l'axe de la vanne b, qui se meut ainsi alternativement dans la partie supérieure du cylindre et qui délivre, à chaque course, la moitié environ de son contenu, mais qui peut être réglée de manière à en fournir une quantité déterminée. Le piston b étant parfaitement calibré au cylindre a produit le vide ou le refoulement de l'eau comme dans toutes les autres machines, par suite de son mouvement alternatif.

Parmi les machines hydrauliques, les plus remarquables qui aient été érigées dans les temps modernes, on cite d'une manière particulière celle qui fut dernièrement établie pour l'approvisionnement d'eau de la ville à Philadelphie. Cette machine, comme monument de goût, d'utilité et de perfection, fait l'admiration de tous ceux qui la voient. L'établissement est situé à *Fair—Mount*, à cinq lieues de la ville, à la chute de *schuylkill*. Son coût entier, y compris les achats de terrain, a été de 426330 dollars (environ 2,131650 f.) La puissance de l'eau motrice a été calculée capable d'élever dans le réservoir, au moyen de huit roues à eau et d'autant de pompes, la quantité journalière de 10 millions de gallons d'eau (1). Cet effet est produit par 40 gallons d'eau sur la roue, lesquels en élèvent un dans le réservoir. Il y a deux réservoirs, l'un d'eux a une capacité de trois millions de gallons, et l'autre de quatre millions. L'eau est élevée à 56 pieds anglais au-dessus du point le plus élevé de la ville et se distribue ensuite au moyen de tubes en fer de fonte. La *fig*. 26 représente le plan d'une pompe et d'une roue à aubes. Les pompes sont de l'espèce de celles qu'on nomme pompes foulantes à double effet. Les corps de pompes cylindriques ont 16 pouces de diamètre intérieur; les manivelles ou demi-course des pistons sont de cinq pieds, ce qui en donne dix pour chaque course entière, correspondant à un tour de chaque roue. Les roues fournissent trente tours par minute. L'eau est refoulée à une hauteur perpendiculaire de 96 pieds, au travers de grands tubes qui ont environ 300 pieds de longueur. La quantité d'eau fournie par chaque pompe en 24 heures est de 1 1/2 millions de gallons.

A, plan de la roue à eau; B, manivelle de la roue; C, tige ou bielle qui communique le mouvement aux pistons; D, plan de la pompe; E, coursier alimentaire qui fournit l'eau à la pompe et à la roue motrice; FF, vanne régulatrice pour régler la quantité d'eau qui arrive sur la roue.

(1) Le gallon équivaut à 4,54348797 litres.

RAPPORT

Sur les résultats des Expériences faites par ordre du comité-directeur des canaux de EORTH et CLYDE, et de l'UNION, relativement à la navigation de ces mêmes canaux.

———

Le comité-directeur des compagnies du canal de *Forth* et *Clyde*, de l'*Union* (entre *Glascow* et *Edimbourgh*), ayant voté des fonds pour faire des expériences destinées à éclaircir les principes que l'introduction récente des bateaux rapides sur les canaux a fait découvrir ; de nombreuses observations et expériences ont été faites sur le canal de *Paislay*, de *Forth* et *Clyde* et de l'*Union* ; le prêt gratuit d'une petite machine à vapeur de voiture, due à l'obligeance de la compagnie de *Grove House Engine*, a aussi fourni les moyens d'essayer si, par une construction particulière de bateau, les obstacles qui s'opposaient à l'emploi de la vapeur sur les canaux pouvaient être vaincus.

La compagnie du canal a été assez heureuse pour être aidée par M. J. S. *Russel*, qui, dans le cours de l'été et de l'automne passés, consacra plusieurs mois à étudier les phénomènes de résistance des canaux et qui découvrit plusieurs principes intéressans sur le mouvement dans les liquides, à de grandes vitesses.

Les résultats des observations diverses et des expériences faites jusqu'à présent sont entièrement dus à l'obligeance de M. *Russel*. Nous lui devons des remercîmens ainsi qu'à M. *Robert Ayton*, etc.

Les recherches expérimentales faites sur la navigation dans les canaux ont non-seulement pour but de déterminer avec exactitude la théorie de la résistance des corps flottans, à toutes vitesses, mais encore de résoudre plusieurs questions pratiques qui doivent rendre les transports par canaux plus expéditifs, plus économiques et agréables qu'ils ne l'ont été jusqu'à présent, et par conséquent de donner une plus grande valeur à cette espèce de propriété déjà très-importante pour les communications commerciales. Ces expériences ont été poursuivies pendant plus de trois mois, et ont mis à jour une série des plus belles, des plus étonnantes, et cependant des plus simples lois. Ces lois sont entièrement en désaccord avec les opinions généralement reçues, et doivent bientôt assigner aux canaux un rang des plus élevés dans les moyens de communication intérieure.

On a observé avec attention que la même vitesse de mouvement requérait, sur différens canaux, des puissances très-différentes; et que sur quelques canaux la résistance de la vague peut être vaincue à de basses vitesses; tandis que sur d'autres une plus grande vitesse devient nécessaire. On avait supposé qu'il existait une certaine relation entre ces circonstances et la largeur ou surface du canal; mais on a reconnu nouvellement que la vitesse nécessaire pour se débarrasser de la vague, ou échapper à sa résistance, n'est pas, à un certain degré, dépendante de la largeur, mais bien entièrement de la profondeur. On a vu que la vague est plutôt et plus facilement dépassée dans un canal peu profond, et qu'il est nécessaire d'employer une plus grande vitesse, et par conséquent une plus grande force, pour la dépasser à mesure que le canal est plus profond.

Après que cette loi fut découverte, son exactitude fut confirmée par des expériences faites sur le canal de *Paisley*, sur celui de *Forth* et *Clyde*, ainsi que sur plusieurs parties du canal de *l'Union*. La vitesse nécessaire pour surmonter la vague sur le canal de *l'Union*, dans les lieux où la profondeur est de 3 1/4 pieds, est d'environ 8 milles et 37 yards à l'heure; sur le canal de *Paisley*, là où la profondeur est de 3 1/2 pieds, la vitesse est un peu plus que 6 1/4 milles par heure; tandis que dans les parties où la profondeur est de 6 pieds, la vitesse nécessaire pour dépasser la vague est plus grande que dans le canal de *l'Union*; elle est d'environ 8 milles et 950 yards par heure. D'un autre côté, le canal de *Forth* et *Clyde* a 9 pieds de profondeur, et quand la vitesse excède 12 milles par heure, la vague est formée et sa résistance vaincue. La vitesse la plus avantageuse pour les transports, dans chaque cas, est d'environ un tiers plus grande que celle de la vague. La meilleure vitesse pour les transports rapides sur

Le canal de *Paisley*, est de 8 milles ; sur l'*Union*, d'environ 11 milles, et sur le *Forth* et *Clyde*, d'environ 15 à 16 milles.

Un autre sujet de recherche fut la meilleure méthode d'appliquer la puissance motrice des chevaux aux bateaux dont on se sert actuellement sur les canaux. La pratique de gouverner au milieu du canal, le tirage oblique vers les bords du canal et avec des chevaux attachés séparément à de courtes lignes, furent reconnus produire une perte de puissance égale à un quart. La distance de deux yards du chemin de hâlage est la meilleure à observer dans les canaux pour les grandes vitesses. La ligne de touage doit être longue et légère, et les harnais doivent permettre aux chevaux de tirer sur la même ligne. On a imaginé dernièrement un genre de harnachement qui convient parfaitement au service des bateaux rapides ; on le recommande particulièrement ainsi que l'emploi d'une seule ligne de hâlage.

En vue de déterminer les principes généraux qui puissent régler les lois du mouvement dans les canaux, les meilleures formes à donner aux vaisseaux de transport, et les dimensions et formes à donner aux canaux afin de les rendre plus appropriés aux grandes vitesses, on construisit un esquif d'une façon particulière et muni d'une série d'appareils pour obtenir avec exactitude les données suivantes :

1° La résistance totale éprouvée par le vaisseau à différens degrés de vitesse. Elle fut déterminée par un simple dynamomètre interposé entre la ligne de touage et le bateau, et fixé par un moyen employé ordinairement pour cet objet.

2° La résistance sur chaque pouce carré de section transversale de la partie submergée du bateau, produite par l'impulsion directe de l'eau sur la proue. Elle était indiquée par un tube-jauge de verre et un autre appareil de tubes placés dans le bateau.

3° La vitesse du vaisseau, à chaque instant, fut indiquée par la hauteur d'une colonne fluide.

4° Le tirant d'eau à divers points, soit dans la longueur, soit dans la largeur du vaisseau, était également indiqué avec exactitude par des tubes-jauges divisés avec soin.

L'*esquif* qui fut fait pour ces recherches fut trouvé si avantageusement construit pour le mouvement rapide, qu'on parvint à lui imprimer une vitesse de plus de 21 milles à l'heure. Cette vitesse étant la plus grande qui ait jamais été obtenue

sur un canal, elle ne fut limitée que par celle de l'a-
nimal employé à produire le mouvement.

On peut compter sur cette loi générale, qu'un corps flottant
ne plonge jamais de la même quantité quand il est en mouvement que quand il est en repos, quelle que puisse être d'ailleurs la vitesse avec laquelle il se meut. A un mille par
heure, il s'élève sensiblement sur l'eau ; à 10 milles par
heure, l'immersion est diminuée d'environ sa quatrième partie ; à 43 milles par heure, le vaisseau, quelle que soit sa
forme, s'élève entièrement au-dessus de l'eau, ricochant par
des oscillations alternatives. Au-dessus de ce point, il ne paraît y avoir aucune limite à la vitesse du mouvement sur les
canaux.

Il est bien connu que sur certains canaux la traction est
beaucoup moins rude avec le même vaisseau et la même
vitesse que sur un autre canal. La cause de cette différence
a été très-bien reconnue, et les dimensions et formes
de canal les plus convenables aux trafics particuliers ont
été déterminées avec exactitude.

La résistance des vaisseaux se mouvant avec des vitesses différentes dans le même canal, a été le sujet d'une
série d'expériences étendues. On a reconnu que cette résistance était dépendante du tirant d'eau, de la surface
des bateaux exposés à l'adhérence de l'eau, du défaut de pression de l'arrière, enfin des formes particulières qui peuvent
donner lieu à des différences considérables, selon les variétés
de constructions. Au-dessous de la vitesse de la vague, la
résistance accroît plus rapidement que dans le rapport du
carré de la vitesse, étant plutôt, dans quelque cas, dans le
rapport du cube de la vitesse. Sur la vague la résistance
suit le rapport du carré de la vitesse et de la diminution de l'aire d'immersion ; enfin au-dessus de la vitesse
de 13 milles par heure, la résistance due au frottement et à
l'adhérence de l'eau diminue rapidement.

Par suite de ces circonstances, la forme précise de la
proue, celle qui est capable de diviser avec le plus de facilité le fluide, et en même temps d'élever aisément le navire
au-dessus de la vague, a été déterminée. Plusieurs modèles
variés de vaisseaux de différentes vitesses sont en train de
construction.

Le bon marché de la puissance de la vapeur, et sa con-
venance particulière pour un canal qui passe au travers

d'un pays abondant en charbon, qui fournit à la fois toute la quantité d'eau nécessaire pour l'usage de la machine à vapeur; ces avantages et la faculté d'en obtenir une vitesse bien supérieure à celle des animaux, ont provoqué, de la part des intéressés des canaux, une attention particulière, afin de l'introduire sur les canaux.

On s'est appliqué à construire un navire dont les formes étaient telles qu'on pût lui adapter la puissance de la vapeur, on s'attacha à obtenir les conditions suivantes :

1º Afin d'atteindre à une haute vitesse et réduire, autant que possible, l'agitation de l'eau, on fit en sorte que le tirant d'eau du vaisseau fût aussi faible que possible. Le navire qui fut construit pour les expériences tirait seulement, quand il fut lancé, quatre pouces d'eau ; et maintenant, chargé de la cabine, des roues à aubes, de la machine et de sa chaudière, il ne tire pas plus de cinq pouces.

2º Afin de donner au navire la stabilité nécessaire pour un si faible tirant d'eau, on dut lui affecter une grande longueur, et comme les sinuosités du canal le permettaient, on adopta une longueur de 100 pieds.

3º La forme du vaisseau est particulière ; elle sera beaucoup mieux comprise en imaginant un navire coupé en deux par un plan vertical passant par la quille, et séparé en deux parties qui laissent entr'elles un espace vacant qui s'étend longitudinalement entre les deux moitiés. Les avantages que cette façon possède sur les bateaux doubles pour l'application de la vapeur, sont grands. Les roues à pales sont placées entre les deux moitiés, de manière à occuper l'espace intermédiaire et à entrer dans l'eau dans un courant non interrompu et qui n'est point contrarié ni reserré dans son cours. Avec les bateaux doubles on n'a pu obtenir de pareils résultats; et l'eau s'accumule à la proue, retombe par-devant avant d'arriver aux pales. La largeur du chenal qu'offre notre bateau divisé, est égale partout, et est de 6 pieds; les pales ont 15 pouces de hauteur.

4º Une autre particularité de ce vaisseau est la structure au moyen de laquelle un corps d'une aussi grande longueur, composé de matière aussi légère, a pu soutenir un poids aussi grand, ramassé à son centre, sans se déformer ni se briser au milieu. Ces résultats ont été cependant obtenus par l'introduction dans le vaisseau d'une double épine (ou carlingue), semblable en quelque sorte à l'épine d'un poisson, qui s'étend de l'avant à l'arrière, et distribue la pression uniformément dans toute la longueur. Le but de cette disposition du navire a été parfaitement rempli.

5° De la longueur du vaisseau, 20 pieds seulement sont occupés par les roues et la machine; les 80 pieds restans sont employés en cabines, en ponts, en commodités pour les passagers qui sont au nombre de 150. Les chambres des cabines ont 6 p. 6 p. de hauteur.

6° La machine qui fut prêtée par la compagnie de *Grove House* pour faire des expériences, et qui précédemment fut adaptée à une voiture entendue pour transporter seulement 25 passagers, a été trouvée capable de produire une force de 13 chevaux. Avec cette faible puissance la vitesse a atteint 6 milles à l'heure. Les préjudices causés par les roues à aubes, employées comme moyen d'impulsion, ont été entièrement prévus par la construction. On a trouvé, par des essais répétés, qu'au lieu d'une perte qui ordinairement s'élève à la moitié ou au tiers de la vitesse de la machine, le vaisseau a obtenu une vitesse qui n'a jamais différé de celle des roues à pales, de la cinquième ou septième partie. Si bien que tandis que les roues à aubes faisaient 3066 révolutions, elles transportèrent le bateau à une distance égale à 2640 révolutions.

Cette expérience fut plusieurs fois répétée; quand le navire marchait avec toute sa charge, passagers, machine, etc. (environ 10 tonneaux), la vitesse était de 4 1/2 milles par heure. Les ondulations produites par ce bateau sont si faibles que les berges ne sauraient en être dégradées.

Nous ajouterons aux observations de M. *Russel*, qu'on s'est assuré par un grand nombre d'essais, que les bateaux de passages du canal de l'*Union*, qui pèsent environ deux tonneaux chaque, exigent, quand ils sont chargés d'environ deux tonneaux et demi de passagers et de bagages, et quand ils marchent sous une vitesse de 10 milles à l'heure, une force de traction de 250 à 340 livres, variable d'après les circonstances et la construction de chaque bateau. La dernière force et vitesse est égale à celle d'une machine à vapeur de la puissance de 10 chevaux. Les bateaux du canal de *l'Union*, pesant, y compris leur cargaison, de quatre à cinq tonneaux en tout, exigent donc cette puissance. Pour un bateau plus grand et plus pesant, portant une machine à vapeur et des roues à aubes, on sera dans la nécessité de lui appliquer une plus grande puissance de machine. Pour une augmentation de vitesse au-dessus de celle de 10 milles par heure (chose qu'il serait bien à désirer d'obtenir), la machine devrait encore être augmentée de puissance.

Nous avons indiqué plus haut les principes au moyen desquels on peut calculer la puissance de machine à vapeur requise pour pousser un bateau de construction semblable à celle dont on a usé dans les expériences, avec une vitesse excédant celle de la vague. En les appliquant, on trouve qu'une puissance de soixante chevaux vapeur (si la machine est construite de la même manière que celle qui a té employée dans les expériences, c'est-à-dire si elle ne ese que 5 1/2 tonneaux), poussera un vaisseau portant 20 passagers, ou 8 tonneaux, avec une vitesse d'environ 12 milles à l'heure.

On dit que la compagnie du canal, en vue de substituer la puissance de la vapeur à la puissance animale, actuellement employée, se propose de construire un bateau avec une grande machine, qui doit être affecté aux transports des passagers entre Edimbourg et Glascow. Et tandis qu'on peut à peine atteindre avec des chevaux la vitesse de 10 milles par heure, on a beaucoup de raison pour croire qu'on atteindra à une vitesse supérieure au moyen de la nouvelle puissance appliquée.

NOUVELLE ESPÈCE DE POMPE.

Les *fig.* 27 et 28 représentent cette pompe. La *fig.* 29 en montre une section, dans laquelle on a dessiné les parties intérieures, le piston et les valves. La *fig.* 30 est une vue en plan et en section de la partie solide et flexible du piston.

Dans chacune de ces figures, les mêmes lettres se rapportent aux mêmes parties de l'appareil. *a a* est la chambre ou la capacité dans laquelle fonctionne le piston ; *b* est le piston. Il est fait en cuir, ou en d'autre matière convenable. Quand il est fabriqué en cuir, il est moulé sur un moule de figure semblable à celle qu'on veut obtenir. La forme ordinaire est celle d'une calotte sphérique, plate au sommet et sur les bords, ou encore celle indiquée par la *fig.* 30. Dans quelques cas on recouvre le cuir avec du caout-chouc qui le protège de l'action de l'eau ou des autres liquides auxquels est appliqué l'appareil. Le caout-chouc s'applique et se colle sur la peau au moyen d'un ciment de caout-chouc même, que l'on trouve facilement dans le commerce.

c est la tige du piston qui fait corps avec un plateau circulaire *d* ; *e* est un anneau circulaire fixé au plateau *d* par le moyen d'écrous. La substance flexible dont le piston est construit, est serrée entre l'anneau *e* et le plateau *d*, de manière à former un joint étanche à l'eau ; la tige du piston occupe, comme on le voit, le centre du système.

Ce piston flexible est attaché dans le corps de pompe *aa* au moyen des collerettes *f* qui se projettent intérieurement et circulairement dans la chambre *aa*, et au moyen de l'anneau *g*. De cette manière, le contour de la partie flexible du piston est pincé entre l'anneau *f* et *g*, et par le moyen de vis et d'écrous on la serre fortement de manière à former un joint bien étanche à l'eau.

Comme on le voit, ce piston flexible ne comporte aucune

ouverture ni passage qui puisse permettre à l'eau de passer
d'un côté à l'autre du piston ; mais il agit en poussant l'eau
de part et d'autre de chaque côté du piston. *l* est la valve
d'admission d'un des côtés du corps de pompe, et *m* la valve
d'expulsion correspondante. Ces deux valves, comme on
peut s'en assurer par l'inspection du dessin, sont disposées
de manière à ce que l'eau qui s'introduit par le mouvement
d'écartement du piston, est refoulée ensuite par *m* dans le
mouvement contraire. *h* est la valve d'admission, et *i* celle
d'expulsion de l'autre partie du corps de pompe. Les valves
m et *i* débouchent dans un vaisseau à air, fixé au sommet du
corps de pompe.

La tige du piston est, d'après l'arrangement du dessin,
mise en mouvement au moyen d'une manivelle qui le reçoit
elle-même du manche *k* par l'intermédiaire de roues dentées.

La matière la plus convenable pour éteindre les incendies
est l'eau ; on a proposé de lui ajouter diverses substances
pour augmenter la propriété dont elle jouit d'éteindre le
feu, surtout quand on ne peut disposer d'une quantité suffisante de ce liquide. M. *Van Aker*, suédois, employait de
l'eau tenant en solution du sulfate de fer, du sulfate d'alu-
mine, de l'oxide rouge de fer et de l'argile ; il fit des expériences heureuses avec cette composition. Quelques personnes recommandent l'emploi des solutions simples d'a-
lun, de sels communs et de quelques autres sels et alcalis.
D'autres, au contraire, parmi lesquels on peut citer M. *Van
Marum*, ont contesté, avec beaucoup d'apparence de vérité,
l'utilité des mélanges ou des solutions indiquées plus haut ;
d'après eux, l'eau pure, quand elle est employée convenablement et avec discernement, est aussi efficace. Le gaz acide
carbonique, le gaz acide sulfurique, et la vapeur d'eau, ont
été également proposés pour être appliqués aux incendies ;
leur emploi, toutefois, eût été d'une application très-difficile.
Quant à la vapeur, plusieurs expériences étendues, et suivies récemment, ont prouvé que si elle était capable d'é-
teindre quelques légers corps enflammés, elle n'était nullement applicable à des feux qui couvent, et que dirigée dans
un vaste foyer elle augmentait à un haut degré la violence
de la combustion.

L'eau est si abondamment répandue dans tous les lieux,
qu'aucune autre substance, pour éteindre le feu, ne peut lui

être préférée. Il y a plusieurs moyens de l'employer pour cet objet, dont le plus simple consiste à ménager au-dessus des édifices une citerne destinée à contenir un certain volume d'eau. Un tube muni de robinets, à chaque étage, les traverse tous, et il suffit de visser à ce tube une manche flexible en cuir pour avoir la faculté de diriger l'eau où le besoin le requiert. En tournant les robinets, un jet d'eau s'élance avec une force proportionnée à la hauteur de la citerne ou du réservoir. Cette disposition est particulièrement applicable aux grandes manufactures et magasins. Son principal avantage consiste en ce qu'une seule personne, sans aucun aide, peut immédiatement porter un secours efficace, le travail étant préparé d'avance par le remplissage du réservoir. Si l'incendie se déclare trop vaste pour nécessiter une plus grande quantité d'eau, on peut entretenir le plein de la citerne au moyen d'une pompe. Au lieu d'une citerne ou réservoir et d'un système de tube, quelques personnes préfèrent employer une pompe fixe qui tire immédiatement l'eau d'un puits au-dessus duquel elle est assujettie. La *fig.* 31 représente une machine de cette espèce. Elle consiste en une pompe aspirante et foulante, avec un vaisseau à air destiné à égaliser le jet qui serait, sans cela, intermittent comme la force appliquée au piston. On lui ajoute une ou plusieurs manches en cuir, selon la distance où se trouve le feu, et la bringuebale est fourchue, afin que plusieurs personnes puissent agir dessus à la fois.

L'avantage de cette pompe consiste en ce qu'elle est toujours en état d'agir et qu'elle peut fournir une grande masse d'eau ; mais elle a le désavantage d'être limitée, dans son service, aux voisinages de cette pompe qui n'est point susceptible d'être transportée d'un lieu à un autre.

Afin de pouvoir diriger l'eau des pompes à incendies dans l'intérieur des appartemens où l'on ne peut plus pénétrer, on a imaginé dernièrement un appareil ingénieux et simple, qui mérite d'être décrit. Cet appareil consiste en un arrangement particulier de leviers et de tubes, liés à la pompe, au moyen desquels l'opérateur peut diriger le jet d'eau à telle partie des appartemens qui ne peut être vue ni approchée. On le comprendra facilement par l'inspection de la *fig.* 32. *a* est une personne qui indique l'endroit où il convient de diriger l'eau. L'opérateur *b* alors dirige le levier *c* de manière à viser sur le point indiqué en *a*. Par suite de ce mouvement, l'ajutage articulé *d* s'incline convenablement vers ce point qui est situé par-dessous le plancher. On conçoit combien il est avantageux d'agir ainsi, sans introduire de l'air frais dans l'intérieur de l'appartement. La *fig.* 33 représente, sur une plus grande échelle, la construction de cet appareil, avec les effets qu'il produit. La pompe à incendie envoie l'eau en *f*. *c k* est le levier qui sert à pointer ; il porte un pivot en *x*. *k i m* est une tringle qui accroche en *m* le petit ajutage flexible *d*; cette tringle est également à pivot à *h*. On fait un trou au plancher, au-dessous duquel est situé le feu qu'il faut éteindre, afin d'y assujettir l'appareil. Cet appareil glisse dans la pièce *i* et se fixe à la hauteur convenable au moyen de la vis de pression *h*. On conçoit maintenant qu'il suffit de pointer et d'agir sur le manche en *b* pour que l'eau se dirige sur l'endroit couvenable au-dessous du plancher, ou du pont, si c'est un navire.

TABLE DES MATIÈRES
DE L'HYDRAULIQUE.

	Pages.
De l'eau dans son application comme force motrice.	1
Des roues à aubes.	id.
Détermination de la vitesse de l'eau quand elle choque les roues à aubes.	6
Recherches de la quantité d'eau dépensée.	7
Exemples d'une série d'expériences.	8
Résumé de ces expériences.	9
Table I contenant le résultat de 27 séries d'expériences.	17
Tableau de 5 séries d'expériences.	19
Tableau de 3 séries d'expériences.	21
Tableau de 4 séries d'expériences.	23
Lemme.	24
Tableau de 4 séries d'expériences.	26
Observations.	27
Expériences sur les roues à eau.	29
Expériences dans un canal clos.	32
Expériences dans un canal libre.	35
Deuxième partie.	35
Exemple d'une série d'expériences.	37
Conclusions de ces expériences.	38
Table II contenant le résultat de seize séries d'expériences faites sur les roues à augets.	41
Observations et conclusions de ces expériences.	42
Scholie.	48
De la construction et des effets des moulins à vent.	50

Pages.

Description de la planche 51

Exemple d'une série d'expériences. 52

Résultat de ces expériences. 53

Table III contenant 19 séries d'expériences faites sur
des ailes de moulins à vent de différentes structures et
surfaces, et sous diverses positions. 55

De la meilleure forme et position des ailes des moulins
à vent. 56

Table IV contenant le résultat de 6 séries d'expériences
faites pour déterminer la différence d'effet relative aux
différentes vitesses du vent. 62

Table V contenant le rapport de la vitesse de l'extrémité
des ailes des moulins à vent, relativement à celle du
vent. 70

Table VI contenant la vitesse et la force du vent,
d'après la manière dont on le désigne ordinairement. 73

Proposition générale. 78

Scholie. 80

Note. 81

Examen expérimental de la quantité et proportion de
puissance mécanique qu'il est nécessaire d'employer
pour donner certains degrés de vitesses aux corps
graves en passant du repos au mouvement. . . . 83

Description de l'appareil qui a servi aux expériences. . 89

Dimensions de quelques parties de la machine. . . 91

Table d'expériences. 92

Définitions nouvelles. 93

Observations et conclusions tirées des expériences
précédentes. . . . . id

Expériences sur la collision des corps. 102

Description de la machine qui a servi aux expériences
sur la collision.. 111

Essais sur les corps élastiques. 112

Essais sur les corps non élastiques mous. . . . . id.

(273)

                                                            Pages.

De quelques machines particulières appliquées au mou-
  vement et à l'élévation des eaux. 118
Machines hydrauliques. . . . . id
Expériences concernant le mouvement des fluides. . 128
Recherches expérimentales sur le principe de la commu-
  nication latérale du mouvement dans les fluides, appli-
  quées à l'explication de différens phénomènes hy-
  drauliques. 134
Proposition Ire. . . . . id
Proposition II. 133
Proposition III. 134
Proposition IV. 137
Table d'expériences. 140
Proposition V. 141
Proposition VI. 146
Table du temps employé à l'écoulement de 4 pieds cu-
  bes d'eau par différens ajustages. 147
Proposition VII. 151
Proposition VIII. 154
Proposition IX. 159
Proposition X. 160
Proposition XI. 163
Proposition XII. 168
Additions relatives à la veine contractée. 171
Table d'expériences. 172
Autre table d'expériences. 176
Observations sur le mouvement de l'eau, qui s'écoule
  d'un réservoir, et sur la contraction du courant. 178
Sur l'écoulement de l'eau par des orifices rectangulaires,
  pratiqués aux parois d'un réservoir, et partant de la
  surface. 181
De l'écoulement de l'eau par des orifices latéraux d'une
  grande étendue, et sous une charge d'eau constante. 182

Pages.

De la dépense d'un réservoir qui n'est point alimenté d'eau. 182

Du mouvement de l'eau dans les rivières. 184

De l'écoulement et du gonflement dans les cas d'écluses, de chutes, de contractions, dans les rivières et canaux. 189

Du mouvement de l'eau dans les tubes. 190

De l'impulsion ou pression hydraulique de l'eau. . . 193

Des roues à aubes frappées par-dessus. 195

De la résistance que l'eau oppose au mouvement des bateaux dans les canaux. . . . . id

Table de plusieurs expériences. 201

Expériences faites sur le Soutton et Graham (canal de Paddington). 203

Extrait des expériences faites sur le bateau le Graham et Houston, à différentes vitesses. 207

Extrait des expériences faites sur le canal de Paddington avec le bateau rapide le Graham et Houston, pour déterminer la hauteur de la vague produite par le bateau marchant à différentes vitesses. . . . 209

Recherches expérimentales sur les lois de certains phénomènes hydrodynamiques qui accompagnent le mouvement des corps flottans, et dont on n'a pas, jusqu'à présent, tenu compte dans la détermination des lois connues de la résistance des fluides. 210

Extrait des expériences montrant la relation qui existe entre la résistance et la vitesse. 212

Partie 1re. — Observations générales sur le phénomène qui accompagne le mouvement des corps flottans à la surface d'un liquide en repos. . . . 216

Table d'expériences. 217

Section 1re. — Effet produit par le mouvement sur l'immersion d'un corps flottant. 219

Lois de l'émersion dynamique et de la diminution de résistance. 222

Pages.

Section II. — Sur les mouvemens qui sont communiqués aux particules du liquide par le mouvement d'un corps flottant. 224

Section III. — Sur la loi qui règle la formation et la propagation de la vague progressive qui est produite par le mouvement des corps flottans. 227

Bateau la Vague, dans un canal rectangulaire de 13 pouces de largeur et 75 pieds de long. 230

Section IV. — Sur la forme que reçoit la surface du liquide par le mouvement d'un corps flottant. . . 231

Section V. — Sur la nature de l'accroissement de résistance éprouvée à des vitesses moindres que celle de la vague. 234

Table extraite des expériences de 1835. 236

Section VI. — Sur la nature de la diminution de résistance qui résulte d'une vitesse plus grande que celle de la vague. 237

Table d'expériences faites avec un dynamomètre. . . 239

Table d'expériences avec le bateau nommé le *Raith*. . 240

Section VII. — Expression générale de la loi de résistance d'un solide donné, dans un fluide donné et défini. 242

Section VIII. — Applications pratiques et exemples de la loi de la vague, relativement à la navigation des rivières peu profondes. 244

Section IX. — Applications et exemples de la loi de la vague, relativement à la navigation-pratique des canaux 248

Des pompes à feu. 255

Rapport sur les résultats des expériences faites sur les canaux de *Forth* et *Clyde*, et de l'*Union*. . . . 259

Nouvelle espèce de pompe. 266

FIN DE LA TABLE DE L'HYDRAULIQUE.

BAR-SUR-SEINE. — Imp. de SAILLARD.

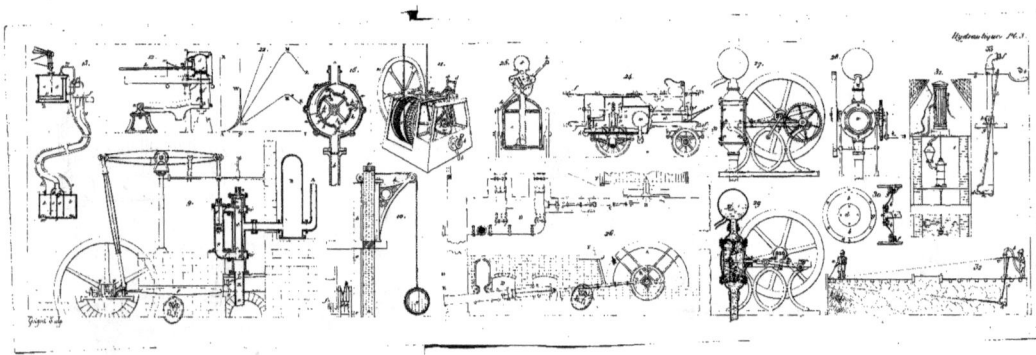

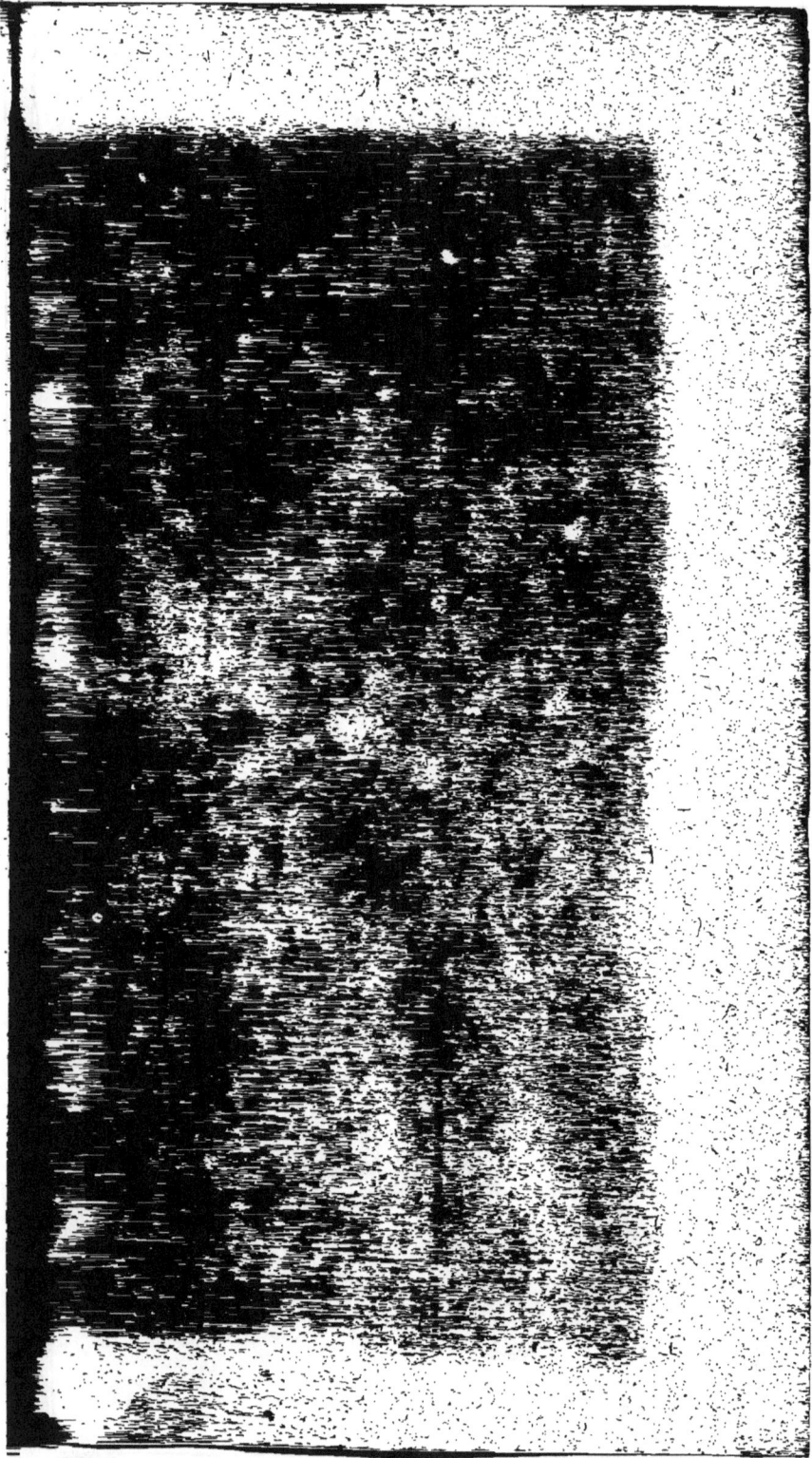

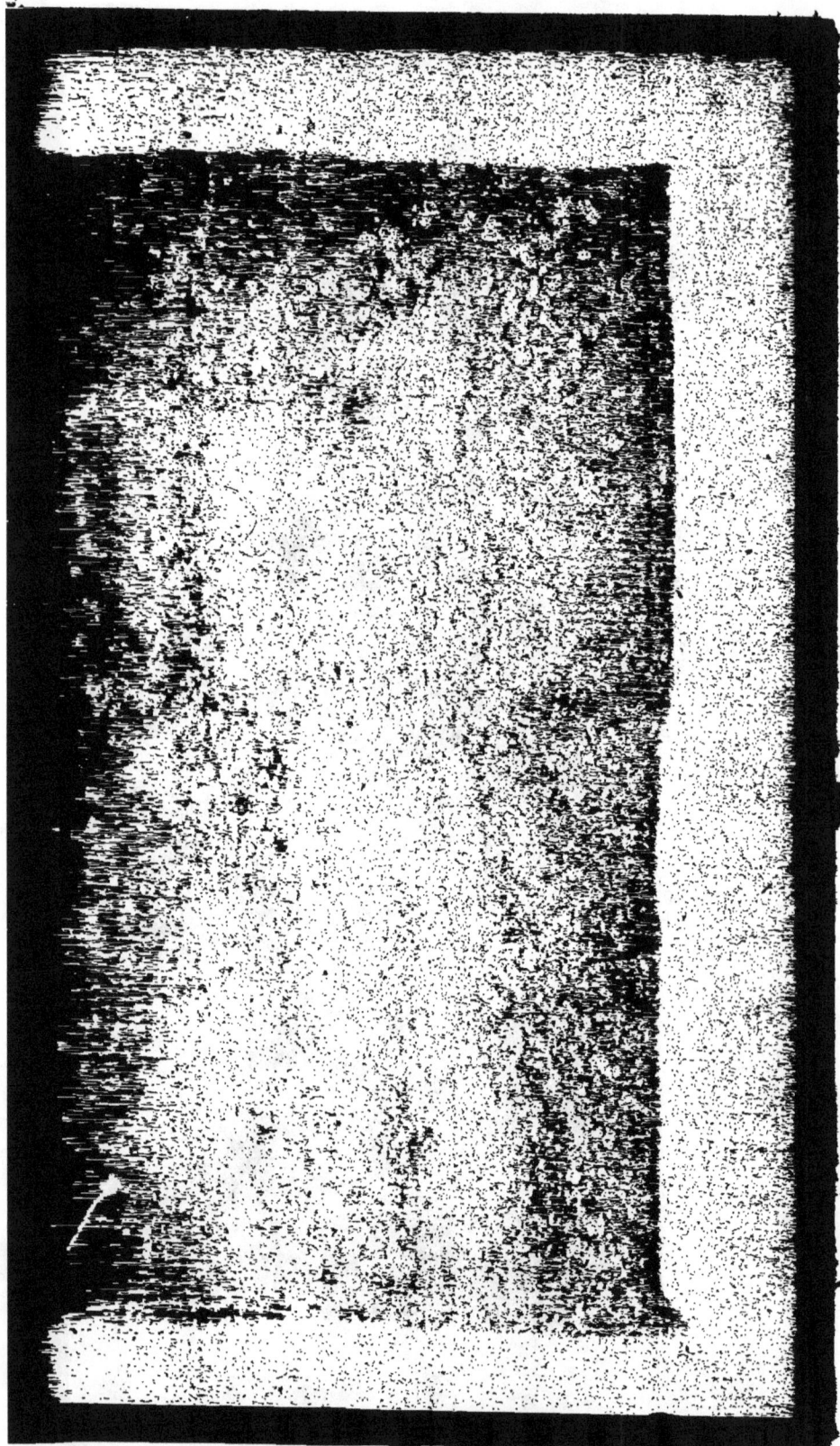